ANSYS Workbench 2022/LS-DYNA

非线性有限元分析实例指导教程

胡仁喜　康士廷 等编著

机 械 工 业 出 版 社

ANSYS Workbench 2022/LS-DYNA 实现了 LS-DYNA 求解器的强大计算功能与 ANSYS Workbench 中提供的前处理和后处理工具的完美结合。

本书对 ANSYS Workbench 2022/LS-DYNA 进行了由浅入深的讲解，全书分为两大部分：第一部分介绍了 ANSYS Workbench 2022/LS-DYNA 的基础知识、应用方法及要点；第二部分结合实例介绍了 LS-DYNA 的一些典型应用，并讲述了一些新的模块和新的方法。

本书可作为理工科院校的本科生和研究生学习 ANSYS Workbench 2022/LS-DYNA 的培训教材，也可作为从事结构分析相关行业的工程技术人员使用 ANSYS Workbench 2022/LS-DYNA 的参考书。

图书在版编目（CIP）数据

ANSYS Workbench 2022/ LS-DYNA非线性有限元分析实例指导教程/胡仁喜等编著. —北京：机械工业出版社，2022.12
ISBN 978-7-111-72124-6

Ⅰ. ①A… Ⅱ. ①胡… Ⅲ. ①有限元分析－应用软件－教材
Ⅳ. ①O241.82-39

中国版本图书馆CIP数据核字(2022)第225007号

机械工业出版社（北京市百万庄大街 22 号　邮政编码 100037）
策划编辑：曲彩云　　责任编辑：王　珑
责任校对：刘秀华　　责任印制：任维东
北京中兴印刷有限公司印刷
2023 年 1 月第 1 版第 1 次印刷
184mm×260mm · 22 印张 · 541 千字
标准书号：ISBN 978-7-111-72124-6
定价：89.00 元

电话服务　　　　　　　　　网络服务
客服电话：010-88361066　　机 工 官 网：www.cmpbook.com
　　　　　010-88379833　　机 工 官 博：weibo.com/cmp1952
　　　　　010-68326294　　金 书 网：www.golden-book.com
封底无防伪标均为盗版　　　机工教育服务网：www.cmpedu.com

前　言

随着计算力学、计算数学、工程管理学，特别是信息技术的飞速发展，数值模拟技术日趋成熟，已广泛应用于土木、机械、电子、能源、冶金、国防军工和航天航空等诸多领域，并对这些领域产生了深远的影响。

随着计算机技术的迅速发展，有限元分析越来越多地在工程领域中用于仿真模拟以及求解真实的工程问题，由此也产生了一批非常成熟的通用和专业有限元分析软件。ANSYS 软件是由美国ANSYS公司开发，融结构、流体、电场、磁场和声场分析于一体的大型通用有限元分析软件，能与多数 CAD 软件实现数据的共享和交换，是现代产品设计的高级 CAE 工具之一。

ANSYS Workbench 是 ANSYS 公司开发的新一代协同仿真软件，与传统的 ANSYS 软件相比，它更利于协同仿真和项目管理，可以进行双向的数据传输，具有复杂装配件接触关系的自动识别和接触建模功能，可对复杂的几何模型进行高质量的网格处理，其自带的可定制的工程材料数据库非常方便用户进行编辑及应用，且支持所有 ANSYS 软件的有限元分析功能。LS-DYNA 是一款著名的通用显式非线性动力分析软件，能够模拟真实世界中的复杂问题，广泛应用于汽车、航空航天、建筑、军事和生物工程等行业。ANSYS Workbench 2022/LS-DYNA 则实现了 LS-DYNA 求解器的强大计算功能与 ANSYS Workbench 中提供的前处理和后处理工具的完美结合，其用户界面更加友好，易用性更强。

本书的最大特点之一是理论与实践相结合，具有很强的可读性和实用性。全书分为两大部分，第一部分介绍了 ANSYS Workbench 2022/LS-DYNA 分析系统的基础知识、应用方法及要点，主要包括 CAE 与 ANSYS Workbench 简介，ANSYS Workbench 2022/LS-DYNA 基础，定义工程数据，DesignModeler 应用程序，Mechanical 应用程序，网格划分，LS-DYNA 的单元算法，载荷、约束、初始条件和连接，求解与求解控制，ANSYS Workbench/LS-DYNA 后处理；第二部分结合实例介绍了 LS-DYNA 的一些典型应用，主要包括产品的坠落测试分析，板料冲压及回弹分析，鸟撞发动机叶片模拟，金属塑性成形模拟，冲击动力学问题的分析，侵彻问题的分析，ALE、SPH 高级分析，并讲述了一些新的模块和新的方法。

随书配送的电子资料包中包含了所有实例的素材源文件，以及全程实例配音讲解动画 AVI 文件。读者可以登录百度网盘（地址：https://pan.baidu.com/s/1WS42tRSamGyGXiffAC8PBA；密码：swsw）或者扫描下方的二维码进行下载。

本书由三维书屋工作室总策划，河北交通职业技术学院的胡仁喜博士和康士廷主要编写，刘昌丽、闫聪聪、杨雪静、卢园、孟培、李亚莉、解江坤、张亭、毛瑢、闫国超、吴秋彦、甘勤涛、李兵、王敏、孙立明、王玮、王培合、王艳池、王义发、王玉秋、张琪朱玉莲、徐声杰、张俊生、王兵学、秦志霞等也参加了部分编写工作。

由于编者水平有限，书中纰漏在所难免，恳请广大读者不吝赐教（可发邮件至 714491436@qq.com）。也欢迎加入三维书屋图书学习交流群（QQ：180284277）交流探讨。

编　者

目　录

第 **1** 章

CAE 与 ANSYS Workbench 简介

本章首先介绍了 CAE 技术及其优越性，接着对 ANSYS Workbench 进行了介绍，最后介绍了 ANSYS Workbench 2022 的图形界面。

 学 习 要 点

- CAE 技术及其优越性
- ANSYS Workbench 概述
- ANSYS Workbench 2022 的图形界面

1.1 CAE 技术及其优越性

传统的产品设计流程往往都是首先由客户提出产品相关的规格及要求，然后由设计人员进行概念设计，接着由工业设计人员对产品进行外观设计及功能规划，之后再由工程人员对产品进行详细设计，如图 1-1 所示。设计方案确定以后，首先进行开模等投产前置工作，各项产品测试均在设计流程后期方能进行，因此一旦产品发生问题，除了必须付出设计成本，相关前置作业也需改动，且问题发现得越晚，重新设计所付出的成本越高，若影响交货期或产品形象，则损失更是难以估计。为了避免这种情况的发生，预期评估产品的特质便成为设计人员的重要课题。

1.1.1 CAE技术流程

计算力学、计算数学、工程管理学，特别是信息技术的飞速发展，极大地推动了相关产业和学科的进步。有限元、有限体积及差分等方法与计算机技术相结合，诞生了新兴的跨专业和跨行业的学科。CAE 作为一种新兴的数值模拟分析技术，越来越受到工程技术人员的重视。在产品开发过程中引入 CAE 技术后，在产品尚未批量生产之前，不仅能帮助工程人员做产品设计，更可以在争取订单时，作为一种强有力的工具帮助营销人员及管理阶层与客户沟通。在批量生产阶段，可以帮助工程技术人员在重新设计时，找出问题发生的起点。在批量生产以后，相关分析结果还可以成为下次设计的重要依据。图 1-2 所示为引入 CAE 后产品设计流程图。

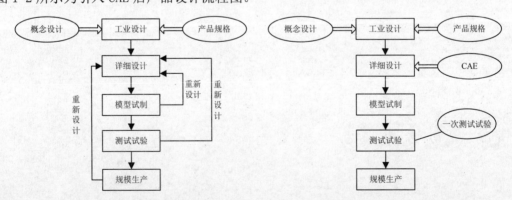

图1-1 传统产品设计流程图   图1-2 引入CAE后产品设计流程图

以电子产品为例，80%的电子产品都可能受到高速撞击，为此研究人员往往需要耗费大量的时间和成本，针对产品做相关的质量试验，如最常见的落下与冲击试验，这些不仅耗费了大量的研发时间和成本，而且试验本身也存在很多缺陷，具体如下：

1）试验发生的历程很短，很难观察试验过程的现象。

2）测试条件难以控制，试验的重复性很差。

3）试验时很难测量产品内部特性，无法观察内部现象。

4）一般只能得到试验结果，而无法观察结果产生的原因。

引入 CAE 后，可以在产品开模之前，通过相应软件对产品模拟自由坠落试验（Free Drop Test）、模拟冲击试验（Shock Test）以及应力应变分析、振动仿真、温度分布分析等求得设计的最佳解，从而为一次试验甚至无试验即使产品通过测试规范提供了可能。

📖 1.1.2　CAE的优越性

CAE 的优越性主要体现在以下几点：

1）CAE 本身就可以看作一种基本试验。例如，计算机计算弹体的侵彻与炸药爆炸过程以及各种非线性波的相互作用等问题，实际上是求解含有很多线性与非线性的偏微分方程、积分方程以及代数方程等的耦合方程组。如果利用解析方法求解爆炸力学问题则非常困难，一般只能考虑一些很简单的问题，如果利用试验方法则费用昂贵，还只能表征初始状态和最终状态，中间过程无法得知，因而也无法帮助研究人员了解问题的实质。而数值模拟在某种意义上比理论与试验对问题的认识更为深刻、细致，不仅可以了解问题的结果，而且可以随时连续动态地、重复地显示事物的发展，了解其整体与局部的细致过程。

2）CAE 可以直观地显示目前不易观测到的、说不清楚的一些现象，容易为人理解和分析，还可以显示任何试验都无法看到的发生在结构内部的一些物理现象，如弹体在不均匀介质侵彻过程中的受力和偏转，爆炸波在介质中的传播过程和地下结构的破坏过程等。同时，数值模拟可以替代一些危险、昂贵的甚至是难以实施的试验，如反应堆的爆炸事故、核爆炸的过程与效应等。

3）CAE 可促进试验的发展，为试验方案的科学制订及试验过程中测点的最佳位置、仪表量程等的确定提供更可靠的理论指导。侵彻、爆炸试验的费用极其昂贵，并且存在一定的危险，因此数值模拟不但有很高的经济效益，而且可以加速理论、试验研究的进程。

4）一次投资，长期受益。虽然数值模拟大型软件系统的研制需要花费相当多的经费和人力资源，但数值模拟软件可以复制移植及重复利用，并可进行适当修改来满足不同情况的需求，据相关统计数据显示，应用 CAE 技术后，开发期的费用占开发成本的比例从 80%～90% 下降到 8%～12%。

总之，CAE 已经与理论分析、试验研究成为科学技术探索研究的三个相互依存、不可缺少的手段。

1.2　ANSYS Workbench 概述

ANSYS Workbench 是 ANSYS 公司开发的新一代协同仿真集成平台。从 ANSYS 7.0 开始，ANSYS 公司推出了 ANSYS 经典版（Mechanical APDL）和 ANSYS Workbench 两个版本，现均已开发至 2022 R1 版本。在 ANSYS 公司最新发布的 ANSYS 2022 R1 软件中，ANSYS Workbench 2022 R1 具有中文操作界面，它的易用性、通用性及兼容性较强，有逐步淘汰传统 APDL 界面的趋势。

ANSYS Workbench 提供统一的项目分析工作环境，采用开放的框架结构，可将产品设计所需的各种分析工具整合在一起，并采用图形化的方式管理项目分析的过程。

📖 1.2.1 ANSYS Workbench的特点

ANSYS Workbench 主要具有以下特点：

1. 协同仿真、项目管理

集设计、仿真、优化、网格变形等功能于一体，可对各种数据进行项目协同管理。

2. 双向的参数传输功能

支持 CAD 与 CAE 间的双向参数传输功能，可使数据实现无缝的传递以及共享。

3. 高级的装配部件处理工具

具有复杂装配件接触关系的自动识别、接触建模功能。

4. 先进的网格处理功能

可对复杂的几何模型进行高质量的网格处理。

5. 分析功能

支持几乎所有 ANSYS 的有限元分析功能。

6. 内嵌可定制的工程数据库

自带可定制的工程数据库，方便用户对材料进行编辑、应用。

7. 易学易用

ANSYS 公司的所有软件都是通过单元格来创建共同运行、协同仿真与数据管理环境，工程应用的整体性、流程性都大大增强。ANSYS Workbench 提供了图形化的项目构建方式，通过查看项目原理图可快速了解用户的分析意图，用户通过简单的拖拽操作就能实现复杂的项目分析过程定义，并且能够将项目意图及数据的流转直观而清晰地展示出来。

ANSYS Workbench 具有完全的 Windows 友好界面，方便工程设计人员进行操作。实际上，ANSYS Workbench 的有限元仿真分析采用的方法（单元类型、求解器、结果处理方式等）与 ANSYS 经典界面是一样的，只不过 ANSYS Workbench 采用了更加工程化的方式来适应用户，使即使是没有多少使用的有限元软件经验的人也能很快地完成有限元分析工作。在工业应用领域中，为了提高产品设计质量，缩短周期，节约成本，计算机辅助工程（CAE）技术的应用越来越广泛，设计人员参与 CAE 分析已经成为必然，这对 CAE 分析软件的灵活性、易学易用性提出了更高的要求，因此 ANSYS Workbench 的优势也越发明显。

📖 1.2.2 ANSYS Workbench 应用程序分类

ANSYS Workbench 由各个应用程序所组成的，它把 ANSYS 系列产品融合在一个仿真平台内，ANSYS Workbench 提供了下面两种类型的应用程序。

1. 本地应用程序（见图 1-3）

有的应用程序，如项目原理图、工程数据和实验设计等，完全在 ANSYS Workbench 中启动和运行，称为本地应用程序。

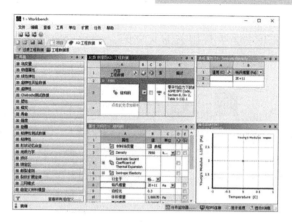

图 1-3　本地应用程序（工程数据）

2. 数据整合应用程序（见图 1-4）

有的应用程序，如 DesignModeler、Mechanical、Fluent、CFX 和 Autodyn 等，称为数据整合应用程序。

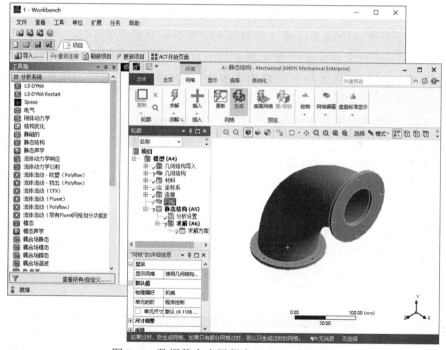

图 1-4　数据整合应用程序（Mechanical）

1.2.3　ANSYS Workbench文档管理

ANSYS Workbench 可以自动创建所有相关文件，包括一个项目文件和一系列的子目录。图 1-5 所示为 ANSYS Workbench 所生成的文件夹目录。用户应允许 ANSYS Workbench 管理这些目录中的内容，最好不要手动修改项目目录中的内容或结构，否则会造成程序读取出错的问题。

在 ANSYS Workbench 中，当指定文件夹及保存了一个项目后，系统会在磁盘中保存一个项目文件（*.wbpj）及一个文件夹（*_files）。ANSYS Workbench 是通过此项目文件和文件夹及其子文件来管理所有相关的文件的。

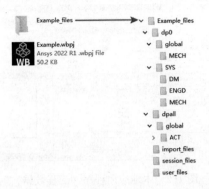

图 1-5　ANSYS Workbench 文件夹目录结构

1. 目录结构

ANSYS Workbench 文件格式目录内文件的作用如下：

◇ dpn：设计点文件目录，这实质上是特定分析的所有参数的状态文件，在单分析情况下只有一个 dp0 目录。它是所有参数分析所必需的。

◇ global：包含分析中各个单元格中的子目录。其下的 MECH 目录中包括数据库以及 Mechanical 单元格的其他相关文件。其内的 MECH 目录为仿真分析的一系列数据及数据库等相关文件。

◇ SYS：包括项目中各种系统的子目录（如 Mechanical、FLUENT、CFX 等）。每个系统的子目录都包含有特定的求解文件，如 MECH 的子目录有结果文件、ds.dat 文件、solve.out 文件等。

◇ user_files：包含输入文件、用户文件等，这些可能与项目有关。

2. 显示文件明细

如果需查看所有文件的具体信息，可在 ANSYS Workbench 的"查看"菜单中（见图 1-6）选择"文件"命令，以显示一个包含文件明细与路径的窗口。图 1-7 所示为一个"文件"窗口。

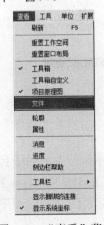

图 1-6　"查看"菜单　　　　　　　　　　图 1-7　"文件"窗格

3. 存档文件

为了便于文件的管理与传输，ANSYS Workbench 还具有存档文件功能，存档后的文件为 .wbpz 格式，可用任一解压软件来打开。图 1-8 所示为"文件"菜单中的"存档"命令。

选择保存存档文件的位置后，会弹出如图 1-9 所示的"存档选项"对话框，其中有多个选项可供选择。

图 1-8   "存档"命令

图 1-9   "存档选项"对话框

1.3 ANSYS Workbench 2022 的图形界面

在系统"开始"菜单中执行"所有程序"→"ANSYS 2022 R1"→"Workbench 2022 R1"命令，启动 ANSYS Workbench 2022，打开如图 1-10 所示的 ANSYS Workbench 2022 图形界面。

大多数情况下，ANSYS Workbench 的图形用户界面主要分成两部分，即"工具箱"和"项目原理图"。其他部分将在后续章节中介绍。

"工具箱"和"项目原理图"窗口中包含系统、单元格和链接等对象。用户可以通过下列鼠标操作与这些对象进行交互：

◇ 单击：选择对象。这不会修改数据或启动任何操作。

◇ 双击：从快捷菜单中启动默认操作。这允许熟悉 ANSYS Workbench 的用户快速完成基本或常见操作。

◇ 右击：弹出适用于选定对象当前状态的快捷菜单。可以在快捷菜单中的多个命令中进行选择。默认命令将以粗体显示。

◇ 拖放：预览"项目原理图"中对象的可能位置。根据提示和项目原理图的复杂性，拖放操作可以有多个备选目标。按住鼠标左键，将鼠标指针悬停在任意对象上，可以查看如何实现目标位置的详细信息（如操作完成后将连接哪些组件）。要取消拖放操作，在按住鼠标左键的同时按<Esc>键即可。

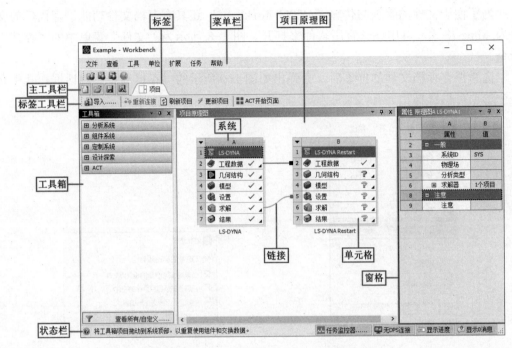

图 1-10 ANSYS Workbench 2022 图形界面

📖1.3.1 工具箱

ANSYS Workbench 2022 的"工具箱"中列举了可以使用的系统和应用程序，其列出的系统和组成取决于安装的 ANSYS 产品，可以通过"工具箱"将这些系统和应用程序添加到"项目原理图"中。ANSYS Workbench 2022 工具箱的组成如图 1-11 所示。它可以被展开或折叠起来，也可以通过单击"工具箱"下面的 查看所有/自定义…… 按钮来调整工具箱中系统或应用程序的显示或隐藏。

工具箱包括如下 4 个子组。

◇ 分析系统：可用在"项目原理图"中预定义好的系统模板。

◇ 组件系统：可存取多种应用程序来建立和扩展分析系统。

◇ 定制系统：耦合应用预定义分析系统（热-应力、响应谱等）。用户也可以建立
    自己的预定义系统。

◇ 设计探索：参数管理和优化工具。

📖1.3.2 项目原理图

"项目原理图"是通过放置应用程序或系统到项目管理区中的各个区域来定义全部分析项目的。它表示了项目的结构和工作的流程，并为项目中各对象和它们之间的相互关系提供了一个可视化的表示。"项目原理图"中的项目由一个个系统所组成，如图 1-12所示。

8

图 1-11　ANSYS Workbench 2022 工具箱

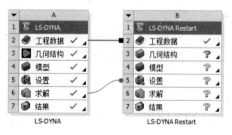

图 1-12　项目原理图

　　"项目原理图"可以因要分析的项目不同而不同,可以仅由一个单一的系统组成,也可以由含有一套复杂链接的耦合分析系统所组成。

　　"项目原理图"中的项目可通过拖拽或双击"工具箱"中的应用程序或系统载入。

1.3.3　系统和单元格

　　要生成一个项目,需要从"工具箱"中添加系统到"项目原理图"中形成一个分析项目。一个系统由一个个单元格所组成。要定义一个项目，还需要在系统之间进行交互。也可以在系统中右击，在弹出的快捷菜单中选择可使用的系统。通过一个系统，可以实现下面的功能：

❖ 通过系统进入数据集成的应用程序或工作区。

❖ 添加与其他系统间的链接。

❖ 分配输入或参考的文件。

❖ 分配属性分析的组件。

每个系统都含有一个或多个单元格，如图 1-13 所示。每个单元格都有一个与它关联的应用程序，如 DesignModeler 或 Mechanical 应用程序，可以通过单元格打开这些应用程序。

图 1-13　"项目原理图"中的系统

📖1.3.4　单元格的类型

下面介绍分析系统中的一些通用的单元格。

1．工程数据

使用工程数据单元格可以定义或访问的分析所用到的材料数据。双击"工程数据"单元格，或右击该单元格，打开快捷菜单，从中选择"编辑……"命令，可以显示工程数据应用程序的工作区。可在工作区中定义所使用的材料数据等。

2．几何结构

使用"几何结构"单元格可以导入、创建、编辑或更新用于分析的几何模型。右击该单元格，在弹出的快捷菜单中所显示的选项与上下文相关，并会随着"几何结构"单元格状态的更改而发生变化，因此并非所有选项都始终可用。

3．模型

建立几何模型之后，需要划分网格，涉及以下 4 个方面：

1）选择网格划分方法。

2）设定全局网格控制。

3）设定局部网格控制。

4）执行网格划分。

4．设置

使用"设置"单元格可打开相应的应用程序。设置包括定义载荷和边界条件等。也可以在应用程序中配置分析。在应用程序中的数据会被纳入 ANSYS Workbench 的项目中，这其中也包括系统之间的链接。

　　载荷是指加载在有限元模型（或实体模型，但最终要将载荷转化到有限元模型上）上的位移、力、温度、热和电磁等。载荷包括边界条件和内外环境对物体的作用。

　　5．求解

　　在完成所有的前处理工作后，要进行求解，求解过程包括选择求解器、对求解进行检查、求解的实施及对求解过程中出现的问题的解决等。

　　6．结果

　　分析问题的最后一步工作是进行后处理。后处理就是对求解所得到的结果进行查看、分析和操作。"结果"单元用来显示分析结果的可用性和状态。"结果"单元是不能与任何其他系统共享数据的。

📖 1.3.5　了解单元格状态

　　ANSYS Workbench 将多个应用程序集成到一个无缝的项目工作流中，其中各个单元格可以从其他单元格获取数据并向其他单元格提供数据。作为这种数据流动的结果，单元格的状态可以根据对项目所进行的更改而发生变化。ANSYS Workbench 通过每个单元格右侧的图标来提供单元格状态的可视化指示。下面介绍典型的单元格状态、求解时特定的状态和故障状态。

　　1．典型的单元格状态

　　典型的单元格的状态包含以下情况：

◇　❓：无法执行。丢失上行数据。

◇　❔：需要注意。可能需要改正本单元格或上行单元格。

◇　🔁：需要刷新。上行数据发生改变，需要刷新单元格（更新也会刷新单元格）。

◇　⚡：需要更新。数据改变后，单元格的输出也要相应地更新。

◇　✔：最新的。已在单元格上执行更新，并且未发生任何故障。可以编辑单元格，并让单元格向其他单元格提供最新生成的数据。

◇　✔：发生输入变动。单元格是局部更新的，但上行数据发生变化也可能导致其发生改变。

　　2．求解时特定的状态

　　求解时求解或分析单元格特定的状态如下：

◇　⚡：中断，需要更新。表示用户在更新期间中断了求解，使单元格暂停在"需要更新"状态。

◇　✔：中断，最新的。表示已经中断的求解。此选项执行的求解器正常停止，将完成当前迭代，并写一个求解方案文件。

◇　⏳：挂起。标志着一个批次或异步求解正在进行中。当一个单元格进入挂起状态时，可以与项目和项目的其他部分退出 ANSYS Workbench 或工作。

　　3．故障状态

　　典型的故障状态如下：

◇　🔁：刷新失败。需要刷新。

◇　⚡：更新失败。需要更新。

◇ ⟨?⟩：更新失败。需要注意。

📖1.3.6 项目原理图中的链接

链接的作用是连接系统之间的数据共享系统或数据传输。链接在"项目原理图"中显示的主要类型如下：

◇ 指示链接系统之间的数据共享。这些链接以方框终止，如图 1-14 所示。

◇ 指示数据的链接是从上游到下游系统。这些链接以圆形终止，如图 1-14 所示。

◇ 链接指示系统是强制地输入参数。这些链接连接系统参数设置栏和参数集，箭头指向系统，如图 1-14 所示。

◇ 链接指示系统提供输出参数。这些链接连接系统参数设置栏和参数集，箭头指向参数集，如图 1-14 所示。

◇ 表明设计探索系统的链接。这些链接将设计探索系统连接到参数集，无指示箭头，如图 1-14 所示。

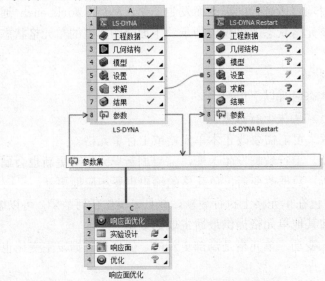

图 1-14　项目原理图中的链接

第 2 章

ANSYS Workbench 2022/LS-DYNA 基础

ANSYS Workbench 2022 是 ANSYS 公司开发的新一代协同仿真集成平台，在 ANSYS 公司最新发布的 ANSYS 2022 R1 软件中提供了中文操作界面。

本章首先介绍了 LS-DYNA 的功能特点、应用领域和文件系统，然后简要介绍了隐式与显式时间积分，接着对 ANSYS Workbench2022/LS-DYNA 分析的一般流程进行了介绍，最后讲解了在 ANSYS Workbench 中如何创建 LS-DYNA 分析系统。

学 习 要 点

- ANSYS Workbench 2022/LS-DYNA 简介
- 隐式与显式时间积分
- ANSYS Workbench 2022/LS-DYNA 分析的一般流程
- ANSYS Workbench 2022 中创建 LS-DYNA 分析系统

2.1 ANSYS Workbench/LS-DYNA 简介

DYNA3D（三维）和 DYNA2D（二维）程序最初是 1976 年美国劳伦斯·利维莫尔国家实验室(Lawrence Livermore National Laboratory)在 J.O.Hallquist 主持下开发的。1988 年，J.O.Hallquist 创建利维莫尔软件技术公司（Livermore Software Technology Corporation，简称 LSTC 公司），继续开发 DYNA3D 的商业版本，取名为 LS-DYNA3D，后来简称为 LS-DYNA。从此以后，LS-DYNA 陆续不断地推出新版本，目前最新的版本是 2022 年推出的。

LS-DYNA 是一款通用非线性动力分析有限元程序，能够模拟真实世界中的复杂问题。在 Unix、Linux 和 Windows 操作系统的台式计算机或集群服务器上，LS-DYNA 的分布式和共享内存式求解器可在很短时间内完成求解，这源于 LS-DYNA 程序对高度非线性瞬态动力学问题采用了显式时间积分算法（其中，"非线性"表示可能存在变化的边界条件、大变形、材料非线性等情况，"瞬态动力学"是指分析高速、短持续时间的事件）。

LS-DYNA 由单个可执行文件组成，并且在求解器级别完全由命令行驱动，因此运行 LS-DYNA 进行计算所需的只是一个命令解释程序、可执行文件、一个输入文件和足够的可用磁盘空间。由于 LS-DYNA 所有的输入文件都是简单的 ASCII 格式，因此可以使用任何文本编辑器来准备（当然，在 ANSYS Workbench 环境中也可以准备输入文件）。目前，除了 LSTC 公司开发的 LS-PrePost 软件外，有许多第三方软件也可用于预处理 LS-DYNA 输入文件，其中 ANSYS Workbench/LS-DYNA 既可以利用 LS-DYNA 求解器的强大功能，又能将其封装到易于使用的 ANSYS Workbench 环境中，将两者的优势完美地结合在一起。

2.1.1 LS-DYNA 的功能特点

LS-DYNA 是世界上著名的显式通用非线性动力分析有限元程序，可以求解各种二维、三维非线性结构的高速碰撞、爆炸和金属成形等非线性问题。它功能齐全，可求解涉及几何非线性（大位移、大转动和大应变）、材料非线性（200 多种材料动态模型）和接触非线性（50 多种）的瞬态动力学问题。

LS-DYNA 的功能特点主要包括以下几个方面：

1. 强大的分析功能

LS-DYNA 不仅可用于非线性动力学分析、多刚体动力学分析，还可用于准静态模拟、模态分析、线性静力学、热分析、流体分析；不仅可用于结构-热耦合分析，还可用于有限元-多刚体动力学耦合分析、多物理场耦合分析；不仅可用于失效分析，还可用于裂纹扩展分析；不仅有设计优化，还可用于并行处理等。

2. 丰富的材料模型库

LS-DYNA 拥有丰富的材料模型，涵盖了金属、塑料、玻璃、泡沫材料、编织品、橡胶（人造橡胶）、蜂窝材料、复合材料、混凝土和土壤、炸药、推进剂、黏性流体等各种材料，同时还支持用户自定义材料。

3. 易用的单元库

LS-DYNA 拥有大量的单元库，包括缩减积分单元和全积分单元，低阶单元具有准确性、有效性和稳健性，部分缩减积分单元的零能模式可以通过沙漏形式进行控制。LS-DYNA 具有体单元、薄/厚壳单元、梁单元、焊接单元、离散单元、加速度计单元、传感器单元、安全带单元、节点质量单元、集中惯性单元和 SPH 单元等，而且各种单元又有许多算法可供选择。

4. 广泛的接触算法

LS-DYNA 拥有多种可供选择的接触算法，使 LS-DYNA 不仅可以求解柔体对柔体、柔体对刚体、刚体对刚体等接触问题，而且可以分析边-边接触、侵蚀接触、粘合表面、刚性墙接触、拉延筋接触等问题。

5. 无网格算法

LS-DYNA 有两种无网格算法：SPH 算法和 EFG 算法。SPH（Smoothed Particle Hydrodynamics，光顺粒子流体动力算法）是一种无网格 Lagrange 算法，最早用于模拟天体物理问题，后来发现解决其他物理问题（如连续体结构的解体和碎裂、固体的层裂和脆性断裂等）也是非常有用的工具。EFG（Element Free Galerkin，无网格伽辽金算法），也称为 Mesh-free，z 处理如材料极度扭曲、移动边界、自由表面、自适应处理过程、移动不连续等低速大变形问题方面具有优势。

6. 强大的软、硬件平台支持

LS-DYNA 支持几乎所有类型的工作站和操作平台，并支持并行运算，可以针对不同的系统进行并行处理运算，包括 MPP（Massively Parallel Processing）和 SMPP（Shared Memory Parallel Processing）。

2.1.2 LS-DYNA 的应用领域

LS-DYNA 作为典型的结构非线性分析工具，可以模拟的模型尺寸小至 DNA、集成电路，大至土木工程、航空航天工业。主要的结构力学相关领域几乎都有 LS-DYNA 的应用案例。它有力促进了这些行业的技术发展，影响也是十分深远的。其应用领域如下：

1）汽车工业。LS-DYNA 可以准确模拟汽车在碰撞中的行为以及碰撞对汽车乘员的影响。通过 LS-DYNA，汽车制造公司及其供应商可以测试汽车设计，而不必使用工具或通过试验测试，从而节省了时间和费用。主要的应用有碰撞分析、安全带、气囊设计、乘客被动安全和部件加工等方面。

2）航空航天。LS-DYNA 在航空航天工业广泛用于模拟鸟撞、叶片包容和结构失效分析等。

3）制造业。在制造业的金属成形中，LS-DYNA 主要用于金属板料的冲压成形仿真。LS-DYNA 可准确预测金属所承受的应力和变形，并确定金属是否会失效。LS-DYNA 支持自适应重新划分网格，并将在分析过程中根据需要细化网格，以提高精度并节省时间。几乎所有金属成形过程，如冲压、液压成形、锻造、铸造、切割等都可以用 LS-DYNA 模拟。

4）建筑业。可以用于地震安全、混凝土结构、爆破拆除和公路桥梁设计等问题的分析。

5）国防工业。可用于内弹道和终点弹道设计，装甲和反装甲系统设计，穿甲弹与破甲弹设计，战斗部结构设计，冲击波传播模拟，侵彻与开坑模拟，空气、水与土壤中爆炸模拟，还可用于核废料容器设计等。

6）电子领域。可用于跌落分析、包装设计、热分析及电子封装。

7）石油工业。可用于液体晃动模拟、完井射孔模拟、管道设计、爆炸切割模拟、事故模拟及海上平台设计。

8）其他应用。玻璃成形模拟、生物医学模拟及体育器材（高尔夫球杆、高尔夫球、棒球杆、头盔）设计。

下面介绍一些国内外文献发表的 LS-DYNA 程序工程应用的典型实例，以便读者对 LS-DYNA 程序的高度非线性动力分析功能有进一步的感性认识。

图 2-1 所示为 LS-DYNA 在汽车工业中的应用实例，应用 LS-DYNA 可以对车体安全性进行分析。

图 2-2 所示为 LS-DYNA 应用于进纸机构分析。由于 LS-DYNA 拥有丰富的接触算法和材料库，因此可以仿真各种类型纸张的进纸机构行为。

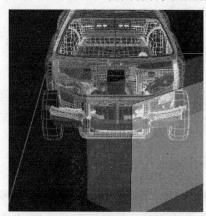

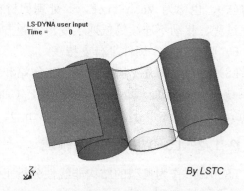

图2-1　车体安全性分析　　　　　　　　　　图2-2　进纸机构分析

图 2-3 所示为 LS-DYNA 应用于计算机的数值模拟。其中，图 2-3a 所示为笔记本全机模拟之网格图，图 2-3b 所示为机箱冲击模拟。LS-DYNA 不仅可以仿真冲击试验，还可以仿真振动分析，求系统的自然振频或是强迫振动分析，甚至可以通过 LS-DYNA 预测缓冲材料的实际效果，进行螺钉摆放位置、面板静态施压等问题的探讨。

图 2-4 所示为 LS-DYNA 在金属轧制成形中的应用。其目的是研究楔横轧轧制成形过程中的金属流动规律、应力应变场分布、温度场分布情况，以及不同工艺参数对楔横轧轧制成形过程的影响等问题。

图 2-5 所示为 LS-DYNA 程序应用于手机坠落分析。利用 LS-DYNA 强大的数值仿真功能对产品尤其是电子产品的坠落进行模拟，不仅可以更加精确地研究坠落时的各种现象及后果，而且可以节省产品开发的时间和成本。

图 2-6 所示为 LS-DYNA 程序应用于减振模拟。地震安全一直是人们关心的问题之一，除了大型土木建筑物必须进行耐振设计之外，精密产品的厂房（如晶圆厂、无尘室等）也必须对环境振动进行严格管控，以确保产品质量。利用 LS-DYNA 可以比较方

便、准确地进行地震安全区分析。

a)

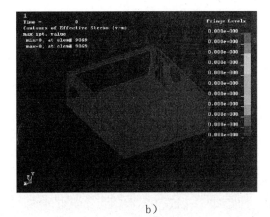
b)

图2-3　计算机的数值模拟

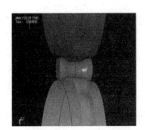

图2-4　楔横轧轧制成形模拟

图2-5　手机坠落分析

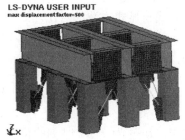

图2-6　减振模拟

2.1.3　LS-DYNA 的文件系统

ANSYS Workbench/LS-DYNA 将 LS-DYNA 与 ANSYS Workbench 的前处理和后处理连接成一体，这样既能充分利用 LS-DYNA 强大的非线性分析能力，又能很好地利用 ANSYS Workbench 完善的前后处理能力。下面对 LS-DYNA 的文件系统做简要介绍。

1. 关键字 K 文件 Filename.k

该文件为 LS-DYNA 输入流文件，在使用 ANSYS Workbench 中的 Mechanical 应用程序时，可以通过"求解"命令自动生成。它是一个包括所有几何、载荷和材料数据等求解信息的 ASCII 文件，也可以用"生成 MAPDL 文件"选项手工生成而暂不求解。

2. ANSYS Workbench 格式的计算结果输出文件

ANSYS Workbench 可以自动对结果文件进行管理，因此在 ANSYS Workbench 环境可以直接对 LS-DYNA 的计算结果进行后处理。下面对的时间历程 ASCII 文件进行简要介绍。时间历程 ASCII 文件包含显式分析的额外信息，在求解之前用户必须指定要输出的数据。LS-DYNA 计算结果的时间历程 ASCII 文件包括以下内容：

　　GLSTAT:　　　　全局信息

　　MATSUM:　　　　材料能量

　　SPCFORC:　　　　节点约束反作用力

RCFORC：　　　　接触面反作用力

BNDOUT：　　　　边界条件数据

NODOUT：　　　　节点数据

......

3．LS-PrePost 格式的计算结果输出文件

由于 LS-PrePost 后处理器与 ANSYS Workbench LS-DYNA 是完全兼容的，在显式动力分析中还可以生成以下文件：

✧　D3PLOT：LS-PrePost 二进制文件。

✧　D3THDT：LS-PrePost 时间历程文件。

2.2　隐式与显式时间积分

LS-DYNA 是一个以显式为主，兼顾隐式的非线性动力有限元分析程序。图 2-7 所示为隐式与显式方法的对比。

LS-DYNA 的隐式时间积分不考虑惯性效应（结构的阻尼矩阵 C 和结构的质量矩阵 M，在 $t+\Delta t$ 时刻计算位移和平均加速度：

$$u_{t+\Delta t} = \left[K\right]^{-1} F_{t+\Delta t}^a \tag{2-1}$$

式中，$u_{t+\Delta t}$ 为 $t+\Delta t$ 时刻的位移矢量；$[K]^{-1}$ 为刚度矩阵的逆矩阵；$\left\{F_{t+\Delta t}^a\right\}$ 为 $t+\Delta t$ 时刻的载荷矢量。

对于线性问题，当 $[K]$ 是线性时无条件稳定，可以用大的时间步。对于非线性问题，通过一系列线性逼近（Newton-Raphson）来获取解，要求转置非线性刚度矩阵 $[K]$，收敛需要小的时间步，对于高度非线性问题无法保证收敛。

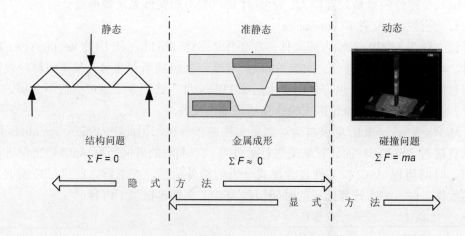

图2-7　隐式与显式方法的对比

LS-DYNA 的显式时间积分采用中心差分法在时间 t 求加速度：

$$a_t = [M]^{-1}\left(F_t^{\text{ext}} - F_t^{\text{int}}\right) \tag{2-2}$$

式中，F_t^{ext} 为施加外力和体力矢量；F_t^{int} 为内力矢量

$$F^{\text{int}} = \sum\left(\int_\Omega B^{\text{T}}\sigma_n\text{d}\Omega + F^{\text{hg}}\right) + F^{\text{contact}} \tag{2-3}$$

式中 3 项依次为当前时刻单元应力场等效节点力、沙漏阻力（为克服单点高斯积分引起的沙漏问题而引入的黏性阻力）以及接触力矢量。

节点的速度与位移可用式（2-4）和式（2-5）得到：

$$v_{t+\Delta t/2} = v_{t-\Delta t/2} + a_t\Delta t_t \tag{2-4}$$

$$u_{t+\Delta t} = v_t + v_{t+\Delta t/2}\Delta t_{t+\Delta t/2} \tag{2-5}$$

式中，$\Delta t_{t+\Delta t/2} = 0.5(\Delta t_t + \Delta t_{t+\Delta t})$。

新的几何构形由初始构形加上位移增量获得，即

$$x_{t+\Delta t} = x_0 + u_{t+\Delta t} \tag{2-6}$$

对于非线性分析，显式算法的基本特点如下：

1）块质量矩阵需要简单转置。

2）方程非耦合，可以直接求解（显式）。

3）无须转置刚度矩阵，所有非线性（包括接触）都包含在内力矢量中。

4）内力计算是主要的计算部分。

5）无须收敛检查。

6）保持稳定状态需要小的时间步。

关于算法的稳定性，对于隐式时间积分，当为线性问题时时间步长可以任意大（稳定），而非线性问题时间步长由于收敛困难而变小；对于显式时间积分，保证收敛的临界时必须满足以下方程：

$$\Delta t \leqslant \Delta t_{\text{cr}} = \frac{2}{\omega_{\max}} \tag{2-7}$$

式中，Δt_{cr} 为时间步长的临界值；$\omega_{\max}$ 为系统的最高固有振动频率，由系统中最小单元的特征值方程 $\left|K^{\text{e}} - \omega^2 M^{\text{e}}\right| = 0$ 得到。

为了保证收敛，LS-DYNA 采用变步长积分法，每一时刻的积分步长由当前构形网格中的最小单元决定。由于时间步小，故显式分析仅仅对瞬态问题有效。

2.3 ANSYS Workbench/LS-DYNA 分析的一般流程

与一般的 CAE 辅助分析软件操作过程类似，ANSYS Workbench/LS-DYNA 分析过程也包括问题的规划、前处理、求解以及后处理 4 个部分，如图 2-8 所示。

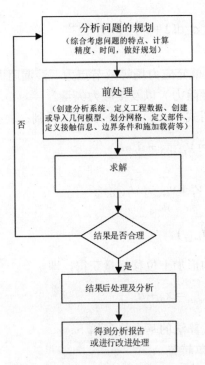

图2-8　ANSYS Workbench/LS-DYNA分析流程

1. 问题的规划

在分析的开始，必须先确定如何让程序能模拟实际的物理系统，即做好问题的规划，如分析的目的是什么，将模拟模型中哪些细节，将选择哪种单位类型等。好的规划往往直接关系到计算的时间、精度和成本，甚至决定分析是否能成功。

2. 前处理

前处理主要包括创建分析系统、定义工程数据、创建或导入几何模型、划分网格、定义部件、定义接触信息、边界条件和施加载荷等。

3. 求解

指定分析的终止时间以及各项求解参数的设置，形成关键字 K 文件（LS-DYNA 程序的标准输入文件），提交给 LS-DYNA 求解器进行计算。

4. 结果后处理及分析

后处理有基于 ANSYS Workbench 中的 Mechanical 应用程序和基于 LS-PrePost 应用程序两种方式。既可以使用 Mechanical 应用程序观察整体应力应变状态、绘制时间历程曲线，也可以用 LS-PrePost 应用程序进行应力、应变、时间历程曲线的绘制，然后通过分析结果的粗略估计（来自理论、经验、试验等），对分析结果的合理性进行判断。如果结果不合理，要找出产生结果不合理的原因，重新进行问题规划、前处理和求解，直至获得可用的合理分析结果，最后生成分析报告或提出改进建议。

2.4　Workbench 中创建 LS-DYNA 分析系统

　　启动 ANSYS Workbench 2022 之后，LS-DYNA 分析系统会自动加载到 ANSYS Workbench 之中，并且 LS-DYNA 和 LS-DYNA Restart 两个分析系统均显示在工具箱中。要进行 LS-DYNA 分析，只需要将 LS-DYNA 分析系统拖到"项目原理图"中，或者在"工具箱"中直接双击"LS-DYNA"分析系统，或者在"项目原理图"窗口中右击，在弹出的快捷菜单中选择"新分析系统"→"LS-DYNA"命令，如图 2-9 所示。在"项目原理图"中创建 LS-DYNA 分析系统（见图 2-10）后，像其他分析系统一样按照工作流程进行设置即可。LS-DYNA 分析系统将自动创建一个 LS-DYNA 关键字（.k）文件，该文件包含执行分析所需的所有必要信息，并将使用该文件运行 LS-DYNA 求解器。

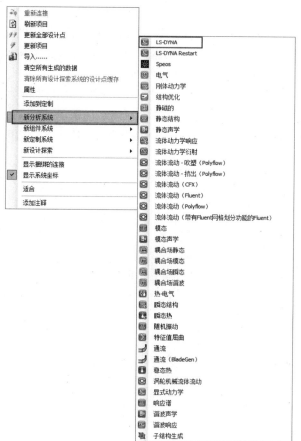

图 2-9　通过快捷菜单创建 LS-DYNA 分析系统　　图 2-10　LS-DYNA 分析系统

　　通过 LS-DYNA 分析系统的单元格顺序，可以清晰地看出进行 LS-DYNA 分析的工作流程。后续章节将按照此工作流程依次介绍所涉及的基础知识。

第 **3** 章

定义工程数据

定义工程数据主要涉及材料模型的选取，这不仅关系到计算能否顺利进行，而且直接关系到计算结果的合理性和可靠性。因此，合理选用材料模型是数值模拟成功的先决条件之一。

由于 ANSYS Workbench2022/LS-DYNA 提供的材料模型种类很多，这给材料模型的选用带来了一定的困难。本章将介绍各种材料模型的特点、适用范围以及定义方法，使读者对材料模型的选用有一定的认识。

 学 习 要 点

◎ 定义工程数据的流程

◎ 弹性材料模型

◎ 非弹性材料模型

◎ 与状态方程相关的材料模型

◎ 其他材料模型

3.1 定义工程数据的流程

在 ANSYS Workbench 中，"工程数据"应用程序为 LS-DYNA 提供了多种可用的材料模型。可用的材料模型主要包括线性弹性材料模型、超弹性材料模型、塑性材料模型、成形塑性材料模型、与状态方程相关的材料模型以及其他材料模型。

在 ANSYS Workbench 中是通过"工程数据"应用程序控制材料属性参数的。"工程数据"应用程序属于本地应用程序，进入"工程数据"应用程序的方法如下：首先添加"工具箱"中的"LS-DYNA"分析系统到"项目原理图"中；然后双击"LS-DYNA"分析系统中的"工程数据"单元格 ，或右击该单元格，在弹出的快捷菜单中选择"编辑"命令，即可进入"工程数据"应用程序。"工程数据"应用程序窗口如图 3-1 所示。可以看出，各窗口中的数据是交互式层叠显示的。

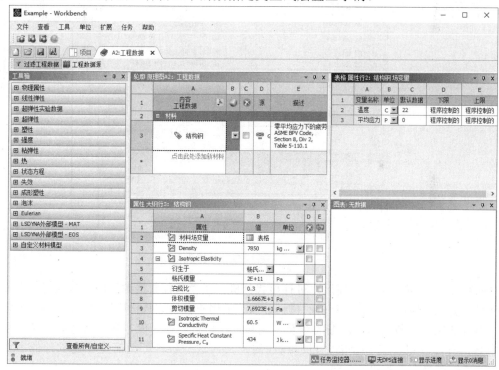

图 3-1 "工程数据"应用程序窗口

📖 3.1.1 材料库

在打开的"工程数据"应用程序中单击工具栏中的 📖 工程数据源 按钮，或在"工程数据"应用程序窗口中右击，在弹出的快捷菜单中选择"工程数据源"命令，此时会显示"工程数据源"数据表窗口，如图 3-2 所示。

工程数据源的材料库中包含大量的常用材料。在"工程数据源"窗口中选择任一个材料库，"轮廓"窗口中会显示此库内的所有材料，选择某一种材料后，"属性大纲行"窗口中会显示此材料的所有默认属性参数值（该属性值是可以被修改的）。

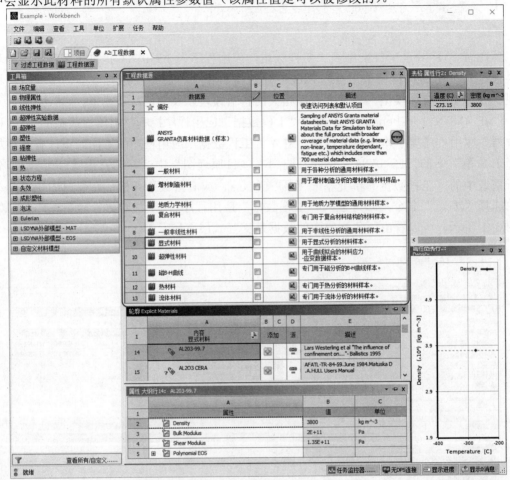

图 3-2　"工程数据源"数据表窗口

如图 3-2 所示，为了方便用户进行显式分析，在"工程数据源"的"显式材料"库中提供了一组丰富的可用于显式分析的材料数据。但用户在将这些材料用于 LS-DYNA 分析之前，要对其属性参数值进行仔细的查看，尤其是在材料名称的前方显示问号时。特别要注意的是，有一些材料仅包含部分材料属性的定义，这些材料可能需要补充额外的参数定义，才能够满足分析的实际需要。

3.1.2　添加库中的材料

材料库中的材料需要添加到当前的分析项目中才能起作用。向当前项目中添加材料的方法如下：首先打开"工程数据源"数据表，在"工程数据源"窗口中选择一个材料库；然后在下方的"轮廓"窗口中单击该材料后面 B 列中的"添加"按钮 ，此时在当前项目中定义的材料 C 列中会被标记为 ，表示该材料已经添加到当前的分析项目中。添加的过程如图 3-3 所示。

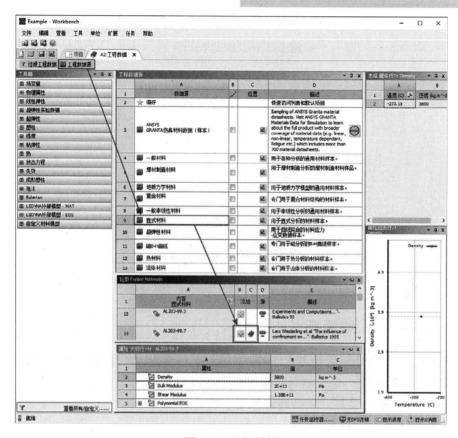

图 3-3　添加材料

完成材料添加后，再次单击 **工程数据源** 按钮，将会在"轮廓原理图"窗口中看到所添加的材料，如图 3-4 所示（其中的"结构钢"为创建分析系统时默认自动添加的材料）。

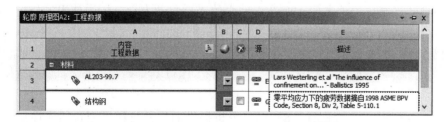

图 3-4　添加材料后的"轮廓原理图"窗口

3.1.3　添加新材料

材料库中的材料虽然很丰富，但是有些需要用到的特殊材料有可能在材料库中是没有的，这时需要将新的材料添加到材料库中。

在"工程数据"中的"工具箱"中有丰富的材料属性，在定义新材料时，直接将"工具箱"中的材料属性添加到新定义的材料中即可。"工具箱"中的材料属性包括物理属性、线性弹性、超弹性实验数据、超弹性、塑性、强度、黏弹性、热等，如图 3-5

所示。

图 3-5 "工程数据"工具箱

3.1.4 材料模型选择要点

材料模型的定义是数值模拟中一个非常重要的环节，它直接影响着数值模拟的精度和可靠性。一般来讲，定义材料模型时应注意以下几点：

1）对于每种单元类型，未必能够使用所有的材料模型，因此使用时要参考单元手册来确认可以用哪些模型。

2）材料模型的选择取决于要分析的材料和可以得到的材料参数。

3）对于每种材料模型，并非所有的属性和选项都要输入。

4）材料数据对结果有重要影响，应尽量保证获得准确的材料数据。

下面对进行 LS-DYNA 分析中常用的材料属性做简要介绍，有关显式动力学中使用的材料模型的详细讨论请参阅 ANSYS 帮助中的"显式动力学分析中使用的材料模型"。

3.2 弹性材料模型

ANSYS Workbench 为进行 LS-DYNA 分析提供的弹性材料模型包括线性弹性材料模型、超弹性材料模型和黏弹性材料模型。

3.2.1 线性弹性材料模型

线性弹性材料是指不经历任何塑性变形的材料。计算应限制在线弹性范围内，应力不能超过屈服强度。ANSYS Workbench 中的线性弹性材料模型包括各向同性弹性材料模型、正交各向异性弹性材料模型以及各向异性弹性材料模型，如图 3-6 所示。

1. 各向同性弹性（Isotropic Elasticity）材料模型

大多数金属（如钢铁）是各向同性的，它的特点是所有方向的材料特性相同。在弹性变形范围内使用此材料模型，只要输入密度（Density）、杨氏模量和泊松比即可。图 3-7 所示为各向同性弹性材料模型选择和参数输入。

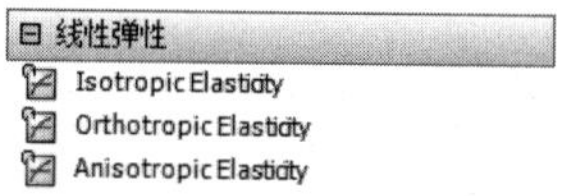

图3-6 线性弹性材料模型

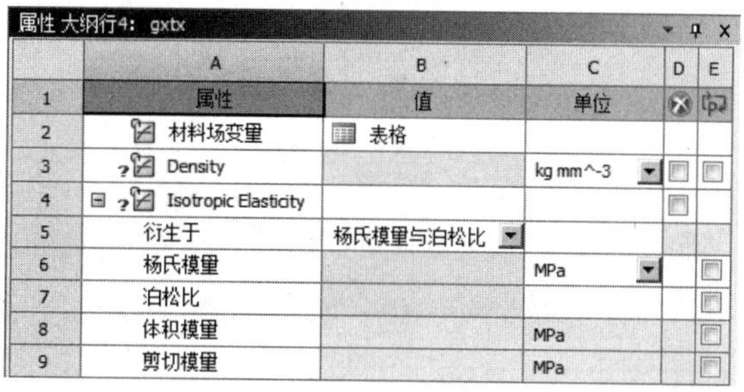
属性 大纲行4: gxtx

	A	B	C	D	E
1	属性	值	单位		
2	材料场变量	表格			
3	Density		kg mm^-3		
4	Isotropic Elasticity				
5	衍生于	杨氏模量与泊松比			
6	杨氏模量		MPa		
7	泊松比				
8	体积模量		MPa		
9	剪切模量		MPa		

图3-7 各向同性弹性材料模型选择和参数输入

2. 正交各向异性弹性（Orthotropic Elasticity）材料模型

通用正交各向异性弹性材料由 9 个独立常数和密度（Density）定义，而横向正交各向异性弹性材料（正交各向异性弹性材料的一种特殊情况）由 5 个独立的参数（“杨氏模量 X 方向”“杨氏模量 Y 方向”“泊松比 XY”“泊松比 XZ”“剪切模量 XY”）定义，如图 3-8 所示。正交各向异性弹性材料模型的主方向（X、Y、Z）默认根据全局坐标系来定义，也可以通过对部件创建一个局部坐标系来指定材料模型的主方向。

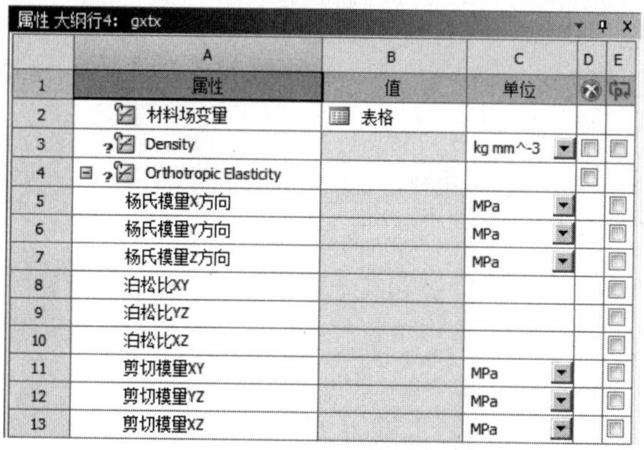
属性 大纲行4: gxtx

	A	B	C	D	E
1	属性	值	单位		
2	材料场变量	表格			
3	Density		kg mm^-3		
4	Orthotropic Elasticity				
5	杨氏模量X方向		MPa		
6	杨氏模量Y方向		MPa		
7	杨氏模量Z方向		MPa		
8	泊松比XY				
9	泊松比YZ				
10	泊松比XZ				
11	剪切模量XY		MPa		
12	剪切模量YZ		MPa		
13	剪切模量XZ		MPa		

图3-8 正交各向异性弹性材料模型定义

3. 各向异性弹性（Anisotropic Elasticity）材料模型

各向异性弹性材料中各个点的特性是独立的，需要组成刚度矩阵的 21 个常数。该材料仅适用于实体单元，各个材料常数在本构矩阵中的位置如下：

$$C=\begin{bmatrix} C_{11} & C_{12} & C_{13} & C_{14} & C_{15} & C_{16} \\ & C_{22} & C_{23} & C_{24} & C_{25} & C_{26} \\ & & C_{33} & C_{34} & C_{35} & C_{36} \\ & & & C_{44} & C_{45} & C_{46} \\ & Symm & & & C_{55} & C_{56} \\ & & & & & C_{66} \end{bmatrix} \tag{3-1}$$

同样，也可以通过对部件创建一个局部坐标系来更改材料模型的主方向。21 个刚度矩阵常数可以由工程常数（“杨氏模量 X 方向”“杨氏模量 Y 方向”“剪切模量 XY”“泊松比 XY”等）换算而得（这些工程常数由常规试验测得），具体换算关系可以参考复合材料力学书籍。在 ANSYS Workbench 中，各向异性弹性材料模型的参数定义如

图 3-9 所示。

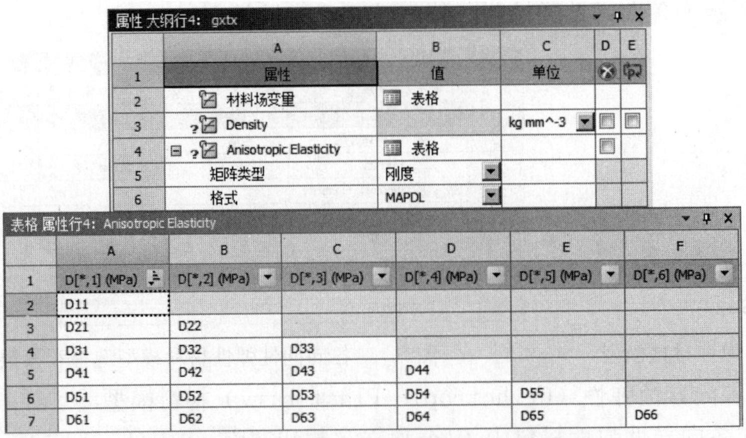

图3-9 各向异性弹性材料模型的参数定义

📖3.2.2 超弹性材料模型

超弹性材料可以经受大的可恢复的弹性变形，如各类橡胶。在 ANSYS Workbench 中的超弹性材料模型包括 Blatz-Ko 超弹性橡胶模型、Mooney-Rivlin 不可压缩橡胶模型、多项式超弹性橡胶模型、Yeoh 超弹性橡胶模型和 Ogden 超弹性橡胶模型（见图 3-10）。

图3-10 超弹性橡胶模型

1. Blatz-Ko 超弹性橡胶模型

Blatz-Ko 是由 Blatz 和 Ko 定义的超弹性橡胶模型，该模型使用第二类 Piola-Kirchoff 应力，即

$$S_{ij} = G\left[\frac{1}{V}C_{ij} - V^{\left(\frac{1}{1-2v}\right)}\delta_{ij}\right] \qquad (3-2)$$

式中，G 为剪切模量；V 为相对体积；v 为泊松比；C_{ij} 为右柯西-格林应变张量；δ_{ij} 为克罗内克函数。

当剪切模量作为仅有的材料性质定义时（见图 3-11）就能使用这种材料模型，LS-DYNA 程序会自动将泊松比定义为 0.463。

2. Mooney-Rivlin 不可压缩橡胶模型

该模型用于定义不可压缩橡胶材料（为了保证不可压缩行为，不可压缩性参数的值必须设为 0.49～0.5）。在该材料模型中，可以通过 A、B 和 v 来定义变形能量密度函数：

$$W = A(I_1-3) + B(I_2-3) + (\frac{A}{2}+B)(\frac{1}{I_3^2}-1) + D(I_3-1)^2 \qquad (3-3)$$

式中，$D = \dfrac{A(5v-2)+B(11v-5)}{2(1-2v)}$；$I_1$、$I_2$、$I_3$ 为应变不变量（Strain Invariant）；A、B 为 Mooney-Rivlin 常数；v 为泊松比。在 ANSYS Workbench 中提供了 Mooney-Rivlin 2 参数（Mooney-Rivlin 2 Parameter）、3 参数（Mooney-Rivlin 3 Parameter）和 5 参数（Mooney-Rivlin 5 Parameter）不可压缩橡胶模型，其中 Mooney-Rivlin 2 参数不可压缩橡胶模型定义如图 3-12 所示，该模型可以通过"Density"（密度）和"材料常数 C10""材料常数 C01""不可压缩性参数 D1"来定义。

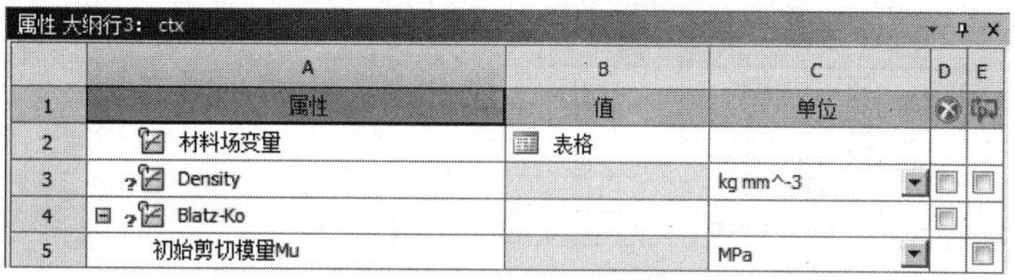

	A	B	C	D	E
	属性	值	单位		
1					
2	材料场变量	表格			
3	Density		kg mm^-3		
4	Blatz-Ko				
5	初始剪切模量Mu		MPa		

图3-11　Blatz-Ko超弹性橡胶材料模型定义

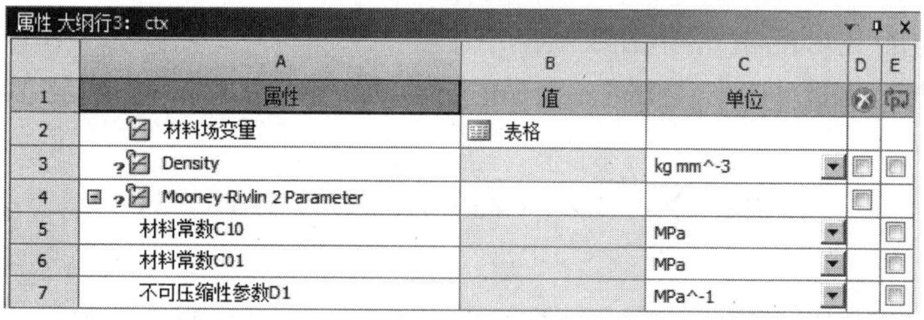

	A	B	C	D	E
1	属性	值	单位		
2	材料场变量	表格			
3	Density		kg mm^-3		
4	Mooney-Rivlin 2 Parameter				
5	材料常数C10		MPa		
6	材料常数C01		MPa		
7	不可压缩性参数D1		MPa^-1		

图3-12　Mooney-Rivlin 2参数不可压缩橡胶模型定义

3. 多项式（Polynomial）超弹性橡胶模型

超弹性材料的变形能量密度函数可以展开为第一和第二应变不变量 I_1 和 I_2 的无穷级数。变形能量密度函数的多项式形式如下：

$$W = \sum_{m,n=1}^{N} C_{mn}(I_1-3)^m (I_2-3)^n + \sum_{k=1}^{N} \frac{1}{D_k}(J-1)^{2k} \qquad (3-4)$$

式中，N 为模型的阶数；I_1、I_2 为应变不变量；C_{mn} 为材料常数；D_k 为材料不可压缩性参数；J 为雅可比矩阵。在 ANSYS Workbench 中提供了多项式一阶（Polynomial 1st Order）和多项式二阶（Polynomial 2nd Order）超弹性橡胶模型，其中多项式二阶超弹性橡胶模型定义如图 3-13 所示。该模型可以通过"Density"（密度）和"材料常数 C10""材料常数 C20""不可压缩性参数 D1""不可压缩性参数 D2"来定义。

4. Yeoh 超弹性橡胶模型

Yeoh 超弹性变形能量密度函数只基于第一应变不变量 I_1，一般形式如下：

$$W = \sum_{i=1}^{N} C_{10}(I_1-3)^i + \sum_{i=1}^{N} \frac{1}{D_i}(J-1)^{2i} \qquad (3-5)$$

式中，N 为模型的阶数；I_1 为第一应变不变量；C_{10} 为材料常数；D_i 为材料不可压缩性参数；J 为雅可比矩阵。在 ANSYS Workbench 中提供了 Yeoh 一阶（Yeoh 1st Order）、Yeoh 二阶（Yeoh 2nd Order）和 Yeoh 三阶（Yeoh 3rd Order）超弹性橡胶模型，其中 Yeoh 一阶超弹性橡胶模型定义如图 3-14 所示。该模型可以通过"Density"（密度）和"材料常数 C10""不可压缩性参数 D1"来定义。

图3-13　多项式二阶超弹性橡胶模型定义

图3-14　Yeoh一阶超弹性橡胶模型定义

5.Ogden 超弹性橡胶模型

Ogden 模型的变形能量密度函数是基于左手柯西格林应变张量（left-Cauchy-Green tensor）的主伸长偏量（deviatoric principal stretches）的，其形式如下：

$$W = \sum_{i=1}^{N} \frac{\mu_i}{\alpha_i} \left(\bar{\lambda}_1^{\alpha_i} + \bar{\lambda}_2^{\alpha_i} + \bar{\lambda}_3^{\alpha_i} \right) + \sum_{i=1}^{N} \frac{1}{D_i} (J-1)^{2i} \qquad (3-6)$$

式中，N 为模型的阶数，通常 N 取 1～3 之间的整数；μ_i、α_i 和 D_i 为材料常数；λ_1、λ_2、λ_3 为左手柯西格林应变张量三个主方向的伸长偏量；J 为雅可比矩阵。在 ANSYS Workbench 中提供了 Ogden 一阶（Ogden 1st Order）、Ogden 二阶（Ogden 2nd Order）和 Ogden 三阶（Ogden 3rd Order）超弹性橡胶模型，其中 Ogden 一阶超弹性橡胶模型定义如图 3-15 所示。该模型可以通过"Density"（密度）和"材料常数 MU1""材料常数 A1""不可压缩性参数 D1"来定义。

图3-15　Ogden一阶超弹性橡胶模型定义

3.2.3　黏弹性材料模型

黏弹性（Viscoelastic）材料模型可以用于定义玻璃类材料。在弹性和塑性理论中，一般不考虑时间和速率对应力应变关系的影响，但陶瓷、玻璃和高分子这类材料的力学性能会根据时间而改变，产生蠕变或松弛现象，对这类材料应采用黏弹性材料模型。该模型采用如下偏量特性：

$$\sigma_{ij} = 2\int_0^t \phi(t-\tau)\left[\frac{\partial \varepsilon'_{ij}(\tau)}{\partial \tau}\right]d\tau \tag{3-7}$$

式中，σ_{ij} 为柯西应力张量的分量；ε'_{ij} 为应变分量的张量；t 为时间；τ 为松弛时间；ϕ 为剪切松弛模量，其公式为

$$\phi(t) = G_\infty + (G_0 - G_\infty)e^{-\beta t} \tag{3-8}$$

式中，G_∞ 为长期限（无期限）的弹性剪切模量；G_0 为短期限的弹性剪切模量；β 为衰减常数。该模型必须结合线性弹性材料属性或状态方程材料属性（必须包括剪切模量）来使用，且该材料模型仅适用于实体单元。

在 ANSYS Workbench 中，定义该模型时除了需要定义密度（Density）和剪切模量之外，还需要使用表格来定义相对模量和松弛时间，如图 3-16 所示。

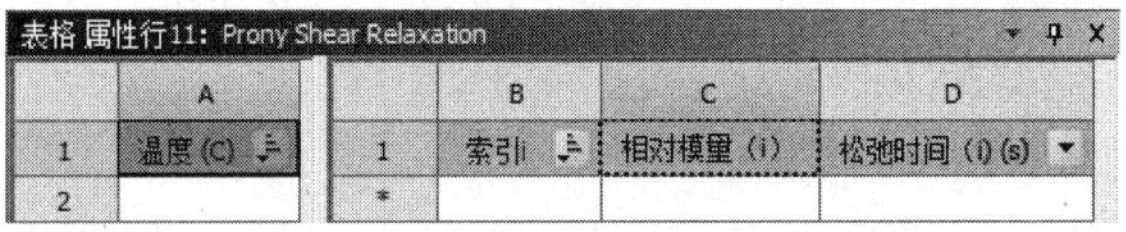

图3-16 黏弹性材料模型定义

3.3 非弹性材料模型

ANSYS Workbench 为进行 LS-DYNA 分析中提供的非弹性材料模型包括塑性材料模型、成形塑性材料模型和失效材料模型。

3.3.1 塑性材料模型

ANSYS Workbench 为进行 LS-DYNA 分析提供了 8 种塑性材料模型，包括双线性各向同性硬化（Bilinear Isotropic Hardening）材料模型、多线性各向同性硬化（Multilinear Isotropic Hardening）材料模型、双线性随动硬化（Bilinear Kinematic Hardening）材料模型、Johnson Cook 强度（Johnson Cook Strength）材料模型、Cowper Symonds 幂率硬化（Cowper Symonds Power Law Hardening）材料模型、速率敏感幂律硬化（Rate Sensitive Power Law Hardening）材料模型、Cowper Symonds 分段线性硬化（Cowper Symonds Piecewise Linear Hardening）材料模型、改进的 Cowper Symonds 分段线性硬化（Modified Cowper Symonds Piecewise Linear Hardening）材料模型，如图 3-17 所示。

1. 双线性各向同性硬化材料模型

双线性各向同性硬化材料模型（与应变率无关）使用两种斜率（弹性和塑性）来

表示材料应力应变行为。这一模型可定义不同温度值的应力-应变行为。这种塑性材料模型常用于大应变分析。双线性应力-应变曲线要求输入屈服强度和切线模量。曲线中第一段的斜率等于材料的杨氏模量,而第二段的斜率是切线模量。该模型定义如图3-18所示。

图3-17　塑性材料模型

	A	B	C	D	E
1	属性	值	单位	⊗	ⓕ
2	📊 材料场变量	📋 表格			
3	？📊 Density		kg mm^-3 ▼	□	□
4	⊟ ？📊 Bilinear Isotropic Hardening			□	
5	屈服强度		MPa ▼	□	
6	切线模量		MPa ▼	□	

图 3-18　双线性各向同性硬化模型定义

2. 多线性各向同性硬化材料模型

该模型可输入与应变率相关的应力-应变曲线。它是一个常用的塑性准则,特别适用于钢。采用这个材料模型,也可根据塑性应变定义失效。

该模型必须以塑性应变与应力的形式提供数据,曲线的第一个点必须是屈服点,即零塑性应变和屈服应力。在用户定义的最后一个应力-应变数据点之间的超出部分,假设应力-应变曲线的斜率为零。曲线的任何段都不能具有小于零的斜率。该模型定义如图 3-19 所示。

	A	B	C	D	E
1	属性	值	单位	⊗	ⓕ
2	📊 材料场变量	📋 表格			
3	？📊 Density		kg mm^-3 ▼	□	□
4	？📊 Multilinear Isotropic Hardening	📋 表格		□	

	A		B	C
1	温度 (C)	1	塑性应变 (mm mm^-1)	应力 (MPa) ▼
2		2		
*		3		
		4		
		*		

图 3-19　多线性各向同性硬化材料模型定义

3. 双线性随动硬化材料模型

该模型是一种经典的与应变率无关的双线性随动硬化模型,用两个斜率(弹性和塑性)来表示材料的应力应变特性。该塑性材料模型假设总应力等于屈服应力的两倍,包括包辛格效应。该模型可用于符合米泽斯屈服准则的材料(包括大多数金属),除密度外,需要输入屈服强度和切线模量。该模型定义如图 3-20 所示。

4. Johnson Cook 强度材料模型

此模型用来表示材料（典型的金属）在大应变、高应变率和高温下的强度行为。这种行为可能会出现在由于高速冲击引起的强烈冲击载荷问题中。

在该模型中，屈服应力随应变、应变率和温度而变化。

属性 大纲行3：sx

	A	B	C	D	E
1	属性	值	单位		
2	材料场变量	表格			
3	Density		kg mm^-3		
4	Bilinear Kinematic Hardening				
5	屈服强度		MPa		
6	切线模量		MPa		

图 3-20　双线性随动硬化材料模型定义

该模型将屈服应力定义为：

$$Y=\left(A+B\varepsilon_{\mathrm{p}}^{n}\right)\left(1+C\ln\varepsilon_{\mathrm{p}}^{*}\right)\left(1-T_{\mathrm{H}}^{m}\right) \tag{3-9}$$

式中，A、B、C、n 和 m 为常数；ε_{p} 为等效塑性应变；$\varepsilon_{\mathrm{p}}^{*}$ 为无量纲化等效塑性应变率；T_{H} 为无量纲化温度，$T_{\mathrm{H}}=(T-T_{\mathrm{r}})/(T_{\mathrm{m}}-T_{\mathrm{r}})$，其中 T_{r} 为参考温度，T_{m} 为材料的熔点温度，T 为试验温度。方程右边三项分别表示等效塑性应变、应变率和温度对流动应力的影响。Johnson Cook 强度模型可用于所有单元类型，并可与所有状态方程和失效属性结合使用。该模型定义如图 3-21 所示。

属性 大纲行3：fxxjgg

	A	B	C	D	E
1	属性	值	单位		
2	材料场变量	表格			
3	Density		kg mm^-3		
4	Specific Heat Constant Pressure, C_p		mJ kg^-1 C^-1		
5	Johnson Cook Strength				
6	应变速率校正	一阶			
7	初始屈服应力		Pa		
8	硬化常数		Pa		
9	硬化指数				
10	应变速率常数				
11	热软化指数				
12	熔化温度		C		
13	参考应变率(/sec)	1			

图 3-21　JohnsonCook 强度材料模型定义

5. Cowper Symonds 幂率硬化材料模型

Cowper Symonds 幂律硬化材料模型允许使用硬化常数 K 和硬化指数 n 来确定双线性各向同性硬化和幂律硬化的塑性行为。应变率效应由 Cowper Symonds 应变率参数 C 和 P 确定。该模型定义如图 3-22 所示。

6. 速率敏感幂律硬化材料模型

与应变率相关的速率敏感幂律硬化模型主要用于超塑性成形分析，该模型遵循 Ramburgh-Osgood 本构方程即

$$\sigma_y=k\varepsilon^{m}\dot{\varepsilon}^{n} \tag{3-10}$$

式中，ε 为应变；$\dot{\varepsilon}=\dfrac{\mathrm{d}\varepsilon}{\mathrm{d}t}$ 为应变率；k 为材料常数；m 为硬化系数；n 为应变率灵敏系数。

图 3-22　CowperSymonds 幂率硬化材料模型定义

该模型的应力-应变关系只能定义于一种温度下。使用该模型需要输入的参数包括密度、硬化常数 K，硬化指数 m、应变率常数 n 和参考应变率。该模型定义如图 3-23 所示。

图 3-23　速率敏感幂律硬化材料模型定义

7. Cowper Symonds 分段线性硬化材料模型

该模型求解非常有效，最常用于碰撞模拟。它类似于多线性各向同性硬化行为。应力-应变行为是用有效真应力与有效塑性真应变的载荷曲线定义的。该模型定义如图 3-24 所示。

8. 改进的 Cowper Symonds 分段线性硬化材料模型

该模型是 Cowper Symonds 分段线性硬化材料模型的改进版，它考虑了如下几种失效方法：

1）有效塑性应变。

2）减薄（全厚度）塑性应变。

3）面内主应变，该材料模型的塑性应变失效参数是通过向其添加塑性应变失效行为来定义的。

改进的 Cowper Symonds 分段线性硬化材料模型定义如图 3-25 所示。

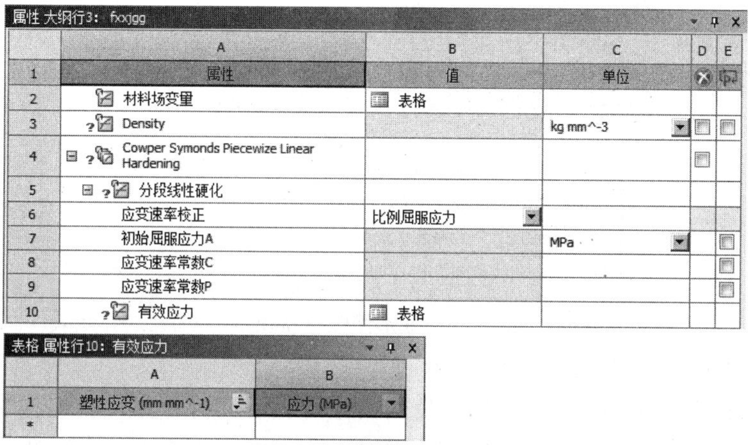

图 3-24　Cowper Symonds 分段线性硬化材料模型定义

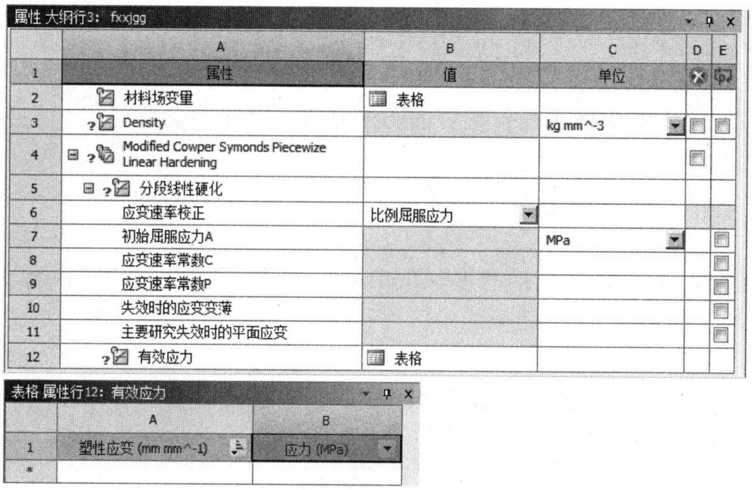

图 3-25　改进的 Cowper Symonds 分段线性硬化材料模型定义

3.3.2　成形塑性材料模型

ANSYS Workbench 为进行 LS-DYNA 分析提供了下列 7 种成形塑性材料模型：双线性横向各向异性硬化（Bilinear Transversely Anisotropic Hardening）材料模型、多线性横向各向异性硬化（Multilinear Transversely Anisotropic Hardening）材料模型、双线性 FLD 横向各向异性硬化（Bilinear FLD Transversely Anisotropic Hardening）材料模型、多线性 FLD 横向各向异性硬化（Multilinear FLD Transversely Anisotropic Hardening）材料模型、双线性 3 参数 Barlat 硬化（Bilinear 3 Parameter Barlat Hardening）材料模型、指数 3 参数 Barlat 硬化（Exponential 3 Parameter Barlat Hardening）材料模型、指数 Barlat 各向异性硬化（Exponential Barlat Anisotropic Hardening）材料模型。成形塑性材料模型如图 3-26 所示。

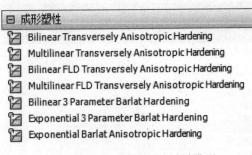

图3-26　成形塑性材料模型

1. 双线性横向各向异性硬化次列车模型

该模型为仅供壳单元和 2-D 单元使用的全迭代各向异性塑性材料模型，常用于薄板成形的正交各向异性材料，它在面内任意方向的性质是各向同性的，但在法向的性质不同。在此模型中，平面应力情况下的屈服函数为

$$F(\sigma) = \sigma_y = \sqrt{\sigma_{11}^2 + \sigma_{22}^2 - \frac{2R}{R+1}\sigma_{11}\sigma_{22} + 2\frac{2R+1}{R+1}\sigma_{12}^2} \qquad (3-11)$$

式中，R 为各向异性硬化参数，它是平面内的塑性应变率 $\dot{\varepsilon}_{22}^p = \lambda \frac{\partial F}{\partial \sigma_{22}}$（其中 λ 为 Lame 常数）和平面外的塑性应变率 $\dot{\varepsilon}_{33}^p = \lambda \frac{\partial F}{\partial \sigma_{33}}$ 之比，即 $R = \dot{\varepsilon}_{22}^p / \dot{\varepsilon}_{33}^p$。

该模型需要定义的参数包括密度（Density）、屈服强度、切线模量和各向异性硬化参数，如图 3-27 所示。

	A	B	C	D	E
1	属性	值	单位		
2	📊 材料场变量	表格			
3	？📊 Density		kg mm^-3 ▾	□	□
4	⊟ ？📊 Bilinear Transversely Anisotropic Hardening			□	
5	屈服强度		MPa ▾		□
6	切线模量		MPa ▾		□
7	各向异性硬化参数				□

图 3-27　双线性横向各向异性硬化材料模型定义

2. 多线性横向各向异性硬化材料模型

该模型是一个完全迭代的各向异性塑性材料模型，可以应用载荷曲线来定义材料的屈服强度-塑性应变之间的关系曲线。

该模型目前只适用于壳单元和 2-D 单元，且必须定义材料的密度、各向异性硬化参数以及载荷曲线，如图 3-28 所示。

3. 双线性 FLD 横向各向异性硬化材料模型

该模型用于模拟各向异性材料的钣金成形，仅适用于壳和二维单元，且只能考虑横向各向异性材料。对于该模型，可通过定义屈服强度和切线模量来模拟流动应力和有效塑性应变之间的相关性。此外，还可以定义成形极限图（该图将用于计算材料可以承受的最大应变比）。该模型定义如图 3-29 所示。

图 3-28　多线性横向各向异性硬化材料模型定义

4. 多线性 FLD 横向各向异性硬化材料模型

该模型用于模拟各向异性材料的钣金成形，仅适用于壳和二维单元，且只能考虑横向各向异性材料。对于该模型，流动应力与有效塑性应变的相关性可使用曲线建模。此外，还可以定义成形极限图（该图将用于计算材料可以承受的最大应变比）。该模型定义如图 3-30 所示。

图 3-29　双线性 FLD 横向各向异性硬化材料模型定义

图 3-30　多线性 FLD 横向各向异性硬化材料模型定义

5. 双线性 3 参数 Barlat 硬化材料模型

由于铝合金板存在明显的各向异性，而各向异性又影响板料成形过程的应变分布、壁厚减薄和成形性能，因此各向异性材料的屈服准则成为研究人员关注的热点。研究人员提出了许多考虑各向异性的屈服准则，其中 Barlat 和 Lian 于 1989 年提出的三参数各向异性屈服准则中的屈服面与按晶体学为基础测得的屈服面是一致的。该准则采用 Lankford 系数来定义材料的各向异性。屈服准则表达如下：

$$2(\sigma_y)^m = a\left|K_1 + K_2\right|^m - a\left|K_1 - K_2\right|^m + c\left|2K_2\right|^m \tag{3-12}$$

式中，σ_y 为屈服应力；a 和 c 为各向异性材料常数；m 为 Barlat 指数；K_i 为应力张量不变量，计算公式为

$$K_1 = \frac{\sigma_{xx} + h\sigma_{yy}}{2} \tag{3-13}$$

$$K_2 = \sqrt{\left(\frac{\sigma_{xx} - h\sigma_{yy}}{2}\right)^2 + p^2\tau_{xy}^2} \tag{3-14}$$

式中，σ_{xx} 为作用在 x 面上与 x 轴方向一致的应力分量；σ_{yy} 为作用在 y 面上与 y 轴方向一致的应力分量；τ_{xy} 为作用在 x 面上与 y 轴方向一致的应力分量；h 和 p 是附加的各向异性材料常数。σ_{xx} 和 σ_{yy} 由于都是沿平面法向的应力分量，所以也称为正应力。τ_{xy} 由于是沿平面切向的分量，所以也称为剪应力或剪切应力。

以上各个各向异性材料常数，除了 p 是隐式确定，其他都是由 R 值（宽度方向和厚度方向的应变比）确定，即

$$a = 2 - 2\sqrt{\frac{R_{00}}{1 + R_{00}} \frac{R_{90}}{1 + R_{90}}} \tag{3-15}$$

$$c = 2 - a \tag{3-16}$$

$$h = \sqrt{\frac{R_{00}}{1 + R_{00}} \frac{1 + R_{90}}{R_{90}}} \tag{3-17}$$

式中，R_{00} 为 0° 方向的 Lankford 参数；R_{90} 为 90° 方向的 Lankford 参数。

Barlat 和 Lian 同时还指出，对任意角度 ϕ，R 值（宽度方向和厚度方向的应变比）计算公式为

$$R_\phi = \frac{2m\sigma_y^m}{\left(\dfrac{\partial \Phi}{\partial \sigma_{xx}} + \dfrac{\partial \Phi}{\partial \sigma_{yy}}\right)\sigma_\phi} - 1 \tag{3-18}$$

式中，σ_ϕ 为与轧制方向夹角为 ϕ 方向单拉伸应力；Φ 为材料各向异性的屈服函数。通常按 $\phi = 45$ 进行迭代求解 p 值：

$$g(p)=\frac{2m\sigma_y^m}{\left(\dfrac{\partial\Phi}{\partial\sigma_{xx}}+\dfrac{\partial\Phi}{\partial\sigma_{yy}}\right)\sigma_\phi}-1-R_{45} \tag{3-19}$$

该材料模型需要定义的参数包括密度和“屈服强度”“切线模量”“Barlat 指数”“0 度（45 度、90 度）方向的 Lankford 参数”“应变速率常数 C”“应变速率常数 P”，如图 3-31 所示。

属性 大纲行3：cxsx

	A	B	C	D	E
1	属性	值	单位		
2	材料场变量	表格			
3	Density		kg mm^-3		
4	Bilinear 3 Parameter Barlat Hardening				
5	屈服强度		MPa		
6	切线模量		MPa		
7	Barlat指数				
8	0度方向的Lankford参数				
9	45度方向的Lankford参数				
10	90度方向的Lankford参数				
11	应变速率常数C				
12	应变速率常数P				

图 3-31　双线性 3 参数 Barlat 硬化材料模型定义

6．指数 3 参数 Barlat 硬化材料模型

该模型的理论与双线性 3 参数 Barlat 硬化材料模型相同，但对于该材料模型，硬化规则是指数的。除了 Barlat 指数之外，它还需要输入“硬化常数 K”和“硬化指数 n”，如图 3-32 所示。

属性 大纲行3：cxsx

	A	B	C	D	E
1	属性	值	单位		
2	材料场变量	表格			
3	Density		kg mm^-3		
4	Exponential 3 Parameter Barlat Hardening				
5	硬化类型	Swift			
6	硬化常数K		MPa		
7	硬化指数n				
8	Barlat指数				
9	0度方向的Lankford参数				
10	45度方向的Lankford参数				
11	90度方向的Lankford参数				
12	应变速率常数C				
13	应变速率常数P				
14	初始屈服应变		mm mm^-1		

图 3-32　指数 3 参数 Barlat 硬化材料模型定义

7．指数 Barlat 各向异性硬化材料模型

Barlat、Lege 和 Brem 于 1991 年又提出 6 参数屈服准则，该屈服准则可以应用于通用的三维弹塑性有限元分析。材料各向异性的屈服函数 Φ 表达如下：

$$\Phi=\left|S_1-S_2\right|^m+\left|S_2-S_3\right|^m+\left|S_3-S_1\right|^m=2\bar{\sigma}^m \tag{3-20}$$

式中，$\bar{\sigma}$ 为等效应力；S_i 为对称矩阵的主值，计算公式如下：

$$S_{xx}=\left[c(\sigma_{xx}-\sigma_{yy})-b(\sigma_{zz}-\sigma_{xx})\right]/3$$
$$S_{yy}=\left[a(\sigma_{yy}-\sigma_{zz})-c(\sigma_{xx}-\sigma_{yy})\right]/3$$

$$S_{zz} = \left[b(\sigma_{zz} - \sigma_{xx}) - a(\sigma_{yy} - \sigma_{zz}) \right] / 3$$

$$S_{yz} = f\sigma_{yz}$$

$$S_{zx} = g\sigma_{zx}$$

$$S_{xy} = h\sigma_{xy}$$

式中，a、b、c、f、g 和 h 均为材料常数，表征各向异性特性，当 a、b、c、f、g、h=1 时，材料为各向同性。

当 m=1 时，该屈服准则退化为 Tresca 屈服准则；当 m=2 或 4 时，退化为 von Mises 屈服准则。对于体心立方材料（BCC），m=8；对于面心立方材料（FCC），m=6。材料的屈服强度为

$$\sigma_y = K\left(\varepsilon^p + \varepsilon_0\right)^n \tag{3-21}$$

式中，ε_0为初始屈服应力；ε^p为塑性应变；K为硬化常数；n为硬化指数。

该材料模型定义如图 3-33 所示。

属性 大纲行3：cxsx

	A	B	C	D	E
1	属性	值	单位		
2	材料场变量	表格			
3	Density		kg mm^-3		
4	Exponential Barlat Anisotropic Hardening				
5	硬化常数K		MPa		
6	硬化指数n				
7	Barlat指数				
8	Barlat各向异性系数A				
9	Barlat各向异性系数B				
10	Barlat各向异性系数C				
11	Barlat各向异性系数F				
12	Barlat各向异性系数G				
13	Barlat各向异性系数H				
14	初始屈服应变		mm mm^-1		

图 3-33　指数 Barlat 各向异性硬化材料模型定义

3.3.3 失效材料模型

材料不能承受超过材料局部拉伸强度的拉伸应力。假设材料始终保持连续，当局部应力达到非常大的值时，会导致与实际不相符的计算结果。因此必须构建一种既能识别何时达到拉伸极限，又能描述材料超过拉伸极限时材料属性变化的材料模型。在显式动力学系统中，可以表示几种不同的失效模型。显式动力学系统中的失效有两个组成部分，即失效启动和失效后响应。

有许多标准可用于判断材料失效，当单元内满足指定的失效标准时，将激活失效后响应。在单元中开始失效后，单元的后续强度特性将根据失效材料模型的类型而变化。瞬时失效是指在失效开始时，单元偏应力将被彻底设置为零并保持在该水平，随后，该元件将只能承受压缩压力。

ANSYS Workbench 提供了 5 种失效材料模型，如图 3-34 所示。默认情况下，拉伸压力失效（Tensile Pressure Failure）材料模型将产生瞬时失效后响应，下面讨论塑性应变失效（Plastic Strain Failure）材料模型、主应力失效（Principal Stress Failure）材料模型、主应变失效（Principal Strain Failure）材料模型和 Johnson Cook 失效（Johnson Cook Failure）材料模型。

1. 塑性应变失效材料模型

塑性应变失效可用于模拟材料的延性失效。失效开始基于材料中的有效塑性应变。用户输入最大塑性应变值，如果材料有效塑性应变大于用户定义的最大值，则会发生失效。需要注意的是，该模型必须与塑性或脆性强度模型结合使用，其定义如图 3-35 所示。

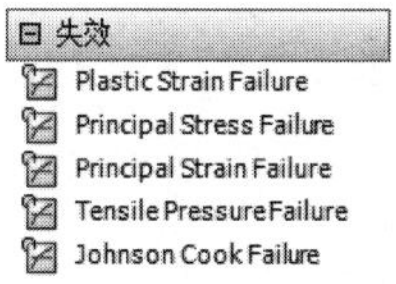

图3-34 失效材料模型

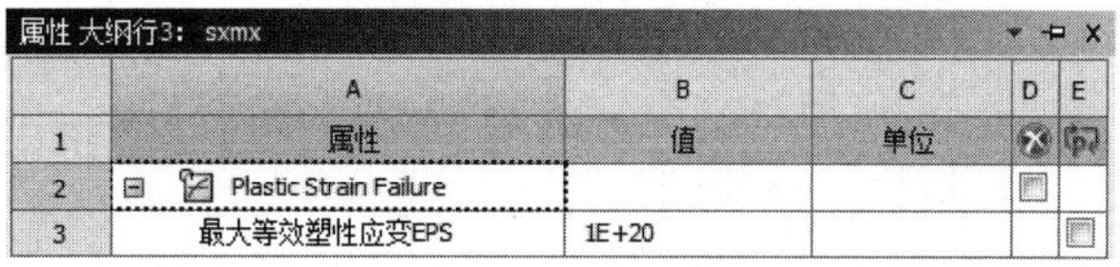

	A	B	C	D	E
1	属性	值	单位		
2	Plastic Strain Failure				
3	最大等效塑性应变EPS	1E+20			

图3-35 塑性应变失效材料模型定义

2. 主应力失效材料模型

主应力失效可用于表示材料的脆性破坏。失效启动基于两个标准之一：

1）最大拉伸应力。

2）最大剪切应力（从主应力的最大差值推导出来）。

当满足上述任一标准时，就会启动失效。

如果此模型与塑性材料模型结合使用，通常建议通过指定一个较大的值来停用最大剪切应力标准。在这种情况下，剪切响应将由塑性材料模型处理。该模型定义如图 3-36 所示。

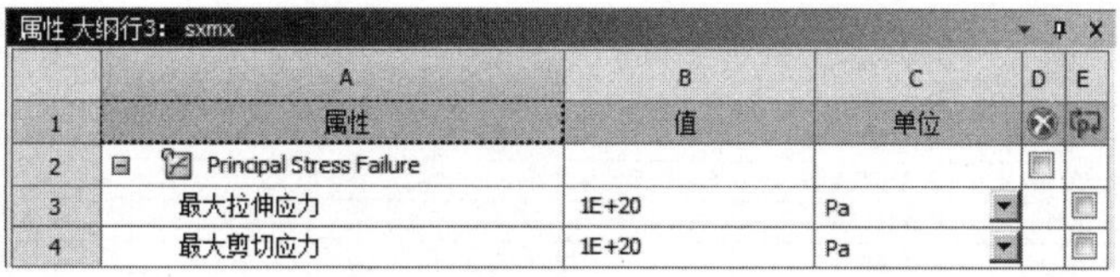

	A	B	C	D	E
1	属性	值	单位		
2	Principal Stress Failure				
3	最大拉伸应力	1E+20	Pa		
4	最大剪切应力	1E+20	Pa		

图 3-36 主应力失效材料模型定义

3. 主应变失效材料模型

主应变失效可用于表示材料的脆性或延性失效。失效启动基于两个标准之一：

1）最大主应变。

2）最大剪切应变（从主应变中的最大差值导出）。

当满足上述任一标准时，就会启动失效。如果此模型与塑性材料模型结合使用，通常建议通过指定一个较大的值来停用最大剪切应变标准。在这种情况下，剪切响应将由塑性材料模型处理。该模型定义如图 3-37 所示。

4. Johnson Cook 失效材料模型

Johnson Cook 失效材料模型可用于模拟材料在承受大压力、应变率和温度时的延展性失效。

$$D=\sum\frac{\Delta\varepsilon}{\varepsilon^f} \tag{3-22}$$

式中，D 为总的损坏因子；$\Delta\varepsilon$ 为载荷增加期间有效塑性应变的增量；ε^f 为失效应变。当总的损坏因子 D 达到 1 时就会发生疲劳失效。

$$\varepsilon^f=\left[D_1+D_2e^{D_3\sigma^*}\right]\left[1+D_4\ln\left|\dot{\varepsilon}^*\right|\right]\left[1+D_5T^*\right] \tag{3-23}$$

式中，σ^* 为平均应力；$\dot{\varepsilon}^*$ 为等效塑性应变率；T^* 为温度；D_1～D_5 为材料的损伤常数。

属性 大纲行3： sxmx

	A	B	C	D	E
1	属性	值	单位		
2	⊟ Principal Strain Failure				
3	最大主应变	1E+20			
4	最大剪切应变	1E+20			

图 3-37 主应变失效材料模型定义

式（3-23）中的第一项与压力相关，第二项与应变率相关，第三项与温度相关。

该模型的构建方式与 Johnson Cook 塑性材料模型类似，因为它由三个独立的项组成，这些项将动态断裂应变定义为压力、应变率和温度的函数。该模型定义如图 3-38 所示。

属性 大纲行3： sxmx

	A	B	C	D	E
1	属性	值	单位		
2	材料场变量	表格			
3	Density		kg mm^-3		
4	Specific Heat Constant Pressure, C_p		mJ kg^-1 C^-1		
5	⊟ Johnson Cook Strength				
6	应变速率校正	一阶			
7	初始屈服应力		Pa		
8	硬化常数		Pa		
9	硬化指数				
10	应变速率常数				
11	热软化指数				
12	熔化温度		C		
13	参考应变率(/sec)	1			
14	⊟ Johnson Cook Failure				
15	损伤常数D1				
16	损伤常数D2				
17	损伤常数D3				
18	损伤常数D4				
19	损伤常数D5				
20	熔化温度		C		
21	参考应变率(/sec)	1			

图 3-38 Johnson Cook 失效材料模型定义

3.4 与状态方程相关的材料模型

一般材料模型需要将应力与变形和内能（或温度）相关联的方程。在大多数情况下，应力张量可以分为均匀的静水压力（三个法向应力相等）和与材料对剪切变形的抵抗力相关的应力偏张量。

静水压力、局部密度（或比热容）和局部比能（或温度）之间的关系被称为状态方程。

胡克定律是状态方程的最简单形式，与能量无关，仅当被建模的材料体积发生相对较小的变化（小于 2%）时才有效。如果预计材料在分析过程中会经历高体积变化，则应使用状态属性的替代方程之一。

ANSYS Workbench 为进行 LS-DYNA 分析提供了 5 种与状态方程相关的材料模型，包括体积模量（Bulk Modulus）材料模型、剪切模量（Shear Modulus）模型、多项式 EOS（Polynomial EOS）材料模型、冲击 EOS 线性（Shock EOS Linear）材料模型和冲击 EOS 双线性（Shock EOS Bilinear）材料模型，如图 3-39 所示。

📖3.4.1 体积模量材料模型

体积模量可用于定义线性的、与能量无关的状态方程。结合剪切模量属性，此材料定义等效于使用线性弹性，即杨氏模量和泊松比，其模型定义如图 3-40 所示。

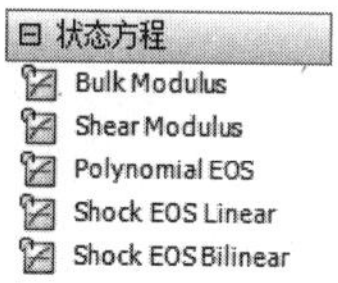

图 3-39 与状态方程相关的材料模型　　　　图 3-40 体积模量材料模型定义

📖3.4.2 剪切模量材料模型

剪切模量可用于定义材料的弹性刚度，要表示流体时，需要指定一个较小的数值。剪切模量材料模型定义如图 3-41 所示。

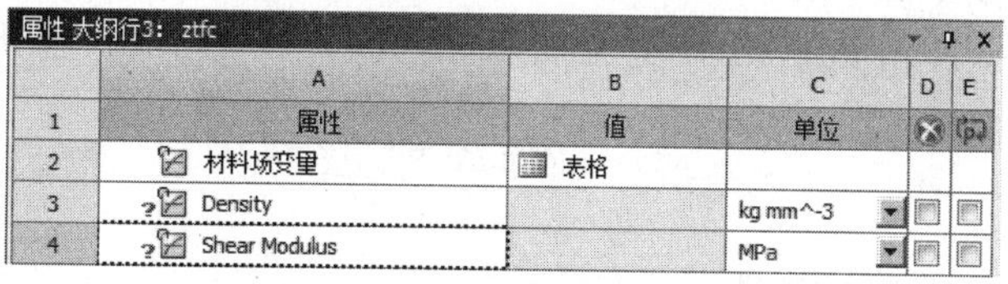

图 3-41 剪切模量材料模型定义

📖3.4.3 多项式EOS材料模型

这是状态方程的 Mie-Gruneisen 形式的一般形式，并且对于压缩和拉伸状态具有不同的解析形式。

该状态方程将压力定义为

$$p = A_1\mu + A_2\mu^2 + A_3\mu^3 + (B_0 + B_1\mu)p_0e \qquad \mu > 0 \text{（压缩）} \qquad (3\text{-}24)$$

$$p = T_1\mu + T_2\mu^2 + B_0 p_0 e \qquad\qquad \mu < 0 \text{（拉伸）} \qquad (3\text{-}25)$$

式中，$\mu = \rho/\rho_0 - 1$（压缩），ρ_0 为固体零压力下的密度；e 为单位质量内能；A_1、A_2、A_3、B_0、B_1、T_1 和 T_2 是材料常数。

如果 T_1 的输入值为 0，在求解时将把 A_1 的数值赋给 T_1。多项式 EOS 材料模型定义如图 3-42 所示。

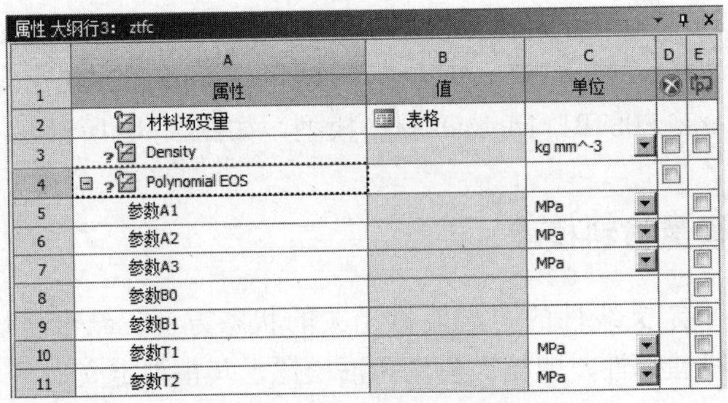

	A	B	C	D	E
	属性	值	单位	⊗	⊡
1					
2	📈 材料场变量	📊 表格			
3	?📈 Density		kg mm^-3 ▾	☐	
4	⊟ ?📈 Polynomial EOS			☐	
5	参数A1		MPa ▾		☐
6	参数A2		MPa ▾		☐
7	参数A3		MPa ▾		☐
8	参数B0				☐
9	参数B1				☐
10	参数T1		MPa ▾		☐
11	参数T2		MPa ▾		☐

图3-42　多项式EOS材料模型定义

📖 3.4.4　冲击EOS线性材料模型

用于冲击跳跃条件的 Rankine-Hugoniot 方程可被视为定义任何一对变量 ρ（密度）、p（压力）、e（能量）之间的关系，如变量 u_p（粒子速度）和 U（冲击速度）。

在对 u_p 和 U 进行测量的许多动态实验中，已经发现对于大多数固体和许多液体，在很宽的压力范围内，这两个变量之间存在经验线性关系，即

$$U = c_0 + s u_p \qquad (3\text{-}26)$$

式中，c_0 和 s 为状态方程中的常数。

可以方便地基于冲击 Hugoniot 建立状态方程的 Mie-Gruneisen 形式：

$$p = p_\mathrm{H} + \Gamma_\rho(e - e_\mathrm{H}) \qquad (3\text{-}27)$$

假设 $\Gamma_\rho = \Gamma_0\rho_0 = $ 常数，并且

$$p_\mathrm{H} = \frac{p_0 c_0^2 \mu(1+\mu)}{\left[1 - (s-1)\mu\right]^2} \qquad (3\text{-}28)$$

$$e_\mathrm{H} = \frac{1}{2}\frac{p_\mathrm{H}}{p_0}\left(\frac{\mu}{1+\mu}\right) \qquad (3\text{-}29)$$

需要注意的是，当 $s > 1$ 时，如果压力趋于无穷大，式（3-28）可以给出压缩的极限值。此时式（3-28）中的分母无限趋近于零，伴随着压力变为无穷大，可以获得最

大密度 $\rho=s\rho_0$ （$s-1$）。然而，早在接近这种可能之前，常数 Γ_p 的假设可能是无效的。此外，冲击速度 U 和粒子速度 u_p 之间线性变化的假设不适用于太大的压缩。

Γ 被称为 Gruneisen 系数，在文献中经常近似为 $2s-1$。

冲击 EOS 线性材料模型可以选择包含以下形式的二次冲击速度和粒子速度关系：

$$U_s = C_0 + S_1 u_p + S_2 u_p^2 \qquad (3-30)$$

式中，输入参数 S_2 可以设置为非零值，以更好地拟合高度非线性的 U_s-u_p 材料数据。

该状态方程的数据可以在各种参考资料和显式材料库中的许多材料中找到。在使用此材料模型时需要注意以下三点：

1）此状态方程仅适用于实体。

2）计算有效应变时，泊松比假定为零。

3）应使用此属性定义比热容，以便计算温度。

冲击EOS线性材料模型定义如图3-43所示。

	A	B	C	D	E
	属性	值	单位	⊗	🔲
2	🗒 材料场变量	▦ 表格			
3	?🗒 Density		kg mm^-3	🔲	🔲
4	⊟ ?🗒 Shock EOS Linear			🔲	
5	Gruneisen系数				🔲
6	参数C1		mm s^-1 ▾		🔲
7	参数S1				🔲
8	含参数的二次方程式S2		s mm^-1 ▾		🔲

图3-43　冲击EOS线性材料模型定义

3.4.5　冲击EOS双线性材料模型

该模型是冲击 EOS 线性材料模型的扩展。在高冲击强度下，冲击速度-粒子速度关系中的非线性很明显，特别是对于非金属材料。考虑到这种非线性，输入要求定义冲击速度-粒子速度关系的两个线性拟合，一个是由 U_p>VB 定义的低冲击压缩，另一个是由 U_p<VE 定义的高冲击压缩。

VE 和 VB 之间的区域被两个线性关系之间的平滑插值覆盖，如图 3-44 所示。

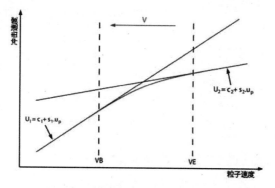

图 3-44　冲击速度-粒子速度拟合关系

该模型仅适用于实体单元。在计算有效应变时，假定泊松比为零。使用该材料模型时，需要定义比热容，以便计算温度。冲击 EOS 双线性材料模型定义如图 3-45 所示。

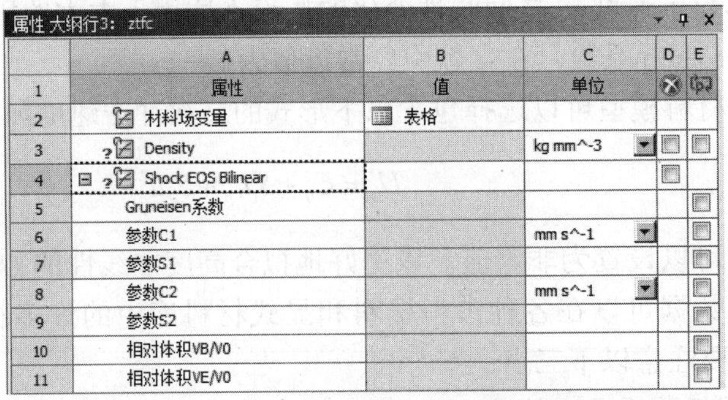

图 3-45　冲击 EOS 双线性材料模型定义

3.5　其他材料模型

3.5.1　泡沫材料模型

ANSYS Workbench 提供了一种速率无关的低密度泡沫（Rate Independent Low Density Foam）材料模型，即高度可压缩（聚氨酯）泡沫材料模型，通常用于填充材料，如坐垫。在压缩中，该模型假设可能存在能量耗散的滞回卸载行为。在张力下，材料模型呈线性行为，直到发生撕裂。对于单轴加载，该模型假设在横向没有耦合。通过使用输入形状因子控制（滞回卸载因数（HU）、衰减常数（β）和卸载的形状因子），观察到的泡沫卸载行为可以非常近似。应力应变行为只能在一个温度下指定。输入标称应力与应变、张力截止（撕裂）应力、滞回卸载因数、衰减常数、黏性系数和卸载形状因子的曲线。速率无关的低密度泡沫材料模型定义如图 3-46 所示。

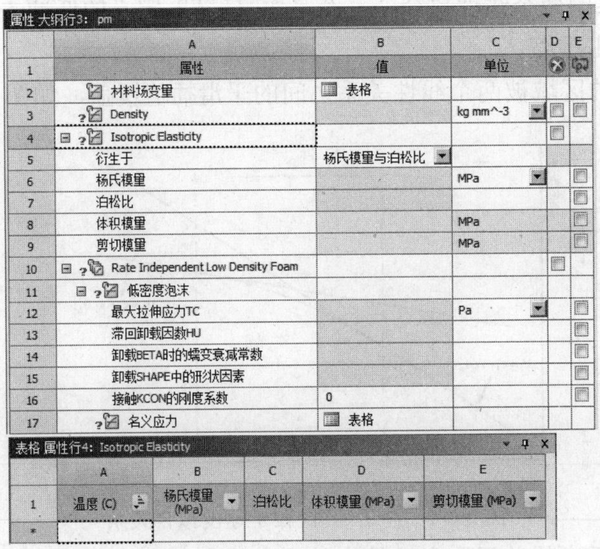

图 3-46　速率无关的低密度泡沫材料模型定义

3.5.2 Eulerian材料模型

该模型是一种虚拟材料模型，代表多材料 Euler/ALE 模型中的真空。使用该材料时，应该使用ELFORM=11并将空隙材料定义为真空材料。该模型定义如图 3-47 所示。

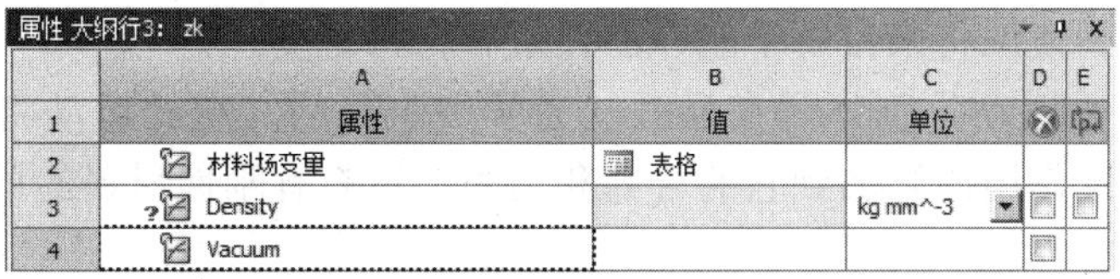

图3-47 Eulerian材料模型定义

3.5.3 LS-DYNA外部模型材料

这些材料属性是在使用外部模型导入 LS-DYNA 输入文件时创建的，用户也可以通过从"工程数据"的"工具箱"中的"LSDYNA 外部模型-MAT"或"LSDYNA 外部模型-EOS"中选择这些属性，直接将这些属性添加到工程数据中的材料中，如图 3-48 所示。

这些属性是现有 LS-DYNA 材料模型的直接表示，并启用附加字段进行定义。更多信息可以查阅 LS-DYNA 关键字和理论手册，其中详细描述了这些材料模型。

图 3-48 添加"LS-DYNA 外部模型-MAT"材料属性

3.5.4 刚性体模型

刚性体模型在显式动力学分析中有着非常重要的意义。用刚性体模型定义有限元模型中的刚硬部分可以大大缩减显式分析的计算时间，这是由于定义了一个刚体后，刚体内所有节点的自由度都耦合在刚性体的质量中心上，因此不论定义了多少个节点，刚性体仅有 6 个自由度。作用在刚性体上的力和力矩由每个时间步的节点力和力矩合成，然后计算刚性体的运动，再将刚性体的空间位置信息变化转换为节点位移。

刚性体模型可以在 LS-DYNA 分析系统中建模，即在 Mechanical 应用程序的树形目录中选择几何体，然后在其属性窗口中将"刚度行为"的参数设置为"刚性"，如图 3-49 所示。在这种情况下，将仅使用与主体相关的材料的密度属性。对于显式动力学系统，所有刚体都必须使用全网格进行离散化。这将默认为显式网格划分物理首选项指定。刚体的质量和惯性将来自每个刚体的元素和材料密度。

默认情况下，运动学刚体是在显式动力学中定义的，它的运动将取决于通过与模型的其他部分相互作用而施加到它的合力和力矩。填充有刚性材料的单元可以通过接触与其他区域进行交互。

约束只能应用于整个刚体。例如，固定位移不能应用于刚体的一个边缘，它必须应用于整个物体。

图 3-49　将几何体设置为刚性体

第 **4** 章

DesignModeler 应用程序

完成工程数据的定义后，即可创建或导入几何模型。Ansys Workbench/LS-DYNA 分析中所用的几何模型除了可以直接通过主流 CAD 建模的软件来创建以外，还可以使用自带的 DesignModeler 应用程序来创建。

本章着重介绍了 DesignModeler 应用程序中实体建模方法和概念建模方法，并对如何导入外部模型做了简要介绍。

◎ DesignModeler 简介

◎ DesignModeler 的操作

◎ 绘制草图

◎ 三维特征建模

◎ 三维建模高级功能和工具

◎ 概念建模

4.1 DesignModeler 简介

完成工程数据的定义后，按照 ANSYS Workbench/LS-DYNA 的分析流程，接下来就需要创建几何模型。在 ANSYS Workbench 的"项目原理图"中，右击"LS-DYNA"分析系统的几何结构单元格 ，弹出如图 4-1 所示的快捷菜单。从该快捷菜单中可以看到，ANSYS Workbench 除了可以直接导入其他主流 CAD 建模软件所创建的几何模型之外，还可以直接使用 SpaceClaim、DesignModeler 和 Discovery 三种应用程序来创建几何模型。由于 DesignModeler 应用程序所创建的模型是为以后有限元分析所用，它除了一般的功能之外，还具有其他一些 CAD 软件所不具备的模型修改能力，如概念建模，因此本书将主要介绍 DesignModeler 应用程序的使用。

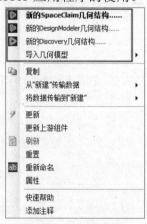

图 4-1　快捷菜单

📖4.1.1　建模前的规划

建立几何模型时，原则上应尽量准确地按照实际物体的几何结构来建立。但由于结构型式非常复杂，而对于要分析的问题又不是很关键的局部位置，因此在建立几何模型时可以根据情况对其进行简化，以便降低建模的难度，节约工作时间。无论采用哪种方法，在建模过程中都要遵循以下要点：

1）分析前确定分析方案。在开始进入 ANSYS Workbench 之前，首先要确定分析目标，决定模型采取什么样的基本形式，并采用适当的网格密度。

2）注意分析问题的类型，尽量采用理论上的简化模型，如能简化为平面分析的问题就不要用三维实体进行分析等。

3）注意模型的对称性，采用模型的局部进行分析。当物理系统的形状、材料和载荷具有对称性时，就可以只对实际结构中具有代表性的部分或截面进行建模分析，再将结果映射到整个模型上，这样不仅能获得相同精度的结果，同时还能减少建立模型的时间和计算所消耗的计算时间。

4）建模时对模型做一些必要的简化，去掉一些不必要的细节。过多地考虑细节有可能会使问题过于复杂而导致分析无法进行，但诸如倒角或孔等细节可能是最大应力出现的位置，这些细节不能忽略。

5）采用适当的单元类型和网格密度。结构分析中尽量采用带有中节点的单元类型（二次单元），非线性分析中优先使用线性单元（没有中节点的直边单元），尽量不要采用退化单元类型。

4.1.2　进入DesignModeler

进入 DesignModeler 的方式如下：

1）打开 ANSYS Workbench 2022 后，展开左边"工具箱"中的"分析系统"，双击其中的"LS-DYNA"分析系统，则在右边的"项目原理图"空白区内会显示出一个系统"A"，如图 4-2 所示。

2）右击系统"A"中的 A3 单元格 ，在弹出的快捷菜单中选择"新的 DesignModeler 几何结构……"命令，进入 DesignModeler 操作界面。

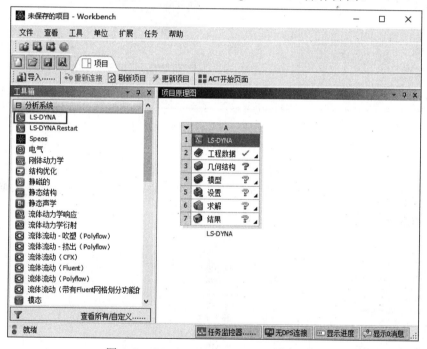

图 4-2　ANSYS Workbench 2022 用户界面

4.1.3　DesignModeler操作界面介绍

DesignModeler 操作界面具有直观、分类科学的优点，方便使用。其标准的操作界面如图 4-3 所示，包括 6 个部分。

1. 菜单栏

与其他 Windows 程序一样，菜单栏采用下拉菜单组织图形界面的层次，可以从中选择所需的命令。菜单栏中的大部分命令允许在任何时刻被访问。菜单栏包含 7 个下拉级联菜单，分别是"文件""创建""概念""工具""单位""查看"和"帮助"菜单。

◇ "文件"菜单：用于基本的文件操作，包括常规的文件输入、输出、与 CAD 交互、保存数据库文件以及脚本的运行功能。"文件"菜单如图 4-4 所示。

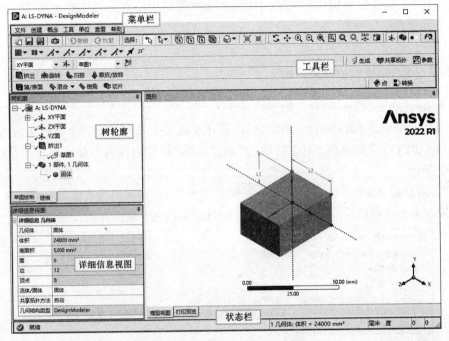

图 4-3　DesignModeler 操作界面

◇ "创建"菜单：创建三维图形和修改工具。它主要是进行三维特征的操作，包括"新平面""挤出""旋转"和"扫掠"等操作。"创建"菜单如图 4-5 所示。

◇ "概念"菜单：创建线和曲面的工具。创建和修改的线和面将作为有限元梁和板壳的模型。"概念"菜单如图 4-6 所示。

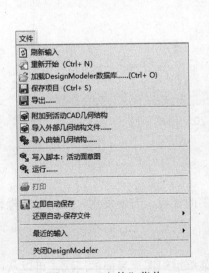

图 4-4　"文件"菜单　　　图 4-5　"创建"菜单　　　图 4-6　"概念"菜单

◇ "工具"菜单：用于整体建模，参数管理，程序用户化。"工具"菜单的子菜单中为工具的集合体，含有"冻结""修复""分析工具"和"参数化"等选项。"工具"菜单如图 4-7 所示。

◇ "单位"菜单：用于设置模型的单位。"单位"菜单如图 4-8 所示。

◇ "查看"菜单：用于修改显示设置。上面部分为视图区域模型的显示状态，下面是其他附属部分的显示设置。"查看"菜单如图 4-9 所示。

◇ "帮助"菜单：用于取得在线帮助或本地帮助。

2．工具栏

工具栏是一组图标型工具的集合。当鼠标指针在图标位置悬停时，可在该图标下方显示相应的工具提示。菜单栏和工具栏都可以接受用户输入及命令。工具栏可以根据需要放置在任何地方，并可以改变其尺寸。

工具栏上的每个按钮对应一个命令、菜单命令或宏。默认位于菜单栏的下面，使用鼠标单击即可执行命令。图 4-10 所示为所有工具栏按钮。

图 4-7　"工具"菜单

图 4-8　"单位"菜单

图 4-9　"查看"菜单

图 4-10　工具栏

3．树轮廓

"树轮廓"包括平面、特征、操作和几何模型等，它表示了所建模型的结构关系。树轮廓是一个很好的操作模型选择工具。如果用户习惯从"树轮廓"中选择特征、模型或平面，将会大大提高建模的效率。在"树轮廓"中可看到有两个选项卡："草图绘制"选项卡（二维）和"建模"选项卡（三维）。图 4-11 所示为选项不同的选项卡显示的界面。

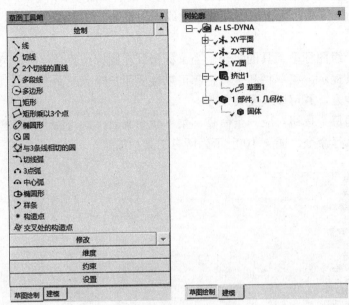

图 4-11 "草图绘制"与"建模"选项卡

4．详细信息视图

详细信息视图也称为属性栏或称为属性窗格（以下称为属性窗格），可用来查看或修改模型的详细信息。在属性窗格中以表格的方式来显示选取对象的信息，左栏为细节名称，右栏为具体细节。为了便于操作，属性窗格内的细节是进行了分组的，其中右栏中的方格底色会有不同的颜色（见图 4-12）。

♦ 白色区域：显示当前输入的数据。

♦ 灰色区域：显示信息数据，不能被编辑。

♦ 黄色区域：表示该栏未被定义或无效。

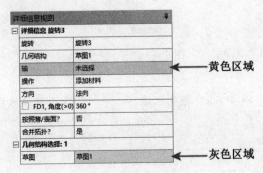

图 4-12 属性窗格

5．图形区

图形区是指在操作界面右下方的大片空白区域。图形区是使用 DesignModeler 绘制图形的区域，每一个建模的操作都是在图形区中完成的。

6．状态栏

操作界面底部的状态栏可提供与正执行的功能有关的信息，并能够提供必要的提示信息。用户在建模过程中要养成随时查看提示信息的好习惯。

4.1.4 DesignModeler和CAD类文件的交互

DesignModeler 不仅是建模工具，而且可以与其他大多数主流的 CAD 类文件相关联。对于许多对 DesignModeler 建模不太熟悉而对其他主流 CAD 软件熟悉的用户来说，可以直接读取外部 CAD 模型或直接将 DesignModeler 的导入功能嵌入到 CAD 软件中。

1．直接读取模式

利用外部 CAD 类软件建好模型后，可以直接将模型导入 DesignModeler 中。目前，ANSYS Workbench 2022 可以直接读取大部分主流 CAD 软件所创建的几何模型。

搜索几何模型文件并直接读取的具体操作是，选择"文件"→"导入外部几何结构文件……"命令，如图 4-13 所示。

2．双向关联性模式

这是 DesignModeler 的特色。这项技术在并行设计迅速发展的今天可大大提高工作效率。双向关联性的具体优势为可同时打开其他外部 CAD 建模工具和 DesignModeler，当外部 CAD 中的模型发生变化时，DesignModeler 中的模型只要刷新便可同步更新，同样当 DesignModeler 中的模型发生变化时，也只要通过刷新即可使 CAD 中的模型同步更新。

从一个打开的 CAD 系统中导入 CAD 文件进行双向关联性的具体操作是，选择"文件"→"附加到活动 CAD 几何结构"命令，如图 4-13 所示。

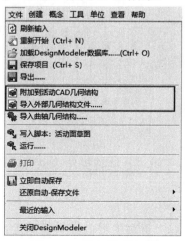

图 4-13 导入模型选项

3．导入选项

在导入模型时的主要选项为目标几何结构类型和是否自动生成导入的几何结构。设置"导入选项"的具体操作为选择"工具"→"选项……"命令，打开如图 4-14 所示的"选项"对话框，选择"几何结构"选项，在"导入选项"中进行设置。

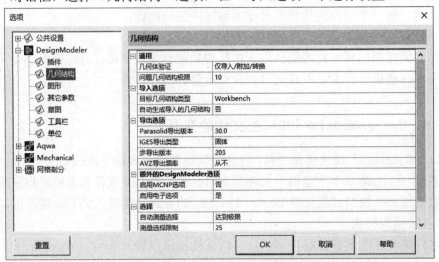

图 4-14 "选项"对话框

4.2 DesignModeler 的操作

在 DesignModeler 应用程序中建模时，主要的操作区域就是图形区，在图形区内的操作包含旋转和平移等。在操作时，不同的鼠标指针形状表示不同的含义。

📖 4.2.1 图形的控制

图形控制工具栏如图 4-15 所示。下面对"旋转""平移""缩放"和"框选缩放"这 4 个工具做简要说明，其他工具的说明此处从略。

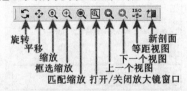

图 4-15 图形控制工具栏

1. 旋转

可以直接在图形区按鼠标中键进行旋转操作，也可以通过单击图形控制工具栏中的"旋转"按钮 进行旋转操作。

2. 平移

可以直接在图形区按<Ctrl>+鼠标中键进行平移操作，也可以通过单击图形控制工具栏中的"平移"按钮 进行平移操作。

3. 缩放

可以直接在图形区按<Shift>+鼠标中键进行放大或缩小操作，也可以通过单击图形控制工具栏中的"缩放"按钮⊕进行缩放操作。

4．框选缩放

可以直接在图形区按住鼠标右键并拖拽选择区域，拖拽鼠标所选择的区域将被放大到整个绘图区；也可以通过单击图形控制工具栏中的"框选缩放"按钮⊕，在图形区按住鼠标左键并拖曳，进行窗口框选缩放操作。

4.2.2 选择过滤器

在建模过程中，都是通过鼠标左键选择并确定模型特性的。一般在选择时，特性选择通过激活一个选择过滤器来完成（也可使用鼠标右键来完成）。图 4-16 所示为选择过滤器，使用过滤器的操作步骤如下：首先在相应的过滤器图标上单击，然后在图形区内选中且只能选中相应的特征。例如，单击选择过滤器中的"面"按钮⏹后，在之后的操作中就只能选中面。

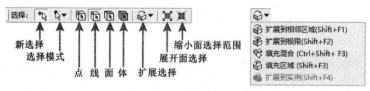

图 4-16　选择过滤器及邻近选择功能

选择模式下，鼠标指针会反映出当前的选择过滤器，不同的鼠标指针表示不同的选择方式。除了直接选取过滤器之外，选择过滤器中还具有邻近选择功能。利用邻近选择功能可选择当前选择附近所有的面或边。

其次，选择过滤器在建模窗口中也可以通过鼠标右键来设置。右键快捷菜单如图 4-17 所示。

在 DesignModeler 中，目标是指点⏹、线⏹、面⏹和体⏹。可以设置选择的目标为点、线、面、体中的一种。用户可以通过如图 4-18 所示的选择过滤器中的"选择模式"按钮进行选择模式的切换。选择模式包含 单次选择 模式和 框选择 模式，如图 4-18 所示。

1．单次选择

单击 单次选择 按钮，进入单次选择模式，在模型上单击可进行目标的选取（如需选取多个目标，需按住<Ctrl>键）。

在选择几何图元（主要指线、面、体）时，如果有些需要选择的几何图元是在后面被遮挡住的，那么这时选择面板将十分有用。具体操作如下：首先单击选择被遮挡几何图元最前面的某一个几何图元，这时在视图区域的左下角将显示出如图 4-19 所示的选择面板的待选窗格，它可以用来选择被遮挡的那些几何图元，待选窗格中待选方块的颜色和零部件的颜色相对应（适用于装配体）；然后通过单击待选窗格中的待选方块来选择几何图元，每一个待选方块都代表着一个几何图元。可以这样理解待选方块的排列顺序，如果假想有一条直线从鼠标开始单击的位置起沿垂直于电脑屏幕的方向穿过所有这些几何图元，那么待选窗格中待选方块的顺序与这条直线穿过这些几何图元的顺序相同。多选技术也适用于待选窗格。屏幕下方的状态栏中将显示被选择的目标的信息。

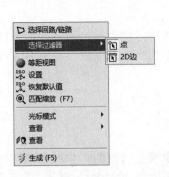

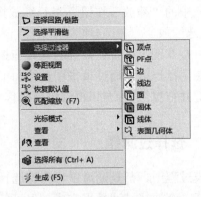

a）草图绘制模式　　　　　　　　　　　　　b）建模模式

图 4-17　右键快捷菜单

图 4-18　选择过滤器

2．框选择

"框选择"模式即单击 框选择 按钮，再在视图区域中按住鼠标左键并拖拽出矩形框进行选取。

框选择也是基于当前激活的过滤器来选择，如采用面选择过滤模式，则框选择的选取同样也是只可以选择面。另外，在框选择时，不同的拖拽方向代表不同的含义：

◇　从左到右：选中所有完全包含在选择框中的对象，如图 4-20a 所示。

◇　从右到左：选中包含于或经过选择框中的对象，如图 4-20b 所示。

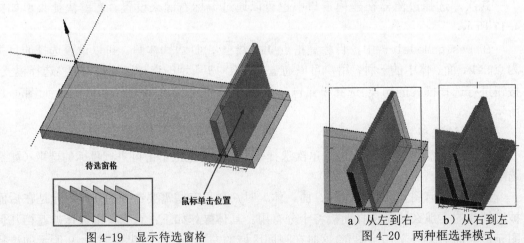

待选窗格

鼠标单击位置

图 4-19　显示待选窗格

a）从左到右　　b）从右到左

图 4-20　两种框选择模式

注意，选择框的边框识别符号有助于帮助用户确定究竟正在使用上述哪种选择模式。另外，还可以在树轮廓的分支中进行选择。

4.2.3　快捷菜单

在 DesignModeler 操作界面的不同位置右击，会弹出不同的快捷菜单。下面介绍快捷菜单的功能。

1．插入特征

在建模过程中，可以通过在"树轮廓"上右击任何特征并在弹出的快捷菜单中选择"插入"命令来插入特征。这种操作允许在选择的特征之前插入一新的特征，插入的特征将会转到树形结构中被选特征之前。只有新建模型被再生后，该特征之后的特征才会被激活。图 4-21 所示为插入特征操作。

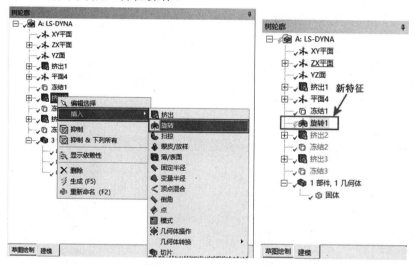

图 4-21　插入特征操作

2．显示/隐藏几何体

◇　隐藏几何体：在图形区的模型上选择一个几何体，然后右击，在弹出的快捷菜单中选择"隐藏几何体"命令，该几何体即被隐藏，也可以在"树轮廓"中选择一个几何体，然后右击，在弹出的快捷菜单中选择"隐藏几何体"命令来隐藏几何体，如图 4-22 所示。当一个几何体被隐藏时，该几何体在结构树前面的标识显示会变暗。

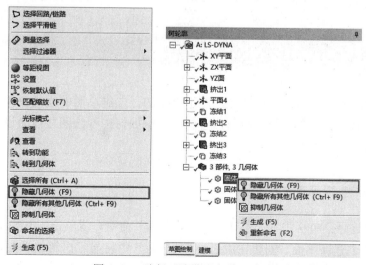

图 4-22　选择"隐藏几何体"命令

✧ 显示几何体：在图形区中右击一个几何体，在弹出的快捷菜单中选择"显示全部几何体"命令，该几何体在"树轮廓"中的标识会以蓝色加亮方式显示。也可以在"树轮廓"中选中该几何体，然后右击，在弹出的快捷菜单中选择"显示主体"命令，显示该几何体。

3. 特征/几何体/部件抑制

特征、几何体与部件可以在"树轮廓"或图形区中被抑制。一个抑制的部件或几何体将保持隐藏，不会被导入后期的分析与求解的过程中。抑制的操作可以在"树轮廓"中进行，特征、几何体与部件都可以在"树轮廓"中被抑制，如图 4-23 所示。而在图形区中选中几何体，可以在右键快捷菜单中选择"抑制几何体"命令来执行几何体抑制的操作，如图 4-24 所示。另外，当某一特征被抑制时，任何与它相关的特征也都会被抑制。

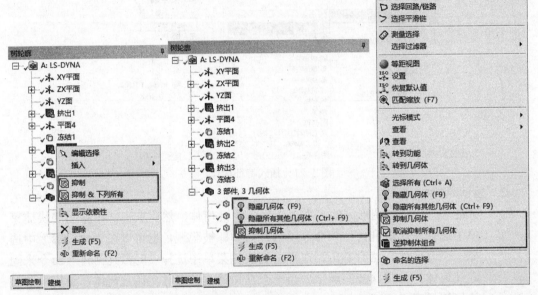

图4-23　在"树轮廓"中选择抑制命令　　　　图4-24　选择"抑制几何体"命令

4.3 绘制草图

在 DesignModeler 中，草图是在平面上创建的。二维草图的绘制首先必须建立或选择一个工作平面，所以在绘制草图前，首先要了解如何进行绘图之前的设置及如何创建一个工作平面。

4.3.1 创建新平面

可以通过选择菜单栏中的"创建"→"新平面"命令，或单击工具栏中的"新平面"工具按钮 ✱，创建新平面。创建完成后，"树轮廓"中将显示出新的平面。在"树轮廓"中如图 4-25 所示的属性窗格中可以更改创建新平面方式的类型。创建新平面有以下 8种方式：

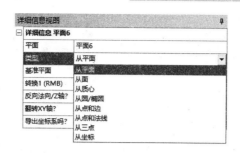

图 4-25　创建新平面

❖　从平面：基于一个已有平面创建平面。

❖　从面：从表面创建平面。

❖　从质心：新平面由所选几何的质心定义。新平面位于 XY 平面，其原点设置为计算的质心值。在质心计算中仅使用相同的几何类型。如果选择多个几何类型，则使用最高阶类型。由实体组成的选择集必须具有相同的实体类型。

❖　从圆/椭圆：新平面基于圆形或椭圆形的 2D 或 3D 边，包括圆弧。原点是圆或椭圆的中心。如果选择了圆形边，则 X 轴与全局坐标系的 X 轴对齐。如果选择椭圆边，则 X 轴与椭圆的长轴对齐，Z 轴垂直于圆或椭圆。

❖　从点和边：用一点和一条直线的边界定义平面。

❖　从点和法线：用一点和一条边界方向的法线定义平面。

❖　从三点：用三点定义平面。

❖　从坐标：通过输入距离原点的坐标和法线定义平面。

选择其中一种方式创建平面后，在属性窗格中还可以进行多种变换。如图 4-26 所示，单击属性窗格中的"转换 1（RMB）"选项，在打开的下拉列表中选择一种变换方式，可以迅速完成选定平面的变换。

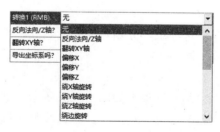

图 4-26　选择平面变换方式

4.3.2　创建新草图

首先在"树轮廓"中选择要创建草图的平面，然后单击工具栏中的"新草图"按钮，即可在该平面上新建一个草图。新建的草图会放在"树轮廓"中，且在相关平面的下方。可以通过"树轮廓"或工具栏中的草图下拉列表来选择草图，如图 4-27 所示。

除上面介绍的创建新草图的方法之外，还可以利用已有几何体创建草图，首先在几何体中选中创建新平面所用的表面，然后切换到"草图绘制"选项卡开始绘制草图，则新工作平面和草图将自动创建，如图 4-28 所示。

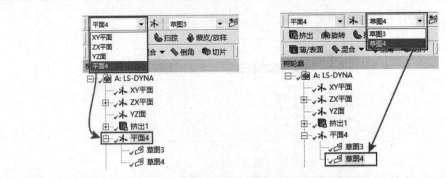

图 4-27　在工具栏中选择草图

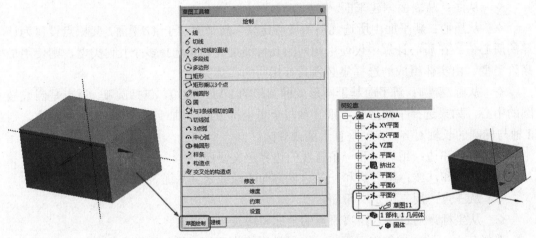

图 4-28　利用已有几何体创建草图

📖4.3.3　草图工具箱

"草图工具箱"中有 5 个选项组，分别是绘制、修改、维度（标注）、约束和设置选项组。

1. "绘制"选项组

"草图工具箱"中的"绘制"选项组如图 4-29 所示，其中包括一些常用的创建二维草图的命令，如线、切线、多边形、矩形、圆、切线弧和椭圆形等。

这些命令的操作比较简单，这里不做详细讲解。

2. "修改"选项组

"修改"选项组如图 4-30 所示，其中包含了许多编辑草图的命令，如圆角、倒角、拐角、修剪、扩展、分割、切割、复制、粘贴、移动和偏移等。下面简要介绍其中几个命令。

（1）分割　在图形区右击，系统弹出如图 4-31 所示的快捷菜单，其中有 4 个分割边的选项可供选择。

◇　在选择处分割边：在指定位置将选择的边线分割成两段（选择的边线不能是整个圆或椭圆）。要对整个圆或椭圆做分割操作，必须首先指定起点和终点。

◇　在点处分割边：选定一个点后，所有过此点的边线都将被分割成两段。

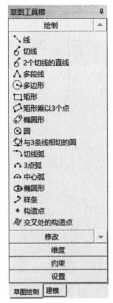  

图 4-29　"绘制"选项组　图 4-30　"修改"选项组　　图 4-31　快捷菜单

◇ 在所有点处分割边：选择的边线被所有它通过的点分割。这样就同时产生了一个重合约束。

◇ 将边分成 n 个相等的区段：先在文本框中设定 n 值（n 最大为 100），然后选择待分割的边，可将选中的边分成 n 个相等的区段。

（2）复制（Ctrl+C）/切割（Ctrl+X）　将选中的对象复制（Ctrl+C）到剪贴板上后，该对象还保留在草图上。将选中的对象切割（Ctrl+X）到剪贴板上后，该对象将在草图上删除。可以将选中的对象复制到粘贴点上（粘贴点是移动对象到待粘贴位置时光标与之联系的点）。

图 4-32 所示为右击弹出的复制快捷菜单，包括以下选项：

◇ 清除选择。

◇ 结束/设置粘贴句柄。此选项需要手动设置粘贴点。

◇ 结束/使用平面原点为手柄。使用平面原点作为粘贴点，即粘贴点的坐标为（0.0,0.0）。

◇ 结束/使用默认粘贴句柄。如果在退出前没有选择切割或复制的粘贴点，系统将使用此默认值。

（3）粘贴（Ctrl+V）　将选中的对象复制或切割至剪贴板上后再放置在当前平面（或其他平面）的草图中，即可实现粘贴操作。图 4-33 所示为右击弹出的粘贴快捷菜单，包括以下选项：

◇ 绕 r（-r）旋转。

◇ 水平（垂直）翻转。

◇ 根据因子 f（1/f）缩放。

◇ 在平面原点粘贴。

◇ 更改粘贴手柄。

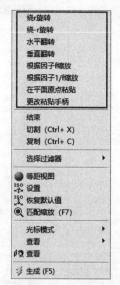

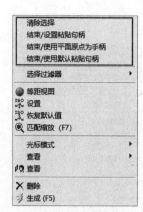

图 4-32　复制快捷菜单　　　　图 4-33　粘贴快捷菜单

（4）偏移　将一组已有的线或圆弧偏移相等的距离来创建一组线或圆弧。原始的线或圆弧必须相互连接构成一个开放或封闭的轮廓。选择要偏移的线或圆弧，然后在快捷菜单中选择"端选择/放置偏移量"命令即可实现偏移操作。

3."维度"（标注）选项组

"维度"（标注）选项组如图 4-34 所示，其中包括如通用、半自动、移动等标注工具。可以选中标注完成后的尺寸，然后在属性窗格中输入新值对该尺寸进行修改。尺寸可以逐个进行标注，也可以进行半自动标注。

（1）通用　单击该按钮，可以直接在图形中进行智能标注。也可以在右击弹出的快捷菜单（见图 4-35）中选择标注工具来进行标注。

（2）半自动　可依次给出待标注的尺寸的选项，直到模型完全约束或用户选择退出半自动模式。在右击弹出的快捷菜单中选择"退出"命令可以结束此项操作。

（3）移动　用来修改尺寸放置的位置。

（4）动画　用动画来显示选定尺寸的变化情况。后面的"周期"文本框内可以输入循环的次数。

（5）显示　用来调节标注尺寸的显示方式。可以通过尺寸的具体数值或尺寸名称来显示标注，如图 4-36 所示。

另外，在非标注模式下选中尺寸后右击，在弹出的如图 4-37 所示的快捷菜单中可以选择"编辑名称/值"命令来快速编辑尺寸。

4."约束"选项组

可以利用"约束"选项组中的选项来定义草图元素之间的关系。"约束"选项组如图 4-38 所示。

（1）固定的　用来阻止二维边或点的移动。对于二维边，可以选择是否固定端点。

（2）水平的　水平约束可以使选中的直线与 X 轴平行。如果选择了椭圆或椭圆弧，可以使其长轴与 X 轴平行。

（3）顶点　顶点约束可以使选中的直线与 Y 轴平行。如果选择了椭圆或椭圆弧，可以使其长轴与 Y 轴平行。

图 4-34　"维度"选项组　　　图 4-35　通用标注快捷菜单　　　图 4-36　显示标注

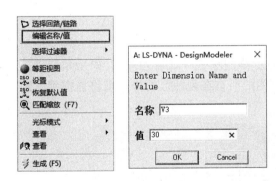

图 4-37　快速编辑尺寸　　　　　　图 4-38　"约束"选项组

（4）垂直　垂直约束可以使两条直线（或两条曲线的切线）彼此成90°夹角。

（5）切线　使两个所选几何对象保持相切。

（6）重合　使点位于直线、圆弧或椭圆上。

（7）中间点　使点保持位于线段的中点。

（8）对称　使所选对象保持与中心线距离相等，并位于一条与中心线垂直的直线上。

（9）并行　使所选直线相互平行。还可以使椭圆和椭圆弧与选择的直线或主轴平行。

（10）同心　使所选的若干圆弧共用同一圆心。

（11）等半径　使选择的两个半径具有等半径的约束。

（12）等长度　可以使所选线的长度相同。

（13）等距离　可以使第一对边之间的距离与第二对边之间的距离相同。

（14）自动约束　可在绘图过程中自动尝试捕捉位置和方向。这种约束包括点重合、曲线相切、水平线和垂直线等。绘图时，DesignModeler 应用程序默认是"自动约束"模式。图 4-39 所示为自动约束的几种类型。

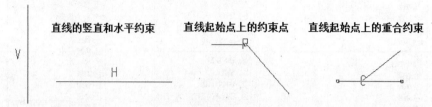

图 4-39　自动约束的几种类型

草图中属性窗格也可以显示草图约束的详细情况。

约束可以通过自动约束产生，也可以由用户自定义。选中定义的约束后右击，在弹出的快捷菜单中选择"删除"命令（或按<Delete>键）可删除约束。

当前的约束状态会在图形中以不同的颜色显示。

◇ 深青色：未约束或欠约束。

◇ 蓝色：完整定义。

◇ 黑色：固定。

◇ 红色：过约束。

◇ 灰色：矛盾或未知。

5. "设置"选项组

"设置"选项组中的选项可用于定义和显示草图网格（默认为关）。如果勾选"捕捉"选项，则使用"草图工具箱"创建二维草图的所有在视图区的操作都将捕捉到此矩形网格。

图 4-40　"设置"选项组

📖4.3.4　绘制草图辅助工具

在草图绘制过程中，DesignModeler 应用程序中还提供了一些非常有用的工具，如标尺工具、查看面/平面/草图工具、撤销工具和恢复工具等。

1．标尺工具

利用标尺工具可以快捷地看到图形的尺寸范围。选择"查看"→"标尺"命令，可以设置在视图区域中显示标尺工具，如图 4-41 所示。

2．查看面/平面/草图工具

当创建或改变平面和草图时，单击"查看面/平面/草图"按钮可以改变视图方向，使该平面、草图或选定的实体与视线垂直。该工具如图 4-42 所示。

图 4-41　设置标尺工具　　　图 4-42　查看面/平面/草图工具

3．撤销和恢复工具

只有在草图模式下才可以使用"撤销"按钮 ↻撤销 或"恢复"按钮 ↺恢复 来进行撤销或恢复上一次完成的草图操作。撤销和恢复允许多次使用。

4.4　三维特征建模

DesignModeler 包括 3 种体类型，如图 4-43 所示。

◇　固体：由表面和体组成。

◇　表面几何体：由表面组成，没有体。

◇　线体：完全由边线组成，没有面和体。

默认情况下，DesignModeler 自动将生成的每一个几何体都放在同一个部件中。如果需要生成新的部件，可以通过冻结或解冻体来进行控制，操作方法为选择菜单栏中的"工具"→"冻结"或"工具"→"解冻"命令。单个部件一般独自进行网格的划分。如果各单独的体有共享面，则共享面上的网格划分不能匹配。单个部件上的多个体可以在共享面上划分匹配的网格。

通过三维特征操作，可将二维草图生成三维的几何体。常见的特征操作包括挤出、旋转、扫掠、蒙皮/放样等。图 4-44 所示为特征工具栏。

三维几何特征的生成（如挤出或扫掠）包括以下 3 个步骤。

1）选择草图或特征并执行特征命令。

2）指定特征的属性。

3）执行"生成"命令。

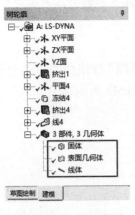

图 4-43 3 种体类型

图 4-44 特征工具栏

📖 4.4.1 挤出

利用"挤出"命令可以生成包括实体、表面和薄壁的特征。这里以创建表面为例，介绍创建挤出特征的操作。

1）单击欲生成挤出特征的草图（草图可以在"树轮廓"中选择，也可以在图形区中选择），然后单击工具栏中的 挤出 按钮，将显示如图 4-45 所示的挤出的属性窗格，单击"几何结构"中的 应用 按钮。

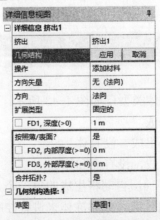

图 4-45 挤出的属性窗格

2）在挤出的属性窗格中先选择"按照薄/表面？"，将之设置为"是"，然后将内部、外部厚度均设置为 0。

3）通过挤出的属性窗格的其他选项设定挤出深度、方向和布尔操作（添加冻结、添加材料、切割材料或压印面）。

4）单击工具栏中的 生成 按钮，完成挤出特征的创建。

1. 挤出特征的属性窗格

在建模过程中需要对属性窗格进行操作。在属性窗格中可以进行布尔操作，改变特征的方向、特征的类型及确定是否拓扑等。图 4-46 所示为挤出特征的属性窗格。

2．挤出特征的布尔操作

对三维特征可以运用 5 种不同的布尔操作，如图 4-46 所示。

◇　添加冻结：与加入材料相似，但新增特征体不被合并到已有的模型中，而是作为冻结体加入。

◇　添加材料：该操作总是可以创建材料并合并到激活体中。

◇　切割材料：从激活体上切除材料。

◇　压印面：给表面添加印记。该操作与切片相似，但仅分割体上的面。如果需要也可以在边线上增加印记（不创建新体）。

◇　切割材料（此选项应为"切片材料"）：将冻结体切片。切片操作中的活动实体将被自动冻结。当模型中至少有一个实体时，此选项可用。

3．挤出特征的方向

特征方向可以定义所生成模型的方向，其中包括"法向""已反转""双-对称"及"双-非对称" 4 种方向类型，如图 4-46 所示。默认为"法向"，也就是坐标轴的正方向；"已反转"则为标准方向的反方向；而"双-对称"只需设置一个方向的挤出长度即可；"双-非对称"则需分别设置两个方向的挤出长度的选项。

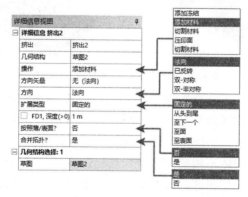

图 4-46　挤出特征的属性窗格

4．挤出特征的扩展类型

◇　固定的：直接输入挤出特征的深度。

◇　从头到尾：将截面延伸到整个模型。在加料操作中，延伸轮廓必须完全和模型相交，如图 4-47 所示。

图 4-47　"从头到尾"扩展类型

◇　至下一个：此操作将延伸轮廓到所遇到的第一个面，在剪切、印记及切片操作中，将轮廓延伸至所遇到的第一个面或体，如图 4-48 所示。

◇ 至面：可以延伸挤出特征到有一个或多个面形成的边界。对多个轮廓，要确保每一个轮廓至少有一个面和延伸线相交，否则将导致延伸错误。"至面"扩展类型如图 4-49 所示。

图 4-48 "至下一个"扩展类型

图 4-49 "至面"扩展类型

"至面"选项不同于"至下一个"选项。"至下一个"并不意味着"至下一个面"，而是"至下一个块的体（实体或薄片）"，"至面"选项可以用于到冻结体的面。

◇ 至表面：除只能选择一个面外，与"到面"选项类似。

如果选择的面与延伸后的体不相交，将涉及面延伸情况。延伸情况类型由选择面的潜在面与可能的游离面来定义。在这种情况下选择一个单一面，该面的潜在面被用作延伸。该潜在面必须完全和挤出后的轮廓相交，否则会报错。"至表面"扩展类型如图 4-50 所示。

游离面被选为延伸

图 4-50 "至表面"扩展类型

📖 4.4.2 旋转

旋转是指通过选定的草图来创建轴对称旋转几何体。从属性窗格列表菜单中选择旋转轴，如果在草图中有一条孤立（自由）的线（见图 4-51），它将被作为默认的旋转轴。

旋转特征的属性窗格如图 4-52 所示。

旋转方向特性如下。

◇ 法向：按基准对象的正 Z 方向旋转。

◇ 已反转：按基准对象的负 Z 方向旋转。

◇ 双-对称：在两个方向上创建特征。一组角度运用到两个方向。

◇ 双-非对称：在两个方向上创建特征。每一个方向有自己的角度。

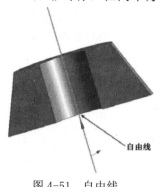

图 4-51 自由线

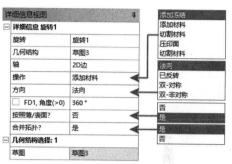

图 4-52 旋转特征的属性窗格

4.4.3 扫掠

利用"扫掠"命令可以创建实体、表面和薄壁特征，这些特征都可以通过沿一条路径扫掠生成，如图 4-53 所示。扫掠特征的属性窗格如图 4-54 所示。

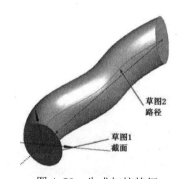

图 4-53 生成扫掠特征

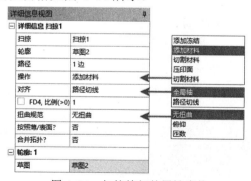

图 4-54 扫掠特征的属性窗格

在属性窗格中可以设置扫掠对齐方式，具体如下：

◇ 路径切线：沿路径扫掠时自动调整截面以保证截面垂直路径。

◇ 全局轴：沿路径扫掠时不管路径的形状如何，截面的方向均保持不变。

在属性窗格中可通过设置比例和匝数来创建螺旋扫掠。

◇ 比例：沿扫掠路径逐渐扩张或收缩（比例默认值为 1）。

◇ 匝数：截面沿扫掠路径旋转的次数（匝数为负数时，截面沿与路径相反的方向旋转）。

4.4.4 蒙皮/放样

蒙皮/放样为从不同平面上的一系列截面（轮廓）生成一个与它们拟合的三维几何

体（必须选两个或更多的截面）。蒙皮/放样特征如图 4-55 所示。

生成蒙皮/放样特征的截面可以是一个闭合或开放的环路草图或由表面得到的一个面。所有的截面必须有同样的边数，不能混杂开放和闭合的截面，且所有的截面必须是同种类型。草图和面可以通过在图形区域内单击它们的边或点，或者在特征或面树轮廓中单击选取。图 4-56 所示为蒙皮/放样特征的属性窗格。

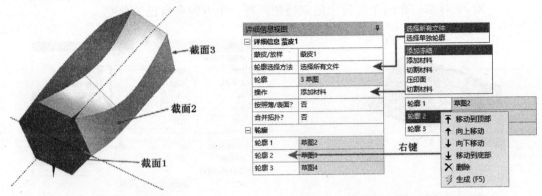

图 4-55 蒙皮/放样特征　　　　　　　图 4-56 蒙皮/放样特征的属性窗格

4.4.5　薄/表面

薄/表面特征即创建的薄壁实体（薄）和简化壳（表面）特征，如图 4-57 所示。图 4-58 所示为薄/表面特征的属性窗格。

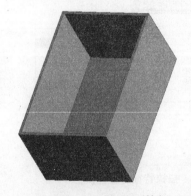

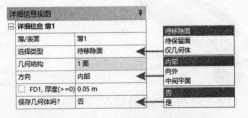

图 4-57 薄/表面特征　　　　　　　图 4-58 薄/表面特征的属性窗格

属性窗格中的"选择类型"有 3 个选项，具体如下：

✧　待移除面：将所选面从体中删除。

✧　待保留面：保留所选面，删除没有选择的面。

✧　仅几何体：只对所选体操作，不删除任何面。

将实体转换成薄壁体或面时，可以采用以下 3 种方向中的一种偏移方向指定模型的厚度。

✧　内部。

✧　向外。

✧　中间平面。

4.5 三维建模高级功能和工具

三维建模的高级功能和工具集中在菜单栏中的"创建"和"工具"菜单中，下面分别予以介绍。

4.5.1 几何体转换

"几何体转换"命令位于菜单栏的"创建"菜单中，其子菜单中有 5 种用于对几何体进行转换的命令，如图 4-59 所示。

1. 镜像

镜像操作需要选择要镜像的几何体和镜像平面。DesignModeler 可在镜像平面上创建选定的原几何体的镜像。镜像的激活体将和原几何体合并。

镜像的冻结体不能合并，镜像平面默认为最初的激活面。图 4-60 所示为镜像体操作。

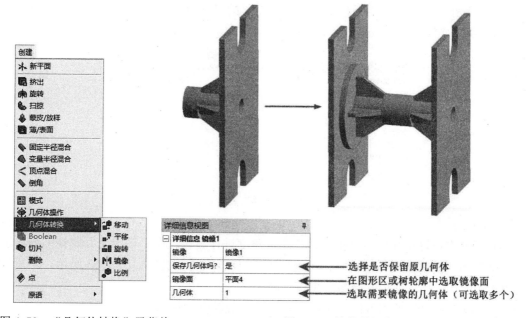

图 4-59 "几何体转换"子菜单   图 4-60 镜像体操作

2. 移动

DesignModeler 中提供了 3 种移动方式：按平面、按点、按方向。

◇ 按平面：操作中需要选择几何体和两个平面（源平面和目标平面），
DesignModeler 会将所选几何体从源平面转换到目标平面。这对于对齐导入或附加的实体特别有用。

◇ 按点：操作中需要为移动、对齐和定向选项选择几何体和点对。

◇ 按方向：操作中需要选择几何体、源和目标移动的配对点、源和目标对齐以及源和目标定向的方向。

"移动"属性窗格如图 4-61 所示。

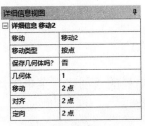

a）按平面　　　　　　b）按点　　　　　　c）按方向

图 4-61　"移动"属性窗格

3. 平移

DesignModeler 中提供了两种平移方式：选择和坐标。

◇　选择：可以使用方向参考指定平移向量并指定沿向量的距离以平移几何体。

◇　坐标：可以指定要平移实体的 X、Y、Z 的坐标偏移量。

平移属性窗格如图 4-62 所示。

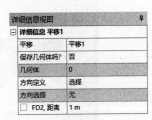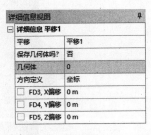

a）选择　　　　　　b）坐标

图 4-62　"平移"属性窗格

4. 旋转

旋转操作可以将几何体绕指定轴和指定角度进行旋转。在"轴定义"属性中列出了"选择"和"分量"两种方式来指定旋转轴。"旋转"属性窗格如图 4-63 所示。

◇　选择：可以使用方向参考指定旋转轴。

◇　分量：可以使用方向矢量的分量来定义旋转轴和原点。

5. 比例

比例操作可以将几何体进行缩放。在"缩放源"属性中列出了三种方式来指定缩放原点。具体如下：

◇　世界起源：以全局坐标系的原点作为缩放原点。

◇　几何体质心：每个选定的几何体都按照其质心进行缩放。

◇　点：指定特定点作为缩放原点。

"缩放类型"属性中列出了两种缩放类型。

◇　均匀：全局以相同的比例因子进行缩放。

❖ 非均匀：每个轴有各自的比例因子，按各轴的比例因子缩放。

可以通过将"缩放类型"选项切换为"非均匀"并为每个轴输入各自的比例因子来启用非均匀缩放。如果需要按相同的比例因子进行缩放，可将"缩放类型"选项设置为"均匀"。比例因子（均匀或非均匀）必须是介于 0.001 和 1000 之间的值。"比例"属性窗格如图 4-64 所示。

a）选择 　　　　　　　　b）分量

图 4-63　"旋转"属性窗格

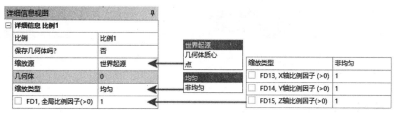

图 4-64　"比例"属性窗格

4.5.2　几何体操作

"几何体操作"命令位于菜单栏的"创建"菜单中。有 7 种选项可用来对体进行操作（并非所有的操作一直可用）。体操作可用于任何类型的体，不管是激活的还是冻结的。附着在选定体上的面或边上的特征点不受体操作的影响。

在属性窗格中，"类型"选项包括缝补、简化、压印面等，如图 4-65 所示。下面对"缝补"和"简化"这两个选项做简要说明，其他选项的说明此处从略。

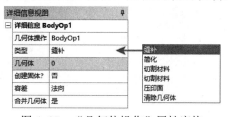

图 4-65　"几何体操作"属性窗格

1. 缝补

选择曲面体进行缝补操作时，DesignModeler 将尝试将选定的曲面实体缝合在一起（在给定容差内具有共同的边）。"缝补"属性窗格如图 4-66 所示。

❖ 创建固体？：选择"是"，则在缝补后将闭合曲面实体转化为实体。默认为"否"。

◇ 容差：有"法向""释放""用户容差"3 个选项.默认为"法向"。
◇ 用户容差：输入用户自定义的容差（仅当"容差"设置为"用户容差"选项时）。
◇ 合并几何体：选择"是"，则将尝试对所有选定的曲面实体进行缝补。默认为"是"。

2．简化

若要对实体进行简化，需要首先选择要简化的实体，然后选择"简化几何结构"属性和/或"简化拓扑"属性。"简化几何结构"选项将尽可能将模型的曲面和曲线简化，以形成适合分析的几何体。此属性的默认值为"是"。"简化拓扑"选项将尽可能从模型中删除多余的面、边和顶点。此属性的默认值为"是"。对实体进行简化操作可能会更便于进一步建模操作，包括共享拓扑。"简化"属性窗格如图 4-67 所示。

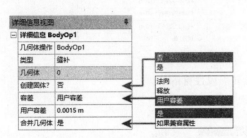
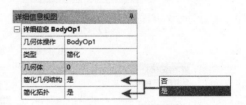

图 4-66　"缝补"属性窗格　　　图 4-67　"简化"属性窗格

4.5.3　模式（阵列）

"模式"（阵列）命令位于菜单栏的 "创建"菜单中。模式（阵列）操作即复制所选的源特征，其"方向图类型"选项包括"线性的""圆的"和"矩形"。"模式"属性窗格如图 4-68 所示。

◇ 线性的：需要设置阵列方向、偏移的距离和复制的数量。
◇ 圆的：需要设置旋转轴、旋转的角度和复制的数量。
◇ 矩形：需要设置两个方向、偏移的距离和两个方向复制的数量。

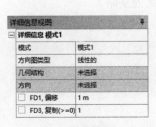

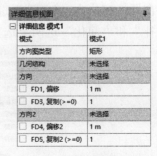

a）线性的　　　　b）圆的　　　　c）矩形

图 4-68　"模式"属性窗格

阵列面对，每个复制的对象必须和原始体保持一致（必须同为一个基准区域）。每个复制面不能彼此接触或相交。

📖 4.5.4　Boolean（布尔）操作

使用 Boolean（布尔）操作可对现有的体做相加、相减或相交操作。这里所指的体可以是实体、面体或线体（仅适用于布尔加）。另外，在操作时，面体必须有一致的法向。

根据操作类型，体被分为"目标几何体"与"工具几何体"，如图 4-69 所示。

布尔操作包括单位（相加）、提取（相减）及交叉（相交）等。图 4-70 所示为布尔操作（交叉）的例子。

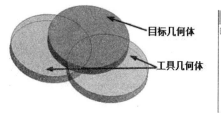

图 4-69　目标几何体与工具几何体

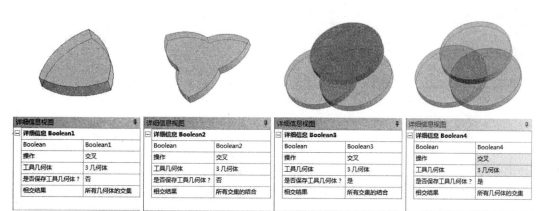

图 4-70　布尔操作（交叉）

📖 4.5.5　直接创建几何体

直接创建几何体可通过定义几何体外形（如球体、圆柱体、棱柱、锥体、圆环体等）来快速建立几何体。操作路径为选择菜单栏中的"创建"→"原语"，如图 4-71 所示。直接创建几何体不需要草图，可以直接创建体，但需要基本平面和若干个点或输入方向来创建。

另外，直接创建几何体需要用坐标输入或是在已有的几何上选定的方法来定义。

直接创建的几何体与由草图生成的几何体在属性窗格中是不同的。图 4-72 所示为直接创建圆柱几何体的属性窗格，在其中可以设置基准平面、定义原点及定义轴（定义圆柱高度）等。

📖4.5.6 冻结和解冻体

DesignModeler 默认将新创建的几何体和原有的几何体合并来保持单个体。如果需要创建不合并的几何体模型，就可以使用"冻结"和"解冻"命令来进行控制，其操作的路径为"工具"→"冻结"和"工具"→"解冻"。

在树轮廓中对使用两种不同标识来区分几何体所处的状态，如图 4-73 所示。

详细信息 圆柱体1	
圆柱体	圆柱体1
基准平面	XY平面
操作	添加材料
原点定义	坐标
☐ FD3, X坐标原点	0 m
☐ FD4, Y坐标原点	0 m
☐ FD5, Z坐标原点	0 m
轴定义	分量
☐ FD6, 轴X分量	0 m
☐ FD7, 轴Y分量	0 m
☐ FD8, 轴Z分量	1 m
☐ FD10, 半径(>0)	1 m
按照薄/表面?	否

图 4-71 直接创建几何体 图 4-72 圆柱几何体属性窗格 图 4-73 冻结状态或解冻状态

◇ 解冻：在解冻状态，几何体可以进行常规的建模或修改操作。解冻体在树轮廓中显示为深色。

◇ 冻结：建模中的操作一般不能用于冻结体。冻结体在树轮廓中显示成较浅的颜色。

4.6 概念建模

"概念"菜单中的命令可用于创建和修改线和面，将它们变成有限元梁和板壳模型。概念建模有两种方式可供选择，一种为利用 DesignModeler 中的"工具箱"来创建，另一种为通过导入外部几何体文件特征直接创建模型。图 4-74 所示为"概念"建模菜单。

📖4.6.1 线操作

概念建模工具中可以用来创建线体的方法有"来自点的线""草图线""边线""曲

线"和"分割边"。概念建模首先需要创建线体。线体是概念建模的基础。

1．来自点的线

使用"来自点的线"命令时，点可以是任何二维草图点、三维模型顶点或特征（PF）点。一条由点生成的线通常是一条连接两个选定点的直线。另外，对由点生成的线并使之作为域的操作，允许在线体中选择添加或添加冻结选择。

在利用"来自点的线"命令创建线体时，首先选定两个点来定义一条线（绿线表示要生成的线段），再单击 <u>　应用　</u> 按钮确认选择，然后单击 <u>多生成</u> 按钮，生成线体（线体显示成青色）结果如图 4-75 所示。

图 4-74　"概念"建模菜单

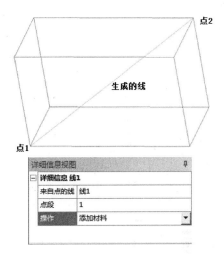

图 4-75　利用"来自点的线"命令创建线体

2．草图线

利用"草图线"命令可以基于草图和从表面得到的平面创建线体。创建线体时首先在"树轮廓"中选择草图或平面使之高亮显示，再在属性窗格中单击 <u>　应用　</u> 按钮，然后单击 <u>多生成</u> 按钮。图 4-76 所示为由草图生成的线体。多个草图、面以及草图与平面组合可以作为基准对象来创建线体。

3．边线

利用"边线"命令可以基于已有的二维和三维模型边界创建线体，且根据所选边和面的关联性质可以创建多个线体。创建创建线体时首先在"树轮廓"中或模型上选择边或面，表面边界将变成线体（也可以直接选择三维边界），再在属性窗格中单击 <u>　应用　</u> 按钮，然后单击 <u>多生成</u> 按钮。图 4-77 所示为由边线生成的线体。

4．曲线

利用"曲线"命令可以基于现有点或坐标文件创建曲线线体。点可以是任何二维草图点、三维模型顶点和 DesignModeler 应用程序中所创建的点特征。当通过坐标文件读取数据来创建曲线线体时，可以生成多条曲线线体。图 4-78 所示为根据现有点创建的曲线线体。

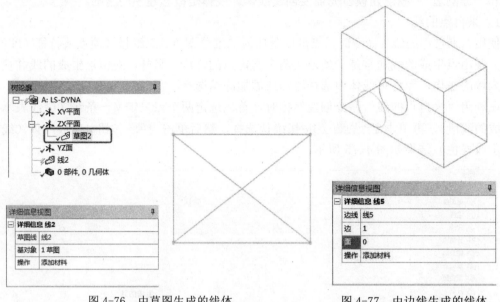

图 4-76　由草图生成的线体　　　　　　　　　图 4-77　由边线生成的线体

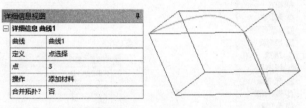

图 4-78　曲线

5. 分割边

利用"分割边"命令可以将边（包括线体边）分割成两部分或更多部分。该命令位于菜单栏的 "概念"菜单中。

在属性窗格中可以通过设置选项对边进行分割。图 4-79 所示为属性窗格中可选用的分割类型。其中，"按 Delta 分割"为沿着边上给定的每个分割点间的距离进行分割，"按 N 分割"为按段数进行分割。

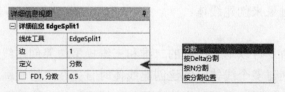

图 4-79　"分割边"属性窗格中可选用的分割类型

4.6.2　面操作

概念建模工具中可以用来创建表面体的方法有边表面、草图表面、面表面和分离。

1. 边表面

利用"边表面"命令可以将线体边作为边界创建表面体。此命令的操作路径为"概念"→"边表面"。线体边必须没有交叉的闭合回路。每个闭合回路都可创建一个冻结表面体。回路应该形成一个可以插入模型中的简单表面形状，可以是平面、圆柱面、圆环面、圆锥面、球面和简单扭曲面等。"边表面"属性窗格如图 4-80 所示。

2. 草图表面

利用"草图表面"命令可以将草图作为边界创建面体（单个或多个草图都可以）。该命令的操作路径为"概念"→"草图表面"。基本草图必须是不自相交叉的闭合截面。在属性窗格中可以选择"添加材料"或"加入冻结体"操作，设置是否以平面法线定向（选"否"则和平面法线方向一致）。另外，输入厚度值则可创建有限元模型。"草图表面"属性窗格如图 4-81 所示。

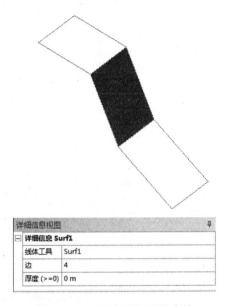

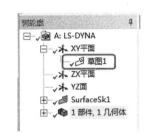

图 4-80   "边表面"属性窗格　　　　　图 4-81   "草图表面"属性窗格

3. 面表面

利用"面表面"命令可以通过选择实体和曲面实体中的现有面来创建表面体。该命令可以用来生成多个曲面实体，具体取决于所选面的连通性。

4. 分离

利用"分离"命令可将模型分成许多个小部分（每个部分都是一个表面体）。该命令将实体和壳体作为需要处理的对象，并将所有面"分离"为单独的表面体。在属性窗格中可以选择是否保留原有的几何体。

4.6.3　定义横截面

通常情况下，"横截面"命令可以为生成的概念线体赋予梁的属性。此横截面可以使用草图描绘并赋予它一组尺寸值，而且只能修改横截面的尺寸值和横截面的尺寸位置，在其他情况下是不能编辑的。

1. 横截面树轮廓

在 DesignModeler 中对横截面使用一套不同于 ANSYS Workbench 环境的坐标系。从概念菜单中可以选择横截面，建成后的横截面会在"树轮廓"中显示，如图 4-82 所示。

在这里列出了每个被创建的横截面，单击选中横截面即可在属性窗格中修改它的尺寸。

2. 横截面编辑

可以对横截面进行编辑。右击任一个横截面，在弹出的快捷菜单中选择"移动维度"命令（见图 4-83），可以对横截面尺寸的位置重新定位。

另外，还可以将横截面赋给线体。将横截面赋给线体的操作步骤为，在"树轮廓"中保持线体为选择状态，横截面的属性将显示在属性窗格中，在下拉列表中单击选择想要的横截面（见图 4-84），即可将横截面赋给线体。

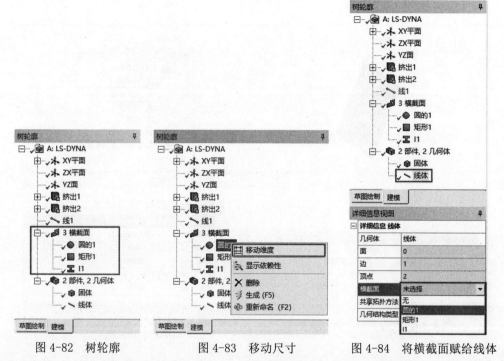

图 4-82　树轮廓　　　　　图 4-83　移动尺寸　　　　图 4-84　将横截面赋给线体

在 DesignModeler 中还可定义用户已定义的横截面，操作步骤如下：首先从菜单栏中选择"概念"→"横截面"→"用户定义"命令，在"树轮廓"中会多出一个空的横截面草图，选择"草图绘制"选项卡，然后绘制所需要的草图（必须是闭合的草图），最后单击工具栏中的 ≯生成 按钮，DesignModeler 会计算出横截面的属性并在细节窗口中列出（这些属性不能更改）。

3. 横截面偏移

将横截面赋给一个线体后，可以在属性窗格中选择可用于对横截面进行偏移的类型，如图 4-85 所示。

◇ 质心：横截面中心和线体质心相重合（默认）。

◇ 剪切中心：横截面剪切中心和线体中心相重合（质心和剪切中心的图形显示看起来是一样的，但分析时使用的是剪切中心）。

◇ 原点：横截面不偏移，按照它在草图中的位置放置。

◇ 用户定义：用户指定横截面的 X 方向和 Y 方向上的偏移量。

要注意，在 LS-DYNA 分析系统中，LS-DYNA 横截面与 DesignModeler 中可用的横截面不完全兼容。其中，DesignModeler 导出的 Z 截面、帽形截面和渠道截面具有以下限制：

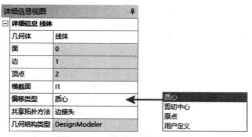

图 4-85　横截面偏移类型

❖ DesignModeler 中的 Z 截面对应 LS-DYNA 中的截面类型 6，有以下限制：W1=W2（假设 W2 等于 W1），t1=t2（假设 T1 等于 T2）。

❖ DesignModeler 中的帽形截面对应 LS-DYNA 中的截面类型 21，有以下限制：W1=W2（假设 W2 等于 W1），t1=t2=t3=t4=t5。

❖ DesignModeler 中的渠道横截面对应 LS-DYNA 中的截面类型 2，有以下限制：W1=W2（假设 W2 等于 W1），t1=t2（假设所有厚度相同）。

第 5 章

Mechanical 应用程序

在 Ansys Workbench/LS-DYNA 分析中，前处理的大部分工作及提交求解都需要在 Mechanical 应用程序中完成。

本章首先介绍了 Mechanical 应用程序的启动方法，然后对 Mechanical 应用程序的用户界面进行了简要的介绍。

学 习 要 点

- 启动 Mechanical 应用程序
- Mechanical 用户界面

5.1 启动 Mechanical 应用程序

在 ANSYS Workbench 中进行 LS-DYNA 分析时，前处理的大部分工作、提交求解以及结果的后处理都可以在 Mechanical 应用程序中完成。

在 LS-DYNA 分析系统中，启动 Mechanical 应用程序的步骤与之前介绍的启动 DesignModeler 应用程序类似。

可以通过在"项目原理图"中双击相应的模型单元格 4 ● 模型 ⇄ ，也可以通过右击模型单元格 4 ● 模型 ⇄ ，在弹出的快捷菜单中选择"编辑"命令，启动 Mechanical 应用程序，如图 5-1 所示。

图 5-1　在 ANSYS Workbench 中启动 Mechanical 应用程序

5.2 Mechanical 用户界面

在 LS-DYNA 分析系统中，启动后的 Mechanical 用户界面如图 5-2 所示。

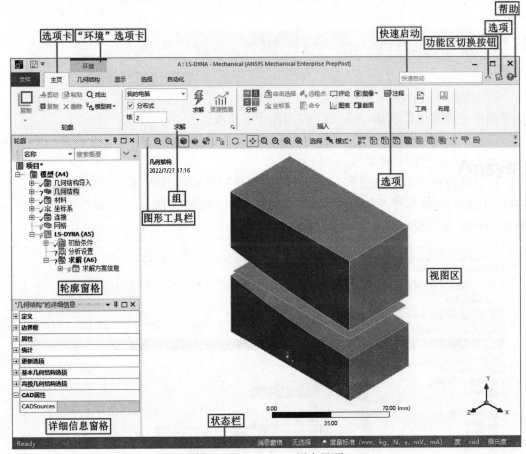

图 5-2　Mechanical 用户界面

5.2.1　Mechanical选项卡

　　Mechanical用户界面中有多个选项卡，轮廓窗格中单击选中其中的某一对象，功能区内的选项卡会发生相应的变化。这种按选项卡组织的选项工具栏可以将相近功能的选项按组的形式组合在一起，使用户能够更快、更高效地完成分析工作。图 5-3 所示为Mechanical 中 6 个常用的选项卡。

　　◇　"文件"选项卡："文件"选项卡内包含了用于管理项目、定义作者和项目信息、保存项目和启动功能的各种选项。

　　◇　"主页"选项卡："主页"选项卡中包含了"轮廓""求解""插入""工具""布局"5 个面板。

　　◇　"环境"选项卡："环境"选项卡会随着在模型树中选中的对象不同而发生相应的变化，常用的如"几何结构""材料""连接""网格"等。

　　◇　"显示"选项卡："显示"选项卡中包含了用于在图形窗口中移动模型的选项以及各种基于显示的选项，如线框、涂色外表面等。

　　◇　"选择"选项卡："选择"选项卡中包含了用于通过图形拾取或通过一些基于标准（如大小或位置）来选择几何和/或网格实体的选项。

✧ "自动化"选项卡:"自动化"选项卡中包含了"工具""机械""支持""用户按钮"4 个面板。

a)"文件"选项卡

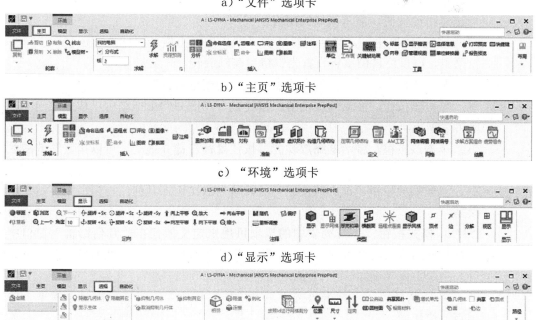

b)"主页"选项卡

c)"环境"选项卡

d)"显示"选项卡

e)"选择"选项卡

图 5-3　Mechanical 中 6 个常用的选项卡

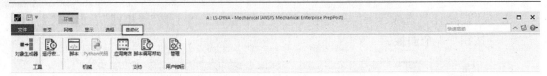

f)"自动化"选项卡

图 5-3　Mechanical 中 6 个常用的选项卡（续）

5.2.2　图形工具栏

图形工具栏可用于设置图形窗口中鼠标的选择和操作模式，其中的按钮可归类为"实体选择"和"图形操作"的控制两类。图形的选择主要受"模式"按钮控制。

默认显示的图形工具栏如图 5-4 所示。用户可以使用"主页"选项卡"布局"面板"管理"选项下拉菜单中的"图形工具栏"选项来切换此工具栏的显示和隐藏。

图 5-4　图形工具栏

下面对图形工具栏中的部分按钮简要介绍如下：

◇　上一个/下一个按钮。要返回图形窗口中显示的最后一个视图，可单击"上一个"按钮。通过连续单击，可以按连续顺序查看以前的视图。

◇　单击该按钮，显示具有涂色外表面和不同边缘的模型部件和几何体。这是默认设置。

◇　单击该按钮，仅显示具有涂色外表面的模型部件和几何体。

◇　单击该按钮，可使模型以线框显示。

◇　单击该按钮，显示模型的网格。

◇　单击该按钮，，激活旋转功能。默认为自由旋转。此选项还包含一个下拉菜单，可以将自由旋转设置为围绕当前轴旋转。

◇　单击该按钮，可在几何结构窗口中移动模型的位置。

◇　单击该按钮，激活缩放功能。按住鼠标左键并向上拖动可以放大，向下拖动可以缩小。

◇　单击该按钮，激活框缩放功能。按住鼠标左键并拖动，可以指定缩放的区域。

◇　匹配缩放按钮。单击该按钮，可以适当的比例在几何结构窗口中显示整个模型。

◇　模式按钮。下拉列表中的选项可用来定义如何在"几何结构"窗口中进行几何结构或网格选择。这些选择与相邻的选择过滤器（几何体、面、单元等）一起工作。

◇　智能选择按钮。单击该按钮，可根据鼠标位置选择或突出显示模型上的顶点、边和面。

◇　顶点按钮。单击该按钮，可选择或突出显示模型上的顶点。

◇　边按钮。单击该按钮，可选择或突出显示模型上的边。

◇　面按钮。单击该按钮，可选择或突出显示模型上的面。

- ◇ ▦：节点按钮。单击该按钮，可选择或突出显示模型上的节点。
- ◇ ▦：单元面按钮。单击该按钮，可选择或突出显示模型上的单元面。
- ◇ ▦：单元按钮。单击该按钮，可选择或突出显示模型上的单元。
- ◇ 扩展▾：扩展按钮。单击该按钮将弹出下拉菜单，可根据设置的公差，从当前面或边选择到相邻/相切/连接的面和边。
- ◇ 转换▾：转换按钮。单击该按钮将弹出下拉菜单，可将当前选定的几何图元选择转换为几何体、面和边等。

5.2.3　轮廓窗格

　　轮廓窗格内包含一个模型树（也称为树形目录），它提供了一个进行几何结构、材料、网格、载荷和求解管理的简单方法。模型树中对象的顺序与执行分析的步骤顺序相匹配。通常一个对象包含从属或子对象，子对象关联并支持父对象的功能。例如，"LS-DYNA（A5）"对象包含"初始条件""分析设置""标准地球重力""固定支撑"和"求解（A6）"五个子对象，如图 5-5 所示。

　　在模型树中进行对象操作有以下规定：
- ◇ 图标出现在模型树中对象名称的左侧。图标可提供对象属性的快速识别。
- ◇ ⊞标识表示它包含关联的子对象。单击此标识可以展开子对象并显示其内容。
- ◇ 可使用鼠标的拖放来移动和复制对象。
- ◇ 要从模型树中删除某对象，可右击该对象并在弹出的快捷菜单中选择"删除"命令。

在模型树中每个分支的图标左下角显示的符号可表示其状态。具体如下：
- ◇ （对号）：表示分支已完全定义。
- ◇ （问号）：表示项目数据不完全（需要输入完整的数据）。
- ◇ （黄色闪电）：表示需要解决。
- ◇ （感叹号）：表示存在问题。
- ◇ （×）：表示项目被抑制（不会被求解）。
- ◇ （透明对号）：表示全体或部分隐藏。
- ◇ （绿色闪电）：表示项目目前正在评估。
- ◇ （减号）：表示映射面网格划分失败。
- ◇ （斜线标记）：表示该结构已进行网格划分。
- ◇ （红色闪电）：表示失败的解决方案。

5.2.4　详细信息窗格

　　详细信息窗格又称为属性窗格，其中包含了数据输入和输出区域，如图 5-6 所示。属性窗格中内容的改变取决于在模型树中选定的对象，它列出了所选对象的所有属性。另外，在属性窗格中不同的颜色表示不同的含义：
- ◇ 白色区域：该区域为输入数据区。可以对白色区域的数据进行编辑。

❖ 灰色（红色）区域：该区域用于信息的显示。在灰色领域的数据是不能修改的。
❖ 黄色区域：该区域表示输入的信息不完整。在黄色区域的数据显示信息丢失。

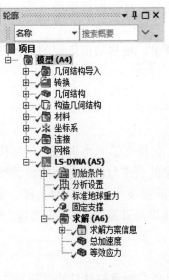

图5-5 轮廓窗格

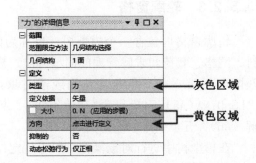

图5-6 力的属性窗格

📖5.2.5 视图区

视图区中不仅可以显示模型的几何结构和结果，还有列出工作表（表格）、HTML 报告，以及打印预览选项的功能，模型的所有视图操作、几何选择和图形显示都在此区域中进行，如图 5-7 所示。

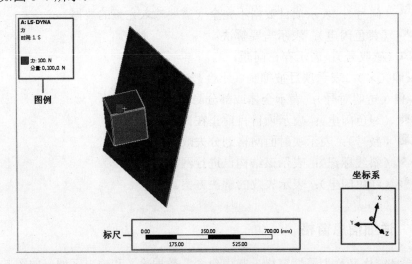

a）视图区的几何结构窗口

图5-7 视图区

表格 24
结构钢 > S-N曲线

交变应力 MPa	周期	平均应力 MPa
3999	10	0
2827	20	0
1896	50	0
1413	100	0
1069	200	0
441	2000	0
262	10000	0
214	20000	0
138	1.e+005	0
114	2.e+005	0
86.2	1.e+006	0

表格 25
结构钢 > 应变寿命参数

强度系数 MPa	强度指数	延性系数	延性指数	周期性强度系数 MPa	周期性应变硬化指数
920	-0.106	0.213	-0.47	1000	0.2

表格 26
结构钢 > 各向同性弹性

杨氏模量 MPa	泊松比	体积模量 MPa	剪切模量 MPa	温度 C
2.e+005	0.3	1.6667e+005	76923	

表格 27
结构钢 > 各向同性相对磁导率

相对磁导率
10000

b）视图区的报告预览

图5-7 视图区（续）

5.2.6 状态栏

状态栏是提供信息的区域，如图 5-8 所示。

◇ 进度/鼠标悬停区：单击该区域，将显示一个进程的进度对话框。
◇ 消息区：单击该区域，将弹出消息窗格，显示应用程序生成的消息。
◇ 选择信息区：显示选定几何实体的尺寸测量，例如边的长度或面的面积。
◇ 单位显示区：显示当前选择的单位制。

进度/鼠标悬停区 消息区　选择信息区　　　　　单位显示区

图 5-8 状态栏

5.2.7 快速启动

快速启动工具使用户能够快速找到所需的功能、特性或选项，并根据搜索字符串自动选择、插入或启动相关的工具操作路径。搜索结果按照工具条、环境选项卡、窗格工具栏、偏好和模型树进行分类，如在快速启动的文本框中输入"选项"后的搜索结果如图 5-9 所示。

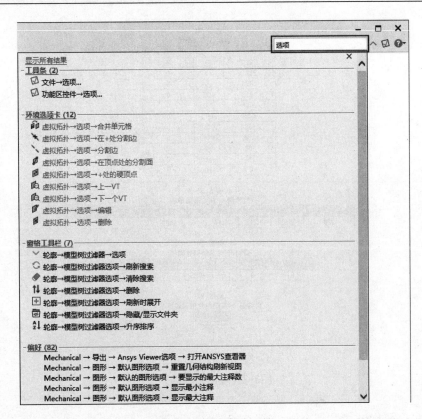

图 5-9　快速启动工具

第 6 章

网格划分

在 ANSYS Workbench/LS-DYNA 分析系统中，网格划分的好坏会直接影响分析的精度，因此需要掌握在 Mechanical 应用程序中的网格划分。

本章首先介绍了网格划分的方法，接着介绍了如何进行全局及局部的网格控制，最后对网格工具进行了简要介绍。

学 习 要 点

- 网格划分概述
- 网格划分方法
- 全局网格控制
- 局部网格控制
- 网格工具

6.1 网格划分概述

在模型创建后和分析计算前，一个重要的步骤就是对模型进行网格划分。网格划分的好坏将直接关系到求解的准确度以及速度。在 ANSYS Workbench 中，网格的划分可以作为一个单独的 Meshing 应用程序，也可以将 Meshing 应用程序集成到其他应用程序中，如在第 5 章中讲述的 Mechanical 应用程序。由于 ANSYS Workbench/LS-DYNA 的提交求解等均需要在 Mechanical 应用程序中进行，因此本书中主要介绍的是如何在 Mechanical 应用程序中进行网格划分。

ANSYS Workbench 中的 Meshing 应用程序可提供通用的网格划分工具。其网格划分是采用 Divide & Conquer（分解与克服）方法来实现的，几何体的各部分可以使用不同的网格划分方法。但所有网格的数据都是统一写入共同的中心数据中的。图 6-1 所示为三维网格的基本形状。

四面体	六面体	棱锥（四面体和六面体	棱柱（四面体网格
（非结构化网格）	（通常为结构化网格）	之间的过渡）	被拉伸时形成）

图 6-1　三维网格基本形状

📖6.1.1　网格划分流程

在 ANSYS Workbench/LS-DYNA 分析中，网格划分流程如下：

1）设置目标物理环境（显式）。自动生成相关物理环境的网格。

2）设定网格划分方法。

3）定义网格设置（尺寸、控制和膨胀等）。

4）创建命名选项。

5）预览网格并进行必要调整。

6）生成网格。

7）检查网格质量。

8）准备分析的网格。

📖6.1.2　分析类型

在 ANSYS Workbench 中，不同的分析类型有不同的网格划分要求，在通过 LS-DYNA 进行显式动力学分析时，一般需要均匀尺寸的网格。

表 6-1 列出了设定"物理优先选项"参数为"显式分析"时自动设置的默认值。

在 Mechanical 应用程序中，分析类型的设置是通过网格的属性窗格来进行定义的。

图 6-2 所示为定义显式动力学分析的网格属性窗格。

表 6-1 物理优先权

物理优先选项	自动设置下列各项			
	实体单元默认中节点	关联中心默认值	平滑度	过渡
显式分析	消除	粗糙	高	慢

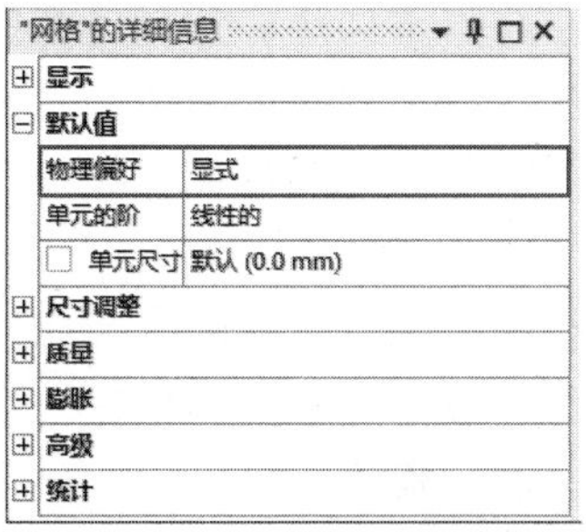

图6-2 定义显式动力学分析的网格属性窗格

6.2 网格划分方法

划分网格的方法有多种，包括自动划分方法、四面体网格划分方法、六面体主导网格划分方法、扫掠网格划分方法、多区域网格划分方法和笛卡儿网格划分方法等。

6.2.1 自动划分方法

在网格划分的方法中，自动划分方法是最简单的划分方法。该方法由系统自动进行网格的划分，但这是一种比较粗糙的方法，在实际运用中如不要求精确的解，可以采用此种方法。

是否可自动进行四面体或扫掠网格划分，取决于几何体是否可扫掠。如果几何体不规则则程序会自动生成四面体网格，如果几何体规则则生成六面体网格，如图 6-3 所示。

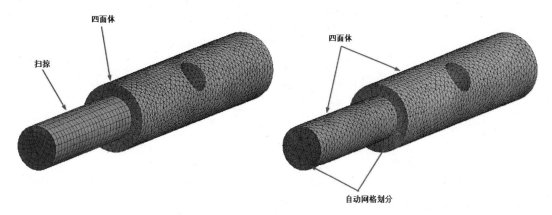

图 6-3 自动划分网格

🕮6.2.2　四面体网格划分方法

四面体网格划分方法是基本的网格划分方法，其中包含两种方法，即补丁适形法与补丁独立法。

1．四面体网格特点

利用四面体网格进行划分具有很多优点：任意体都可以用四面体网格进行划分；利用四面体进行网格的划分可以快速、自动生成网格，并适用于复杂几何；在关键区域容易使用曲度和近似尺寸功能自动细化网格；可使用膨胀细化实体边界附近的网格（边界层识别）。

当然，利用四面体网格进行划分也有一些缺点：在近似网格密度情况下，单元和节点数要高于六面体网格；四面体一般不可能使网格在一个方向排列，由于几何和单元性能的非均质性，不适用于薄实体或环形体。

2．四面体算法

在 ANSYS Workbench 网格划分平台，有以下两种生成四面体网格的算法：

1）补丁适形：首先由默认的考虑几何所有面和边的 Delaunay 或 Advancing Front 表面网格划分器生成表面网格（注意：一些内在缺陷应在最小尺寸限度之下），然后基于 TGRID Tetra 算法由表面网格生成体网格。

2）补丁独立：生成体网格并映射到表面产生表面网格。如果没有载荷、边界条件或其他作用，则面和它们的边界（边和顶点）不必要考虑。这个方法更加容许质量差的 CAD 几何。补丁独立算法基于 ICEM CFD Tetra。

3．"补丁适形"四面体

"补丁适形"四面体的操作过程如下：

1）在轮廓窗格中右击"网格"对象，在弹出的快捷菜单中选择"插入"→"方法"命令，在轮廓窗格下方弹出属性窗格，单击"几何结构"后面的单元格，在视图区中单击选择应用此方法的几何体，然后单击 应用 按钮。

2）将"方法"设置为"四面体"，将"算法"设置为"补丁适形"。

补丁适形法的属性窗格如图 6-4 所示。

图 6-4　补丁适形法的属性窗格

4．"补丁独立"四面体

"补丁独立"四面体的网格划分对 CAD 许多面的修补有用，如碎面、短边、差的面参数等。补丁独立法的属性窗格如图 6-5 所示。

可以通过建立四面体的方法，设置"算法"为"补丁独立"。在属性窗格的"高级"

选项组中，可以对该网格划分方法做进一步的设置，如图 6-5 所示。

图 6-5　补丁独立法的属性窗格

6.2.3　六面体主导网格划分方法

六面体主导网格划分方法适用于无法扫掠的几何体。六面体主导法的属性窗格如图6-6 所示。其中"自由面网格类型"有两个选项，分别是"四边形/三角形"和"全部四边形"，默认选项为"四边形/三角形"。

图 6-6　六面体主导法的属性窗格

6.2.4　扫掠网格划分方法

扫掠网格划分方法一般会生成六面体网格。该方法可以在分析计算时缩短计算的时间，因为它所生成的单元与节点数要远远低于四面体网格。但应用扫掠网格划分方法的前提是体必须可扫掠。扫掠方法的属性窗格如图 6-7 所示。

扫掠可以手动或自动设定"源"和"目标"。通常是单个源面对单个目标面。薄壁模型自动网格划分会有多个面，且厚度方向可划分为多个单元。

可以通过右击轮廓窗格中的"网格"对象，在弹出的快捷菜单中选择"显示"→"可扫略的几何体"命令，显示可扫掠的几何体。当创建扫掠网格时，需先划分源面，再延伸到目标面。扫掠方向或路径由侧面定义,源面和目标面间的单元层由插值法建立并投射到侧面。

图 6-7　扫掠方法的属性窗格

6.2.5　多区域网格划分方法

多区域网格划分是基于 ICEM CFD 六面体模块,它会自动进行几何分解,如图 6-8 所示。而此六面体如果采用扫掠网格划分方法,就要被切成 3 个体来得到纯六面体网格。

采用多区域网格划分方法也可进行多种设置,如图 6-9 所示。

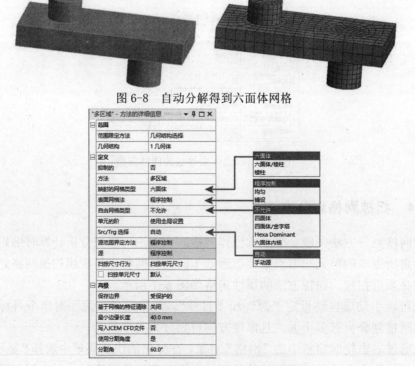

图 6-8　自动分解得到六面体网格

图 6-9　多区域网格划分方法的属性窗格

6.2.6　笛卡儿网格划分方法

笛卡儿网格划分方法可以创建尺寸基本一致的非结构化六面体网格。该网格与指定的坐标系对齐，并使其适合几何体。当几何特征与坐标系很好地对齐并且需要规则网格时，此方法很有用。

6.3　全局网格控制

在选定网格划分方法之后，单击轮廓窗格中的"网格"对象，可以对网格属性窗格中的其他选项进行进一步的细化设置。

6.3.1　分辨率

当"使用自适应尺寸调整"设置为"是"时，可以使用"分辨率"参数来控制网格密度。默认设置为"程序控制"（显式动力学分析中，默认设置为 4）。分辨率可设置的值为0~7，网格从粗（0）变为细（7），如图6-10所示。

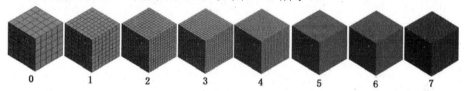

图6-10　分辨率数值对网格的影响

6.3.2　全局单元尺寸

全局单元尺寸的设置即通过在属性窗格中的"单元尺寸"设置整个模型使用的单元尺寸。该尺寸将应用到所有的边、面和体的划分。"单元尺寸"可以采用默认设置，也可以通过输入尺寸的方式来定义。如果需要改回默认设置，在"单元尺寸"栏内输入"0"即可。图6-11所示为两种方式的全局单元尺寸设置。

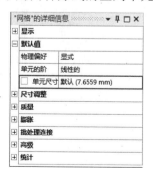 

图6-11　全局单元尺寸设置

6.3.3 初始尺寸种子

在属性窗格中可以通过设置"初始尺寸种子"来控制每一部件的初始网格种子。如果已定义单元尺寸则被忽略。"初始尺寸种子"具有两个选项，如图6-12所示。

图 6-12　初始尺寸种子

◇　装配体：基于这个设置，初始种子被放入装配部件中。

◇　部件：基于这个设置，初始种子在网格划分时被放入个别特殊部件中。

6.3.4 平滑和过渡

可以通过在属性窗格中设置"平滑"和"过渡"选项来控制网格的平滑和过渡。

1．平滑

"平滑"可通过移动周围节点和单元的节点位置来改进网格质量，如图 6-13 所示。

2．过渡

"过渡"可用于控制邻近单元增长比，如图 6-14 所示。

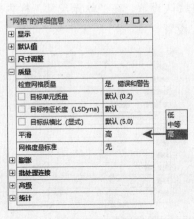

图 6-13　平滑

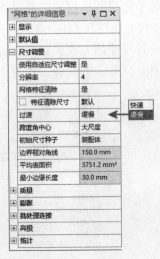

图 6-14　过渡

6.4 局部网格控制

可用到的局部网格控制命令（是否可用取决于使用的网格划分方法）包含尺寸调整、接触尺寸、加密、面网格剖分、匹配控制、收缩和膨胀。通过在轮廓窗格中右击"网格"对象，在弹出的快捷菜单中选择命令来进行局部网格控制，如图 6-15 所示。

6.4.1 尺寸调整

要实现网格划分的尺寸控制，可在轮廓窗格中右击"网格"对象，在弹出的快捷菜单中选择"插入"→"尺寸调整"命令，来定义局部尺寸网格的划分。

在尺寸调整的属性窗格中可对要划分的点、线或体进行选择。当选择边线时，属性窗格中尺寸调整的"类型"包括 3 个选项，如图 6-16 所示。

◇ 单元尺寸：定义体、面、边或顶点的平均单元边长。

◇ 分区数量：定义边的单元分数。

◇ 影响范围：球体内的单元给定平均单元尺寸。

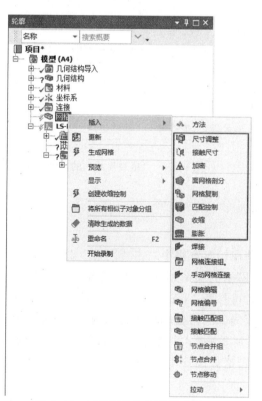

图 6-15 局部网格控制快捷菜单

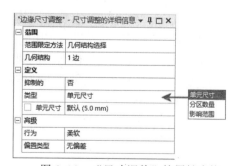

图 6-16 "尺寸调整"的属性窗格

上述选项是否可用取决于作用对象，如选择边与选择体可用的选项不同。表 6-2 中列出了选择不同的作用对象时属性窗格中的可用选项。

表 6-2   可用选项

作用对象	单元尺寸	分区数量	影响范围
体	√		√
面	√		√
边	√	√	√
顶点			√

在进行"影响范围"的局部网格划分时，已定义的"影响范围"面的大小如图 6-17 所示。位于球内的单元具有给定的平均单元尺寸。在进行局部尺寸网格划分时，可选择多个实体并且所有球体内的作用实体受设定尺寸的影响。

6.4.2　接触尺寸

利用"接触尺寸"命令可在部件间接触面上生成近似尺寸的单元（网格的尺寸近似但不共形）。对给定的"接触区域"，可在属性窗格的"类型"中选择"分辨率"或"单元尺寸"选项，如图 6-18 所示。

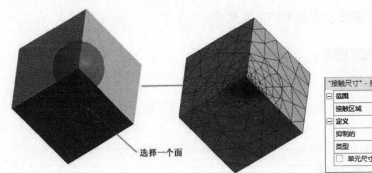

图 6-17　已定义的"影响范围"面的大小　　图 6-18　"接触尺寸"的属性窗格

6.4.3　加密

利用"加密"命令可加密现有网格，方法是在轮廓窗格中右击"网格"对象，在弹出的快捷菜单中选择"插入"→"加密"命令。网格的加密划分对面、边和顶点均有效。对于"加密"命令其他一些使用上的限制，读者可参考 ANSYS Workbench 的相关帮助。

在进行加密划分时，首先由全局网格控制或局部网格控制形成初始网格，然后在指定位置进行单元加密。加密水平可从 1（最小）到 3（最大）改变。当加密水平为 1 时，将初始网格单元的边一分为二。"加密"的属性窗格如图 6-19 所示。

6.4.4　面网格剖分

在进行局部网格划分时，利用"面网格剖分"命令能够在选定面上生成自由网格或映射网格。应用程序会自动确定边界面上边的分割数。如果使用"分区的内部数量"指定边上的分割数，应用程序会尝试强制执行这些分割。面网格剖分前后对比如图 6-20 所示。

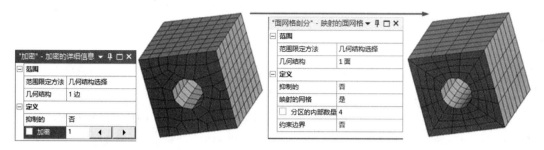

图 6-19 "加密"的属性窗格　　　　　图 6-20 面网格剖分前后对比

6.4.5 匹配控制

在轮廓窗格中右击"网格"对象，在弹出的快捷菜单中选择"插入"→"匹配控制"命令，可以定义局部匹配控制网格的划分。"匹配控制"命令可用于匹配模型中两个或多个面或边上的网格，并提供了两种"变换"选项，即循环和任意。在体网格划分时，"匹配控制"命令仅适用于扫掠、四面体网格划分方法中的补丁适形法和多区域网格划分方法。"匹配控制"命令执行前后对比如图 6-21 所示。

图 6-21 "匹配控制"命令执行前后对比

6.4.6 收缩

在轮廓窗格中右击"网格"对象，在弹出的快捷菜单中选择"插入"→"收缩"命令，可以在网格上移除小特征（如短边和狭窄区域），以便在这些特征周围生成质量更好的单元。"收缩"命令只对顶点和边起作用，面和体不能收缩。"收缩"的属性窗格如图 6-22 所示。

6.4.7 膨胀

在轮廓窗格中右击"网格"对象，在弹出的快捷菜单中选择"插入"→"膨胀"命令，可以定义局部膨胀网格的划分。"膨胀"的属性窗格如图 6-23 所示。

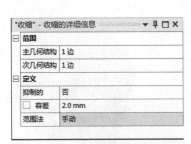

图 6-22   "收缩"的属性窗格

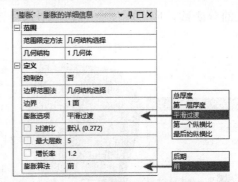

图 6-23   "膨胀"的属性窗格

6.5   网格工具

选择网格划分方法并对网格进行全局控制或局部控制之后，便可以生成网格并进行查看。网格工具主要包括生成网格、截面和创建命名选择。

6.5.1   生成网格

生成网格是划分网格不可缺少的步骤。利用"网格"选项卡"网格"面板中的"生成"选项可以生成完整网格，以及对之前进行的网格划分进行最终的运算。生成网格的命令可以在功能区中调用，也可以在轮廓窗格中利用右键快捷菜单执行，如图 6-24 所示。

图 6-24   调用生成网格命令

可以使用表面网格工具对生成的网格进行预览，此方法比其他大多数方法更快（四面体网格划分方法中的补丁独立法除外），因此通常首选被用来预览表面网格。表面网格工具也有两种调用方式，如图 6-25 所示。

图 6-25 调用表面网格命令

6.5.2 截面

利用"截面"工具可显示内部的网格。要使用"截面"工具，可以单击"主页"选项卡"插入"面板中的 截面 按钮，如图 6-26 所示。启动"截面"工具后，将弹出截面窗格，如图 6-27 所示。其默认位置在 Mechanical 应用程序的左下角。

图 6-26 截面工具 　　　　　　　　　　　　　　图 6-27 截面窗格

没有创建截面时，视图区只能显示外部网格，如图 6-28 所示。利用截面位面工具可显示位于截面任一边的单元、切割或完整的单元或位面上的单元。利用"截面"工具，可以使用多个位面生成需要的截面。创建截面位面的操作步骤如下：

1）在截面窗格中单击"新剖面"按钮 ，视图区的鼠标指针变为 ，在需要创建截面的第一个位置按住鼠标左键，并拖动鼠标指针到另一个位置，释放鼠标左键，即可创建截面。此时在视图区将显示新创建截面的一边，如图 6-29 所示。

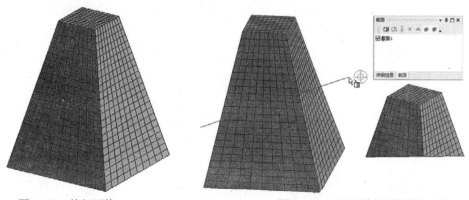

图 6-28 外部网格 　　　　　　　　　图 6-29 显示新创建截面的一边

2）在截面窗格中单击选中"截面 1"，然后单击"编辑截面"按钮，再单击视图区中的虚线，将其转换为截面位面边。也可拖拽视图区中的蓝方块调节截面位面的位置，如图 6-30 所示。

3）在截面窗格中单击"显示整个单元"按钮，显示整个单元，如图 6-31 所示。

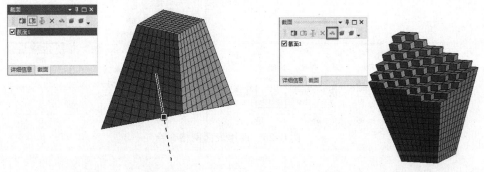

图 6-30　编辑截面　　　　　　　　　图 6-31　显示整个单元

6.5.3　创建命名选择

利用"创建命名选择"命令可对选中的顶点、边、面或体创建组。在执行"创建命名选择"命令后，可以定义网格控制、施加载荷、定义边界和定义接触区等。要启动该命令，可在视图区单击选中顶点、边、面或者体后右击，在弹出的快捷菜单中选择"创建命名选择…"命令，如图 6-32 所示。

图 6-32　"创建命名选择"命令

第 **7** 章

LS-DYNA 的单元算法

合理地选择单元算法是成功分析的关键步骤之一。ANSYS Workbench/LS-DYNA 提供了丰富的单元库,可以很好地用于各种大变形以及材料失效等高度非线性问题的模拟。

本章介绍了 ANSYS Workbench/LS-DYNA 中的各种单元特性以及如何定义单元算法,并介绍了如何设置沙漏控制。

学 习 要 点

○ ANSYS Workbench/LS-DYNA 的单元特性

○ 定义单元算法

○ 缩简积分与沙漏

7.1 ANSYS Workbench/LS-DYNA 的单元特性

ANSYS Workbench/LS-DYNA 为进行显式动力学分析提供了丰富的单元库，包括梁单元（BEAM）、壳单元（SHELL）、实体单元（SOLID）和质量单元（MASS）等。显式单元在以下方面与隐式单元存在明显不同：

1）每种单元可用于几乎所有材料模型。

2）每种单元类型有几种不同算法。

3）所有显式单元具有一个线性位移函数。

4）每种显式动力单元默认为单点积分。

5）不具备带额外形函数和中间节点的单元以及 P 单元。

6）单元支持 ANSYS Workbench/LS-DYNA 中所有非线性选项。

实践证明，线性位移函数和单点积分的显式单元能够很好地用于大变形和材料失效等非线性问题。

由于进行 ANSYS Workbench/LS-DYNA 分析时无需手动选择单元类型，Mechanical 应用程序会自动选择合适的单元对模型进行网格划分（但对 LS-DYNA 常用单元特性的学习有利于对单元算法进行自定义），因此本节将对 LS-DYNA 常用单元的特性进行简单介绍。

📖 7.1.1 BEAM

BEAM 可以用两个节点定义，包括 3D 梁、桁架、2D 轴对称壳和 2D 平面应变梁单元。图 7-1 所示为 BEAM 的几何图形、节点位置及坐标系。其中，第三个节点 K 是可选项，用于定义截面初始方向，仅用于部分梁类型。

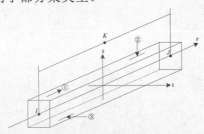

图7-1　BEAM梁单元

使用这种单元时应注意以下几点：

1）该单元由节点 I、J 在全局坐标系中定义，节点 K（与节点 I、J）定义了一个包含了单元 s 轴的平面，单元的 r 轴与通过节点 I、J 的单元中心线平行，节点 K 用来定义单元坐标系，不能与节点 I、J 共线。节点 K 的位置仅用来定义单元的初始方向。

2）BEAM 提供了多种可供选择的单元算法，如图 7-2 所示。ANSYS Workbench/LS-DYNA 分析系统中提供了 6 种单元算法，分别是"Hughes-Liu With Cross Section Integration"（带横截面积分 Hughes-Liu 梁）（默认）、"Belytschko-Schwer Resultant Beam"（Belytschko-Schwer 合力梁）、"Truss"（束）、"Belytschko-Schwer Full Cross Section

Integration"（横截面全积分的 Belytschko-Schwer 梁）、"Belytschko-Schwer Tubular Beam with Cross Section Integration"（带截面积分的 Belytschko-Schwer 管梁）、"Discrete Beam/Cable"（离散梁/索）。对于每个算法的不同，读者可参考 LS-DYNA 关键字用户手册。

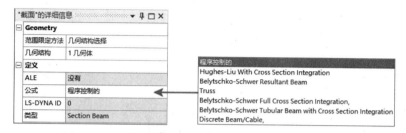

图7-2　BEAM算法

3）对于 BEAM 截面的相关几何参数。在 ANSYS Workbench/LS-DYNA 分析系统中，既可以通过 DesignModeler 应用程序定义梁的横截面形状，如图 7-3 所示；也可以通过 Mechanical 应用程序定义梁的横截面形状，如图 7-4 所示。用户可以使用标准的截面，也可以自定义截面形状。LS-DYNA 关键字 *SECTION_BEAM 中可以定义的标准截面如图 7-5 所示。

图7-3　在DesignModeler应用程序中定义梁的横截面

图7-4　在Mechanical应用程序中定义梁的横截面

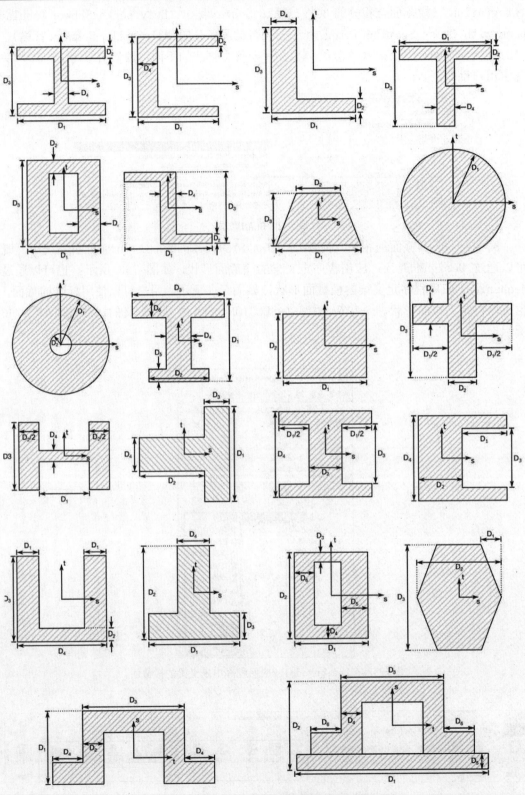

图7-5　标准截面

7.1.2 SHELL

SHELL 是一个 4 节点显式结构薄壳单元（见图 7-6），有弯曲和膜特征，可加平面和法向载荷。单元在每个节点上有 12 个自由度：在节点 X、Y 和 Z 方向的平动、加速度、速度和绕 X、Y 和 Z 轴的转动。该单元支持显式动力学分析所有非线性特性。

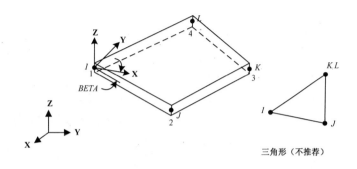

三角形（不推荐）

图 7-6　SHELL

在使用这种单元时应注意以下问题：

1）单元算法。SHELL 提供了 14 种算法，如图 7-7 所示。

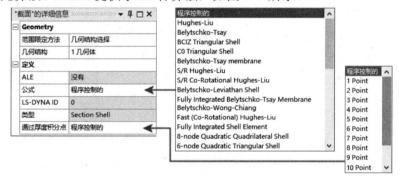

图 7-7　SHELL 算法和积分点

❖ Hughes-Liu：Hughes-Liu 单元算法。它是基于退化的连续表述。这种表述导致了大量的计算，但在预见的大变形中十分有效。这种表述能精确地根据配置识别翘曲而不能通过碎片修补检验。这种表述使用和 Belytschko-Tsay 相同的沙漏控制进行一点积分。

❖ Belytschko-Tsay：Belytschko-Tsay 单元算法。它是最快速的显式动力学壳单元。它基于 Mindlin-Reissner 假设，包括了横向剪切力。它不能精确地处理翘曲，因此不能在粗网格模型中使用。使用沙漏控制可进行一点积分。沙漏参数有一个默认值。当沙漏出现时，应增加这个参数值以避免沙漏。它不能通过碎片修补检验。

❖ BCIZ Triangular Shell：BCIZ 三角壳单元算法。它是基于 Kirchhoff 塔板理论并使用空间立体速度场。它在每个单元处使用三组积分点，因此计算相对较慢。仅当网格是由三组平行线构造的模型时可通过碎片修补检验。

- ◇ CO Triangular Shell：CO 三角壳单元算法。它基于 Mindlin-Reissner 塔板理论并使用线速度场。它在单元表述中使用一个积分点。这种表述相当呆板，因此不能用它来构成一个完整的网格，仅可用于网格间的过渡。

- ◇ Belytschko-Tsay membrane：Belytschko-Tsay 膜单元算法。它与 Belytschko-Tsay 公式相同，但不包括挠度。

- ◇ S/R Hughes-Liu：S/R Hughes-Liu 单元算法。它与 Hughes-Liu 单元相同，不同的是用可选择的缩减积分代替了使用沙漏控制的一点积分。它通过一个 3～4 的因数增加了时间，避免了某种沙漏模式，但仍能造成某种弯曲沙漏模式。

- ◇ S/R Co-Rotational Hughes-Liu：S/R Co-Rotational Hughes-Liu 单元算法。它除了使用局部坐标系外与 S/R Hughes-Liu 单元相同。

- ◇ Belytschko-Leviathan Shell：Belytschko-Leviathan 壳算法。它与 Belytschko-Wong-Chiang 相同，具有一点积分，但它使用物理沙漏控制，因此不需要用户输入沙漏控制参数。

- ◇ Fully Integrated Belytschko-Tsay Membrane：全积分 Belytschko-Tsay 膜单元算法。它除了使用 2×2 积分代替一点积分外与 Belytschko-Tsay 膜单元相同。这个公式在单元弯曲的情况仍然有效。

- ◇ Belytschko-Wong-Chiang：Belytschko-Wong-Chiang 单元算法。它除了在弯曲情况下无效外与 Belytschko-Tsay 单元相同。

- ◇ Fast (Co-Rotational) Hughes-Liu：最快速的(Co-Rotational) Hughes-Liu 单元算法。它除了使用局部坐标系外与 Hughes-Liu 相同。

- ◇ Fully Integrated Shell Element：全积分壳单元算法。它在壳面使用 2×2 积分，与 Belytschko-Tsay 单元算法相比，在求解时需多花费 2.5～3 倍的时间成本，在预防沙漏方面很有效。剪切锁通过对横向剪切假设而进行弥补。

- ◇ 8-node Quadratic Quadrilateral Shell：8 节点二次四边形壳算法。

- ◇ 6-node Quadratic Triangular Shell：6 节点二次三角壳算法。

2）厚度方向上的积分点，在图 7-7 所示的截面属性窗格中，可以通过"通过厚度积分点"选项设置厚度方向上的积分点。

📖7.1.3 SOLID

SOLID 是用于三维的显式结构实体单元。常用的 SOLID 主要有四面体单元、四面体带中间节点单元、五面体单元（棱柱单元）、六面体单元、六面体带中间节点单元，如图 7-8 所示。该单元支持所有许可的非线性特性。

SOLID 提供了 12 种算法，可以在截面的属性窗格中通过"公式"选项进行设置，如图 7-9 所示。

六面体实体单元常用的单元算法如下：

- ◇ 1 Point Corotational：单点同步旋转单元。可用于蜂窝材料部件（只适用于 *MAT_MODIFIED_HONEYCOMB，其本质上表现为非线性弹簧，因此允许用于有时在蜂窝材料中看到的严重变形）。局部坐标系遵循单元旋转，当蜂窝壁障固定在空间时，对于严重的剪切变形是首选的算法。

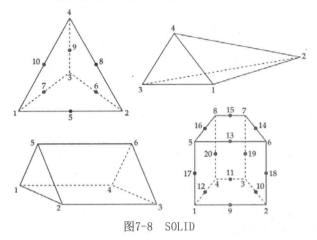

图7-8　SOLID

图7-9　SOLID算法

◇ Constant Stress Solid Element：常应力实体单元。它是最有效和最稳定的 8
节点体单元，中心单点积分，需要沙漏控制，对于弯曲载荷，厚度方向至少要
划分 2 个单元。是 LS-DYNA 的推荐单元。

◇ Fully Integrated S/R Solid：全积分 S/R 实体单元。它是 2×2×2 积分方式，
假定整个单元的压力恒定，以避免在几乎不可压缩的流动过程中出现压力锁定。
然而，如果单元长径比较差，剪切锁定将导致响应过于刚性。

◇ Fully Integrated Quadratic Eight Node Element with Nodal Rotations：
全积分带节点旋转的 8 节点单元。每个节点有 6 个自由度，对于线弹性问题，
其结果非常精确，但计算量很大，不建议使用。

◇ Poor Aspect Ratio,Fully Integrated S/R Solid,Accurate Formulation：长
径比较差的精确公式全积分 S/R 实体单元。与长径比较差的高效公式全积分 S/R
实体单元相似，但其计算精度更高，计算耗时是全积分 S/R 实体单元的 5 倍。

◇ Poor Aspect Ratio,Fully Integrated S/R Solid,Efficient Formulation：
长径比较差的高效公式全积分 S/R 实体单元。可以阻止剪切锁定，用于长径比
较差的单元，计算耗时比全积分 S/R 实体单元多 20%。

四面体实体单元常用的单元算法如下：

◇ S/R Quadratic Tetrahedron：二阶四面体单元。其用于单元形状较好的部件，
在速度和准确性之间妥协，比单点四面体单元耗时多 5 倍。

◇ 1 point Tetrahedron：单点四面体单元。此单元存在刚性较大的情况，同时存在剪切锁定和体积锁定情况。

◇ 1 point Nodal Pressure Tetrahedron：单点节点压力四面体单元。其单元公式与单点四面体单元相同，但增加了节点压力的平均，这显著降低了体积锁定的机会。该单元非常适用于不可压缩和几乎不可压缩材料或具有等容塑性变形（如体积成形）的延性金属，其耗时比单点四面体单元多 20%。

◇ 4 or 5 point 10 Noded Tetrahedron：4 或 5 个积分点的 10 节点四面体单元。该单元与二阶四面体单元相相似，但它的计算更精确，其时间步长是二阶四面体单元的 2 倍。

◇ 10 Noded Composite Tetrahedron：10 节点复合四面体单元。其算法与 4 或 5 个积分点的 10 节点四面体单元相类似，但其计算精度更高，计算耗时更多。

除六面体和四面体实体单元之外，LS-DYNA 中允许五面体实体单元存在，且不需要单独设置单元公式，程序自动分配五面体实体单元公式为 2 point Pentahedron Element（2 个积分点的五面体单元）。

📖7.1.4　MASS

MASS 是显式三维结构质点质量单元，它具有 9 个自由度，即 X、Y 和 Z 方向的位移、速度、加速度，还有质量和质量惯性矩。这种单元可以用于诸如整车碰撞的建模，以代替其中许多部件没有建模的大型模型质量。图 7-10 所示为 MASS 点质量单元。该单元支持显式动力学分析中的所有非线性特性。

使用这种单元时应注意，此质量单元由单一集中质量点来定义。此单元还具有质量惯性矩选项，如图 7-11 所示。

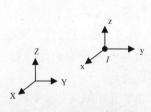

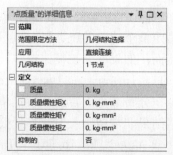

图7-10　MASS点质量单元　　　　　图7-11　MASS参数

7.2　定义单元算法

在 ANSYS Workbench/LS-DYNA 中定义单元算法，可通过以下步骤来完成。在 Mechanical 应用程序中，选中轮廓窗格中的"LS-DYNA（A5）"对象，选择"LSDYNA Pre"选项卡"部件"下拉菜单中的"截面"命令，或右击轮廓窗格中的"LS-DYNA（A5）"对象，在弹出的快捷菜单中选择"插入"→"截面"命令，如图 7-12 所示。此时，将会在轮廓窗格中的"LS-DYNA（A5）"对象分支下创建"截面"子对象，同时在轮廓窗格下方弹出如图 7-13 所示的截面的属性窗格，在"几何结构"中选择几何体，然后在"公式"中即可选择该几何体划分单元的算法。

图 7-12 选择"截面"命令

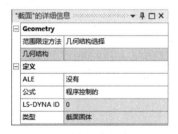

图 7-13 截面的属性窗格

7.3 缩减积分与沙漏

在进行 ANSYS Workbench/LS-DYNA 分析时，单元算法的选择和工况有着直接的联系，由于 ANSYS Workbench/LS-DYNA 推荐的都是缩减积分单元，因此必然存在沙漏。下面对缩减积分与沙漏做简单介绍。

7.3.1 缩减积分单元

在显式动力分析中最占用 CPU 的一项就是单元的处理。由于积分点的个数与 CPU 时间成正比，采用缩减积分的单元便可以极大地减少数据存储量和运算次数，进而提高运算效率。

缩减积分单元是一个使用最少积分点的单元，如全积分块与壳单元分别具有 8 个和 4 个积分点，而一个缩减积分实体单元具有在其中心的一个积分点，一个简化壳单元在面中心具有一个积分点。

除了节省 CPU，单点积分单元在大变形分析中同样有效，ANSYS Workbench/LS-DYNA 单元能承受比标准 ANSYS 隐式单元更大的变形。缩减积分单元有以下两个缺点：

1）出现零能模式（沙漏模态）。

2）应力结果的精确度与积分点直接相关。

7.3.2 沙漏概述

前面已经提到，单点积分单元容易产生零能模式，即沙漏模态。沙漏是一种以比结构全局响应高得多的频率振荡的零能变形模式。沙漏模式导致一种在数学上是稳定的，但在物理上是不可能的状态。它们通常没有刚度，变形呈现锯齿形网格（见图 7-14）。

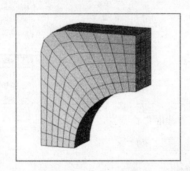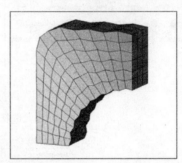

图7-14　沙漏模态示意图

7.3.3 沙漏控制技术

沙漏的出现会导致结果无效，应尽量避免和减小，因此必须有效控制分析中可能出现的沙漏变形，以确保分析的正确性。控制沙漏有以下几种方法：

1）尽可能使用均匀的网格划分。一般来说，整体网格细化会明显减少沙漏的影响。

2）避免单点载荷。单点载荷容易激发沙漏。

3）用全积分单元。全积分单元不会出现沙漏，用全积分单元定义模型的一部分或全部可以减少沙漏。

4）全局增加弹性刚度。沙漏可以通过增加沙漏系数，即增大弹性刚度来消除，方法是在 Mechanical 应用程序中单击轮廓窗格中的"分析设置"对象，在如图 7-15 所示的属性窗格中设置沙漏系数。建议沙漏系数不超过 0.15。

5）调整局部模型的体积黏性或增加弹性刚度。沙漏变形可以通过调整局部模型的体积黏性和增加局部的弹性刚度来控制。在 Mechanical 应用程序中选中轮廓窗格中的"LS-DYNA（A5）"对象，选择"LSDYNA Pre"选项卡"部件"下拉菜单中的"沙漏控制"命令，或右击轮廓窗格中的"LS-DYNA（A5）"对象，在弹出的快捷菜单中选择"插入"→"沙漏控制"命令，弹出如图 7-16 所示的沙漏控制的属性窗格，在"几何结构"中选择需要设置沙漏控制的几何体，在"沙漏类型"中选择沙漏类型，在"沙漏"内输入沙漏系数，在"二次体积"和"线性体积"内输入线性和二次系数，可调整模型的体积黏性。使用这种方法时，沙漏控制只施加于给定的几何模型。

图7-15　全局沙漏控制的属性窗格

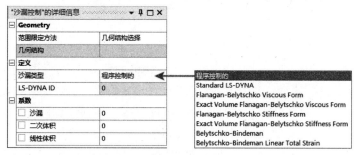

图7-16　局部沙漏控制的属性窗格

7.3.4　单元综合要点

在进行 ANSYS Workbench/LS-DYNA 分析时，在单元使用中要注意以下要点。

1）避免使用小的单元，以免缩小时间步长。如果要用小的单元，则应同时使用质量缩放。

2）减少使用三角形、四面体/棱柱单元。

3）避免锐角单元与翘曲的壳单元，否则会降低计算精度。

4）在需要沙漏控制的地方使用全积分单元。全积分六面体单元可能产生体积锁定（由于泊松比达到 0.5）和剪切锁定（如简支梁的弯曲）。

第 **8** 章

载荷、约束、初始条件和连接

定义有限元模型的载荷、约束、初始条件和定义连接是进行 LS-DYNA 数值分析的又一重要环节，定义是否合理不仅直接关系到计算精度，而且还会影响计算时间。

本章将介绍在 ANSYS Workbench/LS-DYNA 分析中施加载荷、约束、初始条件和定义连接的基本概念和操作方法。

    学 习 要 点

- 施加载荷
- 施加约束
- 施加初始条件
- "LSDYNA Pre"选项卡
- 定义连接
- 接触及其定义

8.1 施加载荷

动力学问题中载荷的最大特点之一就是载荷随时间变化，结构在这些载荷作用下的加速度响应不能忽略。ANSYS Workbench/LS-DYNA 可以方便快捷地将各种动力载荷施加到结构模型的特定受载部分（节点组元、刚体部件或单元表面上）。在 ANSYS Workbench/LS-DYNA 中对结构加载的步骤如下：

1）将载荷施加到结构模型特定受载的部分上。

2）定义各个时间间隔以及对应载荷值的表格数据。

在 Mechanical 应用程序中，提供了两种施加载荷、约束和初始条件的方式：第一种是先选择施加的载荷、约束和初始条件，然后再指定几何对象；第二种是先在视图区选择几何对象，然后再选择施加的载荷、约束和初始条件。本书中主要采用第一种方式来施加载荷、约束和初始条件。

📖8.1.1 施加载荷的方法和载荷类型

对于 LS-DYNA 分析系统，在 Mechanical 应用程序中，可以右击轮廓窗格中的"LS-DYNA（A5）"对象，在弹出的快捷菜单中选择"插入"命令（见图 8-1）来施加载荷和约束，也可以首先单击选中轮廓窗格中的"LS-DYNA（A5）"对象，接着在视图区中单击选中几何对象（节点、单元、单元面、顶点、边、面、体），然后右击，在弹出的快捷菜单中选择"插入"命令来施加载荷和约束。根据选择几何对象的不同，弹出的快捷菜单也会有很大的不同，Mechanical 应用程序会自动过滤掉无法施加的载荷和约束。

当选择任一载荷类型时，在轮廓窗格中的"LS-DYNA（A5）"对象的下方会出现相应的载荷对象。如果需要删除该载荷，可在轮廓窗格中右击该载荷对象，然后在弹出的快捷菜单中选择"删除"命令，如图 8-2 所示。

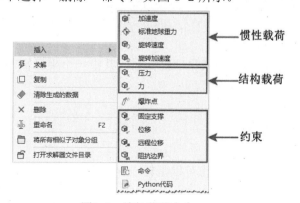

图8-1 施加载荷命令

图8-2 删除载荷命令

当单击选中轮廓窗格中的"LS-DYNA（A5）"对象时，"环境"选项卡如图 8-3 所示，从该选项卡中可以看到 LS-DYNA 分析中可以施加的载荷和约束。对于不同的分析系统，在 Mechanical 应用程序中可以施加不同类型的载荷，本书中仅介绍 LS-DYNA 常用的两种载荷类型：惯性载荷和结构载荷。读者如果想学习其他载荷类型的相关知识，可参阅相关书籍或 Mechanical 的帮助文档。

◇　惯性载荷：也可以称为加速度和重力加速度载荷。这些载荷须施加在整个模型上，在惯性计算时需要输入模型的密度。

◇　结构载荷：也称集中力和压力，指施加在系统部件上的力或力矩。

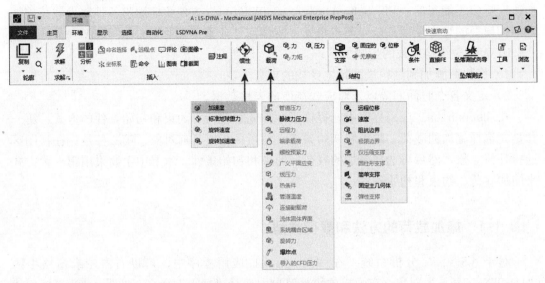

图8-3　"环境"选项卡

1．惯性载荷

在进行分析时需要设置重力加速度。在程序内部，加速度是通过惯性力施加到结构上的，而惯性力的方向和所施加的加速度的方向相反。

（1）加速度

◇　施加在整个模型上，单位是 length/time^2。

◇　加速度可以定义为分量或矢量的形式。

◇　物体运动方向为加速度的反方向。

（2）标准地球重力

◇　根据所选的单位制系统确定它的值。

◇　重力加速度的方向定义为整体坐标系或局部坐标系的其中一个坐标轴方向。

◇　物体运动方向与重力加速度的方向相同。

（3）旋转速度

◇　整个模型以给定的速率绕轴转动。

◇　以分量或矢量的形式定义。

◇　输入单位可以是 rad/s（默认选项），也可以是转/min。

（4）旋转加速度

◇　整个模型以给定的加速度绕轴转动。

◇　以分量或矢量的形式定义。

◇　输入单位是 rad/s^2。

2．结构载荷

集中力和压力是作用于模型上的载荷。集中力载荷可以施加在结构的外面、边缘或表面等位置；而压力载荷只能施加在表面，而且方向通常与表面的法向一致。下面对常用到的压力、力、力矩、静液力压力和远程力等结构载荷做简要介绍。

（1）压力

◇　以与面正交的方向施加在面上。

◇　指向面内为正，反之为负。

◇　单位是单位面积的力。

（2）力

◇　力可以施加在点、边或面上。

◇　它将均匀地分布在所有实体上，单位是 mass*length/time^2。

◇　可以以矢量或分量的形式定义力。

（3）力矩

◇　在面（实体或壳体）上施加一个线性变化的力，模拟结构上的流体载荷。

◇　流体可能处于结构内部或外部，另外还需指定加速度的大小和方向、流体密度、代表流体自由面的坐标系。对于壳体，提供了一个顶面/底面选项。

◇　对于实体，力矩只能施加在面上。

◇　如果选择了多个面，力矩则均匀分布在多个面上。

◇　可以根据右手法则以矢量或分量的形式定义力矩。

◇　对于面，力矩可以施加在点上、边上或面上。

（4）静液力压力

◇　在面（实体或壳体）上施加一个线性变化的力，模拟结构上的流体载荷。

◇　流体可能处于结构内部或外部，另外还需指定加速度的大小和方向、流体密度、代表流体自由面的坐标系。对于壳体，提供了一个顶面/底面选项。

（5）远程力

◇　可以给实体的面或边施加一个远程力。

◇　用户指定载荷的原点（附着于几何上或用坐标指定）。

◇　可以以矢量或分量的形式定义。

◇　可以给面上施加一个等效力或等效力矩。

8.1.2　定义表格数据、载荷图形

在 LS-DYNA 分析中，载荷一般会随着时间变化，因此需要通过表格来定义载荷数据，下面以施加力载荷为例，介绍定义表格数据和绘制载荷曲线的方法。

在 Mechanical 应用程序中，右击轮廓窗格中的"LS-DYNA（A5）"对象，在弹出的快捷菜单中选择"插入"→"力"命令，弹出力的属性窗格，在视图区选择需要施加力的几何对象后，单击 应用 按钮，然后单击"大小"选项后面的按钮，在弹出的下拉菜单中选择"表格（时间）"命令，如图 8-4 所示。在 Mechanical 应用程序底部将弹出"图形"和"表格数据"两个窗格，如图 8-5 所示。其中，"表格数据"中的表分为 3

列，第1列为加载步，第2列为时间，第3列为力与时间对应的载荷值。添加或修改"表格数据"窗格中的数据，"图形"窗格中的图形会相应地发生改变。

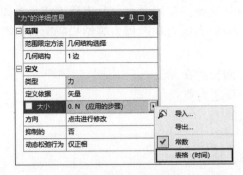

图8-4 力的属性窗格

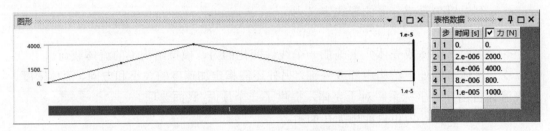

图 8-5 "图形"和"表格数据"窗格

8.2 施加约束

施加约束与施加载荷的操作方式相同。Mechanical 应用程序中可以施加的约束有如下几种：

（1）固定的

　◇　限制点、边或面的所有自由度。

　◇　实体：限制 X、Y 和 Z 方向上的移动。

　◇　面体和线体：限制 X、Y 和 Z 方向上的移动和绕各轴的转动。

（2）位移

　◇　在点、边或面上施加已知位移。

　◇　允许给出 X、Y 和 Z 方向上的移动位移。

　◇　"0"表示该方向是受限的，而"自由"则表示该方向是自由的。

（3）远程位移

　◇　通过"远程位移"边界条件，可以在空间中的任意远程位置应用位移和旋转。

　◇　通过拾取或直接输入 X、Y、Z 坐标，可以指定远程位置的原点。

　◇　原点的默认位置位于模型的质心。

　◇　可以在"定义"下指定位移和旋转的数值。

（4）弹性支撑

◆ 允许在面/边界上模拟弹簧行为。

◆ 基础的刚度为使基础产生单位法向偏移所需要的压力。

（5）圆柱形支撑

◆ 为轴向、径向或切向约束提供单独控制。

◆ 施加在圆柱面上。

（6）仅压缩支撑

◆ 只能在正常压缩方向施加约束。

◆ 可以模拟圆柱面上受销钉、螺栓等的作用。

◆ 需要进行迭代（非线性）求解。

（7）简单支撑

◆ 可以施加在梁或壳体的边缘或者顶点上。

◆ 限制平移，但是所有旋转都是自由的。

8.3 施加初始条件

在动力学问题中，经常需要定义系统的初始状态，如初始速度等。在 ANSYS Workbench /LS-DYNA 中，可以通过右击轮廓窗格中"LS-DYNA（A5）"下的"初始条件"对象，在弹出的快捷菜单中选择"插入"命令，如图 8-6 所示。

通过选择"插入"子菜单中相应的命令，可以定义模型的初始速度、初始角速度和落差，"定义依据"中有"分量"或"矢量"两个选项可供选择。初始条件的属性窗格如图 8-7 所示。

图 8-6　施加初始条件快捷菜单

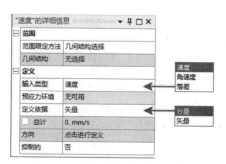

图 8-7　初始条件的属性窗格

8.4 "LSDYNA Pre"选项卡

在 Mechanical 应用程序的轮廓窗格中单击"LS-DYNA（A5）"对象时，Mechanical 应用程序会自动加载如图 8-8 所示的"LSDYNA Pre"选项卡。通过"LSDYNA Pre"选项卡可施加用于 LS-DYNA 分析的特定边界条件。下面对此选项卡做简要介绍。

图 8-8　"LSDYNA Pre"选项卡

8.4.1　刚体工具

"刚体工具"按钮 的下拉菜单中提供了多种可以对刚体施加载荷和约束的命令，如图8-9所示。

图8-9　"刚体工具"下拉菜单

◇　刚体旋转：："刚体旋转"按钮，用于定义一组刚体上与时间相关的强制节点旋转。

◇　刚体角速度：："刚体角速度"按钮，用于定义一组刚体上与时间相关的强制角速度。

◇　刚体力："刚体力"按钮，用于对一组刚体中的每一个刚体施加一个集中力，该力作用在每个刚体的质心上。

◇　刚体力矩："刚体力矩"按钮，用于对一组刚体中的每个刚体施加集中力矩。

◇　刚体约束："刚体约束"按钮，用于定义刚体的约束及方向。

◇　主刚体："主刚体"按钮，用于在多体部件的刚体中定义主刚体。

◇　刚体属性："刚体属性"按钮，用于修改刚体的网格计算惯性属性。

◇　显式刚体："显式刚体"按钮，用于定义仅在 LS-DYNA 显式分析中为刚性，而在其他分析中为柔性的几何体。

◇　MergeRigidBodies："MergeRigidBodies"（合并刚体）按钮，使用此工具可以将多个刚体合并为单个刚体。

◇　刚体附加节点："刚体附加节点"按钮，使用此工具可以将其他节点从柔性体添加到现有刚体。

8.4.2　条件

"条件"按钮 的下拉菜单中提供了基于边界条件的命令，如图8-10所示。

图8-10 "条件"下拉菜单

- ◇ Drawbead："Drawbead"（拉延筋）按钮，使用此命令可启用拉延筋。拉延筋用于控制金属成形过程中钣金的流动。
- ◇ 生与死："生与死"按钮，使用此命令可定义边界条件的开始时间和结束时间。
- ◇ 滑动平面："滑动平面"按钮，使用此命令可定义一个滑动对称平面。节点被约束在任意方向的平面或线上移动。
- ◇ 可变形到刚性："可变形到刚性"按钮，使用此命令可在计算过程中将可变形体切换为刚体。切换为刚体的部件不能改回可变形体。

8.4.3 接触特性

"接触特性"按钮用于为已经设置的接触或几何体交互对象定义LS-DYNA特定的接触选项。对该按钮的使用将在后面做具体介绍。

8.5 定义连接

在 LS-DYNA 分析中，有时可能需要将连接应用于几何模型中的几何体，以便将它们连接为一个组件，以准确传递所施加的载荷。在 Mechanical 应用程序中，当需要定义连接时，单击轮廓窗格中的"连接"对象，程序会自动打开如图 8-11 所示的"连接"选项卡。可以通过该选项卡为 LS-DYNA 分析系统定义各种连接。

图 8-11 "连接"选项卡

在 LS-DYNA 分析中，支持的连接类型包括焊点、弹簧、梁和接触等，每种连接都可以在 Mechanical 应用程序中手动创建。本节将主要对如何定义焊点、弹簧和梁进行介绍，LS-DYNA 的接触由于所涉及的知识较多，将在下一节中做具体介绍。

📖8.5.1 焊点

结构系统中的焊接是一种很普通的连接方式，在 ANSYS Workbench/LS-DYNA 程序中，可以通过焊点约束来模拟部件之间的焊点。两节点部件之间的焊点必须保证两节点不重合，节点之间的边界是无质量的和刚性的，且对它们没有施加其他任何约束。

对于焊点，系统提供了"应力标准"和"力标准"两种失效准则。"应力标准"失效准则可以表述为

$$\left(\frac{|f_n|}{S_n}\right)^n + \left(\frac{f_s}{S_s}\right)^s \geq 1 \tag{8-1}$$

式中，f_n、f_s 分别为焊点的法向和切向力；S_n、S_s 分别为焊点的法向和切向破坏力；n、s 分别为失效准则中法向应力和切向应力指数。

"力标准"失效准则可以表述为

$$\sqrt{\frac{\Delta F_x^2 + \Delta F_y^2 + \Delta F_z^2}{S_n^2 + S_s^2}} \geq 1 \tag{8-2}$$

式中，ΔF_x、ΔF_y、ΔF_z 为全局坐标系中焊点两端的力差。

焊点失效后，连接点的刚体将从模拟中被移除。一个焊点相当于一个刚体，因此不能对焊点应用多节点边界条件。

在 Mechanical 应用程序中，单击轮廓窗格中的"连接"对象，然后单击"连接"选项卡"连接"组中的"焊点"选项，或在轮廓窗格中右击"连接"对象，在弹出的快捷菜单中选择"插入"→"焊点"命令（见图 8-12），可创建焊点对象（可以对所创建的对象进行重命名）。焊点的属性窗格如图 8-13 所示。

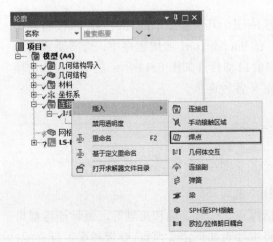

图8-12　选择"焊点"命令

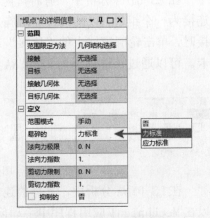

图8-13　焊点的属性窗格

8.5.2　弹簧

在 LS-DYNA 分析系统中，可以在连接中添加弹簧，并且可以为弹簧设置纵向刚度和纵向阻尼。对于非线性弹簧，如果使用表格数据定义弹簧载荷曲线，在将"弹簧特性"设置为"仅压缩"或"仅拉伸"时，必须使用正值来定义力与位移的关系曲线。仅当"弹簧特性"设置为"同时"时，负值才有效。

在 Mechanical 应用程序中，可以在轮廓窗格中右击"连接"对象，在弹出的快捷菜单中选择"插入"→"弹簧"命令创建弹簧。弹簧的属性窗格如图 8-14 所示。当将"应用"选项设置为"远程附件"时，在"范围"选项内不仅可以选择顶点，而且可以选择边或面。

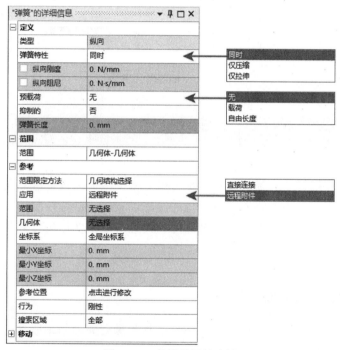

图 8-14　弹簧的属性窗格

8.5.3　梁

通过梁也可以建立几何体与几何体之间的连接，其创建方法与焊点和弹簧相同。梁的属性窗格如图 8-15 所示。

从梁的属性窗格中可以看出，由于梁连接考虑了弯曲变形，因此需要为梁连接选择一种材料，并且必须要为梁指定半径。当将"应用"选项设置为"直接连接"时，在"范围"选项中可以选择线体或表面几何体的顶点（如果划分网格后，可以将选择范围扩展到单个节点）。当将"应用"选项设置为"远程附件"时，在"范围"选项中可以选择边或面。

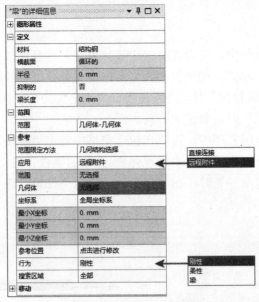

图 8-15　梁的属性窗格

8.6　接触及其定义

　　LS-DYNA 程序提供了大量的接触类型可用来模拟绝大多数接触界面，同时也意味着用户在具体的工程问题中面临着接触类型的选择以及接触参数控制等复杂问题。基于此，本节首先介绍了 LS-DYNA 程序中的接触算法和接触类型，然后对接触参数设置做了简单介绍。

📖 8.6.1　与接触有关的基本概念

　　在具体介绍各种接触类型前，先阐述几个与接触有关的基本概念。

　　1. Slave、Master、Segment

　　不同结构可能相互接触的两个表面分别称为主表面（Master Surface）、主片（Master Segment）（对单元表面而言）、主节点（Master Node）和从表面（Slave Surface）、从片（Slave Segment）（对单元表面而言）、从节点（Slave Node）。

　　对于非对称接触算法，主、从定义的一般原则如下：

　　◇　粗网格表面定义为主面，细网格表面定义为从面。

　　◇　主、从面相关材料刚度相差悬殊，材料刚度大的一面为主面。

　　◇　平直或凹面为主面，凸面为从面。

　　2. ONE_WAY、TWO_WAY

　　ONE_WAY、TWO_WAY 是对接触搜索来讲的。ONE_WAY 为单向搜索，即仅检查从节点是否穿透主面，而不检查主节点。而 TWO_WAY 则为双向搜索，即从节点与主节点是对称的，从节点与主节点都被检查是否穿透相应的主面或从面。

LS-DYNA 中的点面接触类型都属于单向接触，另外还有特别注明为单向接触的接触类型，如 ONE_WAY_SURFACE_TO_SURFACE、AUTOMATIC_ONE_WAY_SURFACE_TO_SURFACE 等。

由于在单向接触中，仅从节点被检查是否穿透主面，而不考虑主节点，因此必须注意，应保证在接触过程中主节点不会穿过从面。同样的原因，单向接触要比双向接触运行速度快得多，因此仍被广泛应用。在以下情况中使用单向接触是合适的：

- ◇ 主面是刚体。
- ◇ 相对细的网格（从）与相对平滑、粗的网格（主）接触。
- ◇ BEAM_TO_SURFACE、SHELL_EDGE_TO_SURFACE接触。Beam Node、Shell Edge Node 作为从点。

主面、从面的定义与算法处理是完全对称的。因此主面、从面可以随意定义。双向接触的计算量大约是单向接触的 2 倍。LS-DYNA 中绝大多数面接触都是双向接触类型。双向接触除对主节点的搜索外，其他方面同单向接触是完全一样的。

3．接触厚度

在壳单元中，自动接触通过法向投影中面的 1/2 "Contact Thickness"（接触厚度）来确定接触面。这就是 "shell thickness offsets"（壳厚度补偿）。接触厚度可以在接触的定义中明确指定。如果接触厚度没有指定，则等于壳的厚度（在单面接触中，为壳厚度或单元边长的最小值）。在梁的接触中，接触面从梁的基线偏置梁截面等效半径距离。因此，在有限元几何建模时为考虑壳厚、梁截面尺寸，在壳、梁的部件间必须有适当的间隙，否则会有初始穿透现象发生（即发生不真实的接触现象）。虽然 LS-DYNA 可以通过移动穿透的从节点到主面上来消除初始穿透，但是并不是所有的初始穿透都能检查得出。

4．极限穿透深度

LS-DYNA 中大多数的接触有一个"极限穿透深度"，如果侵彻超过这个深度则从节点被释放，接触力置为 0。这主要用在自动接触中，用来防止过大接触力的产生而引起数值不稳定。然而在有些情况下，因为这个阈值过早达到而使接触失效（常发生在非常薄的壳单元中）。此时应采取的措施是增大接触厚度因子或设置接触厚度为大于壳厚度的一个值，或者改变接触刚度的计算方法（如改为 Soft=1）。

8.6.2　LS-DYNA的接触算法

在 LS-DYNA 中有 3 种不同的算法处理碰撞、滑动接触界面。

1．动态约束法（Kinematic Constraint Method）

其基本原理是，在每一时间步 Δt 修正构形之前，搜索所有未与主面（Master Surface）接触的从节点（Slave Node），看是否在此 Δt 内穿透了主面。如果从节点贯穿主表面，则缩小 Δt，使那些穿透主面的从节点都不贯穿主面，而使其正好到达主面。在计算下一 Δt 之前，对所有已经与主面接触的从节点都施加约束条件，以保持从节点与主面接触而不贯穿。此外还应检查那些和主面接触的从节点所属单元是否受到拉应力作用。如果受到拉应力，则施加释放条件，使从节点脱离主面。

这种算法存在的主要问题是，如果主面网格划分比从面细，某些主节点（Master

Node）可以毫无约束地穿过从面（Slave Surface）（这是由于约束只施加于从节点上），形成所谓的"纽结"（Kink）现象。当接触界面上的压力很大时，无论单元采用单点还是多点积分，这种现象都很容易发生。当然，好的网格划分可能会减弱这种现象。但是对于很多问题，初始构形上好的网格划分在迭代多次后可能会变得很糟糕，如爆炸气体在结构中的膨胀。

由于节点约束算法较为复杂，目前在 LS-DYNA 程序中仅用于固连与固连-断开类型的接触界面（统称固连界面），主要用来将结构网格不协调的两部分连接起来。

2．罚函数法（Penalty Method）

罚函数法已发展为一种非常有用的接触界面算法，在数值计算中被广泛应用。

罚函数法的基本原理是，在每一个时间步首先检查各从节点是否穿透主面，如果没有穿透，则不做任何处理；如果穿透，则在该从节点与被穿透主面间引入一个较大的界面接触力（称为罚函数值），其大小与穿透深度、主面的刚度成正比。这在物理上相当于在两者之间放置一法向弹簧，以限制从节点对主面的穿透。"对称罚函数法"则是同时对每个主节点做类似上述处理。

对称罚函数法编程简单，且由于具有对称性，动量守恒准确，不需要碰撞和释放条件，因此很少引起Hourglass效应，噪声小。该算法现在是 LS-DYNA 最常用的算法。

3．分布参数法（Distributed Parameter Method）

该方法的基本原理是，将每一个正在接触的从单元（Slave Element）的一半质量分配到被接触的主面面积上，同时根据每个正在接触的从单元的内应力确定作用在接受质量分配的主面面积上的分布压力。在完成质量和压力的分配后，修正主面的加速度，然后对从节点的加速度和速度施加约束，以保证从节点在主面上滑动（不允许从节点穿透主表面），从而避免了反弹现象。

这种算法主要用来处理接触界面具有相对滑移而不可分开的问题，因此在结构计算中，该算法并没有太多的用处。它最典型的应用是处理爆炸等问题（炸药爆炸产生的气体与被接触的结构之间只有相对滑动而没有分离）。

8.6.3 LS-DYNA的接触类型

在 LS-DYNA 中有单面接触、点面接触和面面接触 3 种接触面处理方法。

一个接触集合为具有特别相似特性的接触类型的集合，在 LS-DYNA 中有普通、自动、刚体、固连、固连失效、侵蚀、边、拉延筋和成形 9 种集合。表 8-1 列出了 LS-DYNA 常用的接触类型。

1．单面接触

单面接触在一个物体的外表面与自身接触或与另一个物体的外表面接触时使用，如图 8-16 所示。单面接触是 LS-DYNA 中最常用的接触类型，程序将搜索模型中的所有外表面，检查是否相互发生穿透。由于所有的外表面都在搜索范围内，因此不需要定义接触面与目标面，在预先不知接触情况时，单面接触非常有用。

2．点面接触

当一个接触节点碰到目标面时，将发生点面接触。由于它是非对称的，所以是最快的算法。点面接触只考虑冲击目标面的节点。对于点面接触，必须指定接触面与目标面。对于预先已知非常小的接触面，点面接触十分有效。对于节点接触刚体同样可以使用点面接触，如图 8-17 所示。在使用点面接触时，应注意以下几点：

- ✧ 平面与凹面为目标面，凸面为接触面。
- ✧ 粗网格为目标面，细网格为接触面。
- ✧ 对于拉延筋接触，筋总是节点接触面，工件为目标面。

3. 面面接触

当一个物体的面穿透另一个物体的面时，使用面面接触算法。面面接触是完全对称的，因此接触面与目标面的选择是任意的，如图 8-18 所示。

对于面面接触，需要定义接触面和目标面，节点可以从属于多个接触面。面面接触是一种通用算法，通常用于处理物体之间有大量相对滑动的问题，如块状物体在平板上滑动和球在槽内滑动等。

4. 自动接触与普通接触

自动接触与普通接触的区别在于对壳单元接触力的处理方式不同。普通接触在计算接触力时不考虑壳的厚度，自动接触允许接触出现在壳元的两侧。两种接触类型中的壳元接触力按照图 8-19 所示的方法计算。

表8-1　LS-DYNA常用的接触类型

类型\n选项	单面\n(Single Surface)	节点-表面\n(Nodes to Surface)	表面-表面\n(Surface to Surface)
普通（Normal）	AUTOMATIC_GENERAL	NODES_TO_SURFACE	SURFACE_TO_SURFACE；\nONE_WAY_SURFACE_TO_SURFACE
自动（Automatic）	AUTOMATIC_SINGLE_SURFACE	AUTOMATIC_NODES_TO_SURFACE	AUTOMATIC_SURFACE_TO_SURFACE；\nAUTOMATIC_ONE_WAY_SURFACE_TO_SURFACE
刚体（Rigid）		RIGID_NODES_TO_RIGID_BODY	RIGID_BODY_ONE_WAY_TO_RIGID_BODY；\nRIGID_BODY_TWO_WAY_TO_RIGID_BODY
固连（Tied）		TIED_NODES_TO_SURFACE	TIED_SURFACE_TO_SURFACE；\nTIED_SHELL_EDGE_TO_SURFACE
固连失效（Tied with Failure）		TIEBREAK_NODES_TO_SURFACE	TIEBREAK_SURFACE_TO_SURFACE
侵蚀（Eroding）	ERODING_SINGLE_SURFACE	ERODING_NODES_TO_SURFACE	ERODING_SURFACE_TO_SURFACE
边接触（Edge）	SINGLE_EDGE		SINGLE_SURFACE
拉延筋（Drawbead）		DRAWBEAD	
成形（Forming）		FORMING_NODES_TO_SURFACE	FORMING_ONE_WAY_SURFACE_TO_SURFACE；FORMING_SURFACE_TO_SURFACE

在接触分析中，由于问题的复杂性，判断接触发生方向有时是很困难的，因此分析中应尽量使用自动接触（不需要人工干预接触方向）。但当面的方向在整个分析过程中都

能确定的情况下，非自动接触类型是非常有效的。

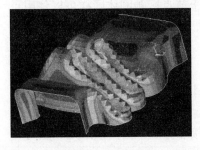

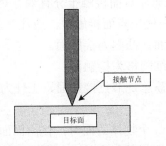

图8-16　单面接触　　　　　图8-17　点面接触　　　　　图8-18　面面接触

5．侵蚀接触

当单元可能失效时用这种接触。侵蚀接触（见图8-20）的目的是保证在模型外部的单元失效被删除后，剩下的单元依然能够考虑接触。它只能用于实体单元表面发生失效贯穿问题等。

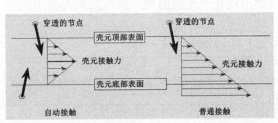
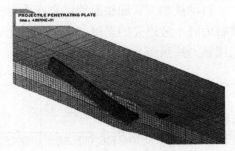

图8-19　自动接触与普通接触壳元接触力的计算方法　　　　　图8-20　侵蚀接触

6．刚体接触

刚体接触（见图8-21）与普通接触大致相同，区别在于它采用了一条用户定义的力-挠度曲线而不是线性刚度来防止穿透。这种类型的接触通常用于多刚体动力学。

7．边边接触

边边接触用于壳单元的法线与碰撞方向正交时，如图 8-22 所示。边边接触常用于薄板成形中，它们的表面与撞击方向相垂直。

图8-21　刚体接触　　　　　图8-22　边边接触

8．固连接触和固连失效接触

固连接触和固连失效接触的接触面都被粘在一起，此接触经常用于销、螺钉等连接。它们的区别在于后者仅仅在达到失效准则前两接触面固连在一起，而发生失效后则允许两表面相对滑动或分离。图 8-23 所示为固连与失效之间的关系。

9．拉延筋接触

拉延筋接触通常用于板料成形中约束板料的运动。在类似冲压的板料成形过程中，通常会出现工件与模具之间失去接触（如起皱）。这种接触允许使用弯曲和摩擦阻力，用于确保工件在整个冲压过程中与拉延筋始终保持接触。拉延筋接触如图 8-24 所示。

10．成形接触

成形接触是钣金成形分析中首选的类型，对于这些接触选项，冲头与模具通常定义为目标面，而工件则定义为接触面。在这些接触类型中，模具无需网格贯通，因此为减小接触定义的复杂性，模具网格的方向必须一致。成形接触选项基于自动接触类型，功能十分强大。

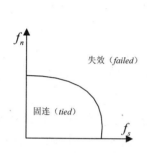

图8-23　固连接触中固连与失效的关系

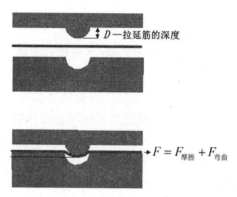

图8-24　拉延筋接触

8.6.4　定义接触

Mechanical 应用程序为定义接触提供了极大的便利。为了能充分描述 LS-DYNA 分析中结构在大变形接触和动力撞击中复杂几何体之间的相互作用，Mechanical 应用程序提供了非常容易使用的自动接触方式（当然，用户也可以定义手动的接触）。下面对 Mechanical 应用程序中如何定义接触做具体介绍。

1．几何体交互

在进行 LS-DYNA 分析时，当 Mechanical 应用程序在轮廓窗格的"几何结构"下检测到两个以及两个以上的几何体时，就会自动在轮廓窗格的"连接"对象下创建"几何体交互"→"几何体交互"对象。当然，用户也可以右击轮廓窗格中的"连接"对象，在弹出的快捷菜单中选择"插入"→"几何体交互"命令来手动创建几何体交互对象。几何体交互的属性窗格如图 8-25 所示。

几何体交互接触是自动创建的一种接触，属于 LS-DYNA 单面接触家族中的一员。其属性窗格的"几何结构"选项内默认为"全部几何体"，即自动探测所有的几何体，为了缩小自动探测的范围，用户也可指定具体的几何体。

在几何体交互的属性窗格中，"类型"选项默认为"无摩擦"，还有其他 3 种类型可供选择，分别是"绑定""摩擦的"和"强化"。对于 LS-DYNA 分析，几何体交互接触不支持"绑定"类型，且"强化"类型仅在几何模型中存在线体时才支持。当选择"摩擦的"类型时，需要设置"摩擦系数"（静摩擦系数）、"动力系数"（动摩擦系数）和"衰变常数"（指数衰减系数）。

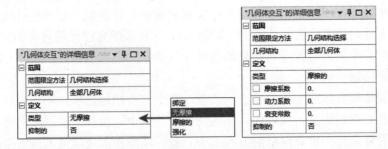

图8-25 几何体交互的属性窗格

接触的动态摩擦系数 μ_c 是由静摩擦系数 μ_s、动摩擦系数 μ_d 和指数衰减系数 β 组成的，并认为动态摩擦系数 μ_c 与接触表面的相对滑移速度 v 有关，动态摩擦公式为

$$\mu_c = \mu_d + (\mu_s - \mu_d)e^{-\beta v} \tag{8-3}$$

当将几何体交互属性窗格的"类型"选项设置为"摩擦的"或"无摩擦"，且"几何结构"选项中选择的几何体包含线体时，LS-DYNA 使用"*CONTACT_AUTOMATIC_GENERAL"和"*CONTACT_AUTOMATIC_SINGLE_SURFACE"关键字。

几何体交互接触是 ANSYS Workbench/LS-DYNA 分析中最常见的一种接触类型，LS-DYNA 求解器会自动搜索几何模型中的所有可能发生接触的表面，以确定是否发生穿透。在定义几何体交互接触时，不需要定义接触面或目标面，这对于事先无法预测的自接触或大变形问题非常有效。

2. 接触区域

默认情况下，Mechanical 应用程序会自动搜索在容差值范围内几何体之间最初发生接触的位置，并自动创建接触区域，如图 8-26 所示。所有自动创建的连接区域对象都依次排列在轮廓窗格的"连接"→"接触"对象之下。如图 8-26 所示，通过接触属性窗格中"容差滑块"的调整滑块，用户可以修改自动搜索的容差值。

另外，用户还可以通过右击轮廓窗格内的"连接"对象，在弹出的快捷菜单中选择"插入"→"手动接触区域"命令（见图 8-27），创建手动接触区域，接触的属性窗格如图 8-28 所示，通过该属性窗格可以完成接触区域对象的定义。

（1）类型 在"类型"选项内有以下几个选项：

◇ 绑定：这是默认选项，在默认情况下，如果最初的几何模型中，任何几何体的两个面发生接触，或者在某个公差范围内发生接触，则在它们之间自动创建绑定接触。可以在其属性窗格中更改将两个面绑定在一起的"最大偏移"数值，确保其大于两个绑定面之间的距离。其属性窗格"易碎的"选项默认为"否"，如果将"易碎的"选项设置为"应力标准"，需要设置接触区域发生断开的法向应力极限和剪切应力极限。

◇ 无分离：不支持 LS-DYNA 分析。

◇ 无摩擦：此设置模拟标准的单边接触，也就是说，如果发生分离，则压力为零。因此，根据载荷，模型中实体之间可能会形成间隙。该接触类型是非线性的，因为接触面积可能会随着载荷的施加而变化。若假设摩擦系数为零，则允许自由滑动。使用此接触设置时，模型应该受到很好的约束。

◇ 粗糙：不支持 LS-DYNA 分析。

◇ 摩擦的：在这种情况下，两个接触几何体在它们开始相对于彼此滑动之前，可以在它们的界面上承载一定量级的剪切应力。一旦超过此剪切应力，两个几何体将相对于彼此滑动。选择该类型时，需要设置"摩擦系数""动力系数"和"衰变常数"。

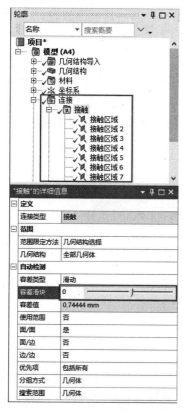

图8-26　自动创建的接触区域

图8-27　选择"手动接触区域"命令

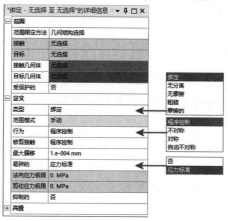

图8-28　接触的属性窗格

（2）行为　在"行为"选项内有以下几个选项：

◆　程序控制：由程序自动控制接触对象的行为。

◆　不对称：选择该选项时，仅产生一个接触对。将一个面作为接触面，另一个面作为目标面，LS-DYNA 所创建该接触的关键字中将包含"_NODES_TO_SURFACE"，即创建点面接触。当两个发生接触的几何体有一个是刚体时，必须选择该选项。

◆　对称：选择该选项时，相同的接触面/目标面产生两个接触对，一个接触对中的接触面或目标面是另一个接触对中的目标面或接触面，LS-DYNA 所创建该接触的关键字中将包含"_SURFACE_TO_SURFACE"，即创建面面接触。

◆　自动不对称：该选项与"不对称"选项相同。

3．对接触的进一步定义

在Mechanical应用程序的轮廓窗格中单击"LS-DYNA（A5）"对象后，Mechanical应用程序会自动加载"LSDYNA Pre"选项卡，在选项卡中单击"接触特性"按钮 ，弹出如图8-29所示的属性窗格，在"Contact"选项中选择已经定义的接触名称，可以对该接触进行进一步的定义。所选择的接触名称不同，其属性窗格中的选项也会有所不同。

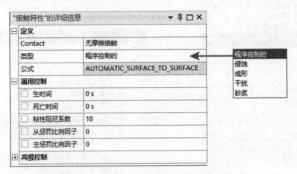

图8-29　接触特性的属性窗格

下面对"类型"中的各选项进行简要说明：

（1）程序控制的　选择该选项，Mechanical 应用程序将自动选择合适的接触类型。

（2）侵蚀　侵蚀（Eroding）接触用于当表面实体单元发生失效时，在内部剩余单元间重新定义接触。选择该选项时，将增加如下三个选项：

◆　对称表面选项：该选项决定当单元失效时沿着一个表面是否依旧保持对称性。

◆　侵蚀内部节点选项：该选项决定当外表面发生失效时沿着内表面是否接触发生侵蚀。

◆　固体单元处理：该选项决定当沿着自由表面发生侵蚀时是否包括实体单元面。

（3）成形　成形（Forming）接触用于金属成形过程中点对面成形、面对面成形以及单向面对面成形。

（4）干扰　干扰（Interference）接触常被用于对存在一定过盈量的配合（过盈配合）进行接触分析。

（5）砂浆　砂浆（Mortar）接触常被用于隐式分析，也有部分用户在进行碰撞仿真中使用。

另外，通过此属性窗格还可以定义接触界面的生时间和死亡时间等参数。

（1）生时间　到了这个时间，接触界面开始作用。

（2）死亡时间　到了这个时间，接触界面不再起作用。

（3）黏性阻尼系数　为了避免在接触中产生不必要的振荡，对于薄板成形模拟，可以使用垂直于接触表面的接触阻尼。接触阻尼系数为

$$\xi = \frac{VDC}{100}\xi_{crit} \tag{8-4}$$

式中，VDC 为黏性阻尼系数（Viscous Damping Coeficient），为 0 到 100 之间的整数；ξ_{crit} 为临界阻尼系数

$$\xi_{crit} = 2m\omega \tag{8-5}$$

式中，m 为质量；ω 为接触片的固有频率，由 LS-DYNA 程序内部自动计算。

（4）从/主惩罚比例因子　从/主惩罚比例因子用于改变接触面/目标面的接触刚度。

当两个物体发生接触时，必须建立刚度联系才能避免相互贯穿。LS-DYNA 程序的罚函数法采用在节点与接触表面之间引入"弹性弹簧"来建立接触刚度。其接触力等于接触刚度（K）和贯穿量（δ）的乘积。两个物体的贯穿量（δ）与接触刚度（K）有关系。理想情况下应该没有穿透，但这意味着 $K = \infty$，从而导致数值计算的不稳定。通常允许有微小的贯穿量存在，它由接触刚度控制。

接触刚度（K）与接触体的相对刚度有关，对于实体单元，有

$$K = \frac{f_s \times 表面积^2 \times k}{体积} \tag{8-6}$$

对于壳单元，有

$$K = \frac{f_s \times 面积^2 \times k}{最小对角线} \tag{8-7}$$

式中，f_s 为惩罚比例因子，默认值为 0.1；k 为接触单元体积模量，面积为接触片的面积。

在大多数情况下，程序默认的接触刚度可以提供良好的计算结果。如果计算时发现有较大穿透量，可以改变 f_s（惩罚比例因子）的值，以提高接触刚度。实践经验表明，如果 f_s 值超过 1.0，可能导致计算的不稳定。

8.6.5　穿透问题及解决措施

在定义接触时，比较容易出现穿透问题，穿透问题不能得到及时解决会导致一系列的计算问题，如在计算开始，会因为初始穿透使求解不能继续进行；在求解过程中，穿透还能导致负接触能（Negative Contact Energy），导致计算终止。有些穿透因为接触节点在计算开始就已经完全穿透了表面，因此不能被检测，如图 8-30a 所示为可以被检测到的穿透，图 8-30b 所示的穿透则不能被检测，这种穿透一般发生在使用了粗网格的情况下。另一种穿透为初始穿透，发生穿透的原因是壳边离实体单元表面太近，如图 8-31 所示。

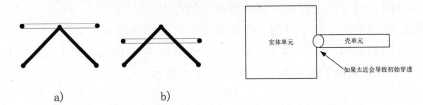

图8-30 穿透的检测   图8-31 初始穿透

为了防止初始穿透发生，应注意以下几点：

1）确保在定义接触的地方，模型中没有任何重叠之处。

2）应注意单元参数单位的协调，如在定义壳单元的厚度时，如果单位不协调则很容易导致初始穿透。

3）在建模时应充分考虑单元的厚度，并给两个相邻的表面充分的间隙。

4）粗网格可能会导致初始穿透，尤其是在两接触实体有大的曲率时。因此，应对网格进行细化。

5）如果有必要可以改变单元厚度，但过小的厚度可能会导致接触失效。

第 9 章

求解与求解控制

求解与求解控制是 LS-DYNA 分析中又一重要的步骤,正确地控制求解过程除了能减少求解的精度,还能减少计算时间。

本章着重讨论了求解基本参数的设定、求解过程监控以及求解失败的原因分析,并对重启动和 LS-DYNA 输入数据格式进行了介绍。

◎ 求解基本参数设定

◎ 求解与求解监控

◎ 重启动

◎ LS-DYNA 输入数据格式

求解基本参数设定

建立了有限元模型（即几何模型建立、定义和分配部件的材料特性以及网格划分），完成连接定义、约束、载荷和初始条件设定以后，开始求解之前，还需要设置一些求解控制参数，包括计算时间控制、输出文件控制和高级求解控制几个方面。

进行 LS-DYNA 分析时，在 Mechanical 应用程序中单击轮廓窗格中"LS-DYNA（A5）"对象下的"分析设置"对象，在轮廓窗格下方将显示分析设置的属性窗格，如图 9-1 所示。通过此属性窗格可进行各种求解参数的设定。

图 9-1　分析设置的属性窗格

9.1.1　计算时间控制

在分析设置的属性窗格中将"步骤控制"展开，即可进行分析时间的设置，如图 9-2 所示。

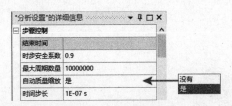

图9-2　设置分析时间

1．终止时间控制

在"结束时间"后的文本框内输入计算终止时间（物理过程的计算终止时间很短，通常为毫秒级）。

2．时间步安全系数

在"时步安全系数"后的文本框中输入时间步安全系数（将时间步安全系数限制应用于计算的稳定性时间步长，以帮助保持解稳定）。默认值 0.9 可适用于大多数分析。

3．最大循环次数

在"最大周期数量"后的文本框内可以输入最大循环次数。分析过程允许的最大循环次数是指一旦达到指定值，分析将停止。这里需要输入一个大的数字，使分析运行到定义的结束时间。

4．自动质量缩放

进行 LS-DYNA 分析时，如果计算的时间步长太小，会增加 CPU 的计算时间，为此可以利用"自动质量缩放"来控制最小时间步长，从而缩短 CPU 计算时间。在"自动质量缩放"后的下拉列表中选择"是"选项，可以激活自动质量缩放功能。

为二维连续体显式时间积分的时间步长如图 9-3 所示。显式时间积分的最小时间步长由最小单元 $l_{\min}$ 和声速 c 所决定，有

$$\Delta t_{\min} = \frac{l_{\min}}{c} = \frac{l_{\min}}{\sqrt{E/\left((1-v^2)\rho\right)}} \tag{9-1}$$

式中，$l_{\min}$ 为最小单元，对于图 9-3 为 l_2；v 为泊松比；ρ 为特定质量密度；E 为杨氏模量。

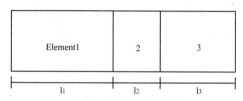

图9-3　显式时间积分的最小时间步长

显然，当使用质量缩放时，单元的密度会被调整，从而可以使时间步长达到规定的要求，且对于单元 i，当给定了时间步长时，被调整的密度应满足下式：

$$\left(\frac{\Delta t_{\text{specified}}}{l_i}\right)^2 = \frac{\left(1-v^2\right)\rho_i}{E} \Rightarrow \rho_i = \frac{\left(\Delta t_{\text{specified}}\right)^2 E}{l_i^2 \left(1-v^2\right)} \tag{9-2}$$

虽然质量缩放可能会轻微地改变模型质量和质心位置，然而所节省的 CPU 时间足以让这些误差显得微不足道。如果使用了质量缩放，能节省 50% 的 CPU 时间，而只会增加 0.501% 的质量。要注意的是，使用质量缩放时，引入过多的质量会导致不合理的计算结果。

5.时间步长

此选项仅当"自动质量缩放"选项设置为"是"时显示，用于手动输入时间步长。

9.1.2　输出控制

1．设置输出控制

在分析设置的属性窗格中将"输出控制"展开，即可进行输出控制的设置，如图 9-4 所示。

（1）输出格式　用于定义二进制文件的输出格式，默认为 LS-DYNA 数据库格式。

（2）二进制文件大小比例因子　用于设置二进制文件大小的比例因子，默认为 70。

（3）输出频率控制　有两种方式控制输出文件的输出频率，一种是控制各输出文件需要输出的步数，另一种是控制各输出文件输出的时间间隔。

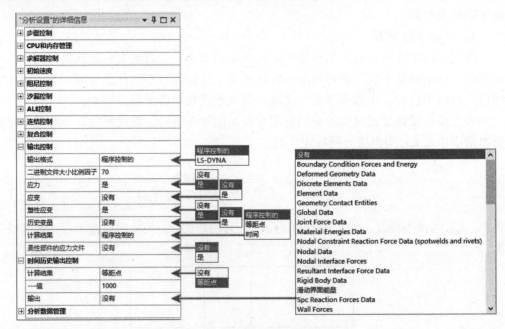

图 9-4　输出控制

在图 9-4 所示的"计算结果"中可定义输出频率控制：

◇　等距点：该选项（默认选项）是指在分析过程中保存指定数量的结果文件。频率由终止时间/点数定义。选择该选项后，将显示"---值"，可以在其中输入所需的结果文件数，其默认值为 20。

◇　时间：在指定的时间增量后保存结果文件。选择该选项后，将显示"时间"，可以在其中输入时间增量。

（4）输出结果控制　在分析设置的属性窗格中可以通过选择"是"和"没有"选项对输出结果进行控制，如图 9-4 所示。

◇　应力：控制是否输出应力结果。

◇　应变：控制是否输出应变结果。

◇　塑性应变：控制是否输出塑性应变结果。

◇　历史变量：控制是否输出历史变量结果。

◇　柔性部件的应力文件：控制是否输出柔性部件的应力文件。

在默认情况下，输出数据中不包含应变和历史变量的结果。

2．时间历史输出控制

在分析设置的属性窗格中将"时间历史输出控制"展开，如图 9-4 所示。通过"计算结果"可以控制时间历程的输出控制：

◇　没有：不保存时间历程输出结果。该选项为默认选项。

◇　等距点：该选项是指时间历程结果保存的数量。选择该选项后，将显示"---值"，可以在其中输入所需的结果数，默认值为 1000。

在"输出"下拉列表中可以选择具体的时间历程输出结果，如"Boundary Condition Forces and Energy"（边界力和能量信息）、"Deformed Geometry Data"（变形几何数据）、

"Discrete Elements Data"（离散单元信息）、"Element Data"（单元数据）、"Global Data"
（总体模型数据）、"Joint Force Data"（连接副力数据）、"Material Energies Data"
（材料能量数据）和"Nodal Data"（节点数据）等。

📖9.1.3 其他求解控制

1. CPU 和内存管理

在分析设置的属性窗格中将"CPU 和内存管理"展开，可以进行 LS-DYNA 分析中的
CPU 和内存管理，如图 9-5 所示。

"内存分配"用于设置内存分配的方式，默认为"程序控制的"选项（将分配 20M
内存），适用于大多数的 LS-DYNA 分析；如果选择"手动"选项，可以通过"---Value(MB)"
手动设置内存数量。"CPU 数"用于设置参与分析的 CPU 个数。"处理类型"用于处理类
型的选择，除了默认的"程序控制的"（默认为 SMP）选项之外，有"SMP"（共享内存并
行处理）、"MPP"（大规模并行处理）和"求解流程设置"三个选项，当选择"求解流程
设置"选项时，处理类型由功能区中的设置进行定义。

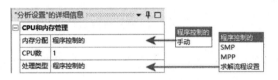

图 9-5　CPU 和内存管理

2. 求解器控制

在分析设置的属性窗格中将"求解器控制"分支展开，可以进行 LS-DYNA 分析中的
求解器控制设置，如图 9-6 所示。

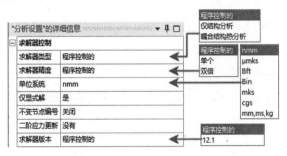

图 9-6　求解器控制

"求解器类型"用于选择求解器类型，默认为"程序控制的"（仅可用于结构分
析），也可以根据需要选择"耦合结构热分析"选项。"求解器精度"用于求解精度的控
制，默认为"单个"（单精度），也可以手动设置为"双倍"（双精度）。"单位系统"用
于选择 LS-DYNA 分析的单位系统，其各选项所代表的单位系统见表 9-1。"求解器版本"用
于求解器版本的选择，如果用户的电脑系统中安装了多个版本的 LS-DYNA，则可以使用"求
解器版本"选择使用其中任何一个版本，但是用户必须进行一系列的设置，使 ANSYS
Workbench 能够正确识别已安装的其他版本。

表 9-1　LS-DYNA 的单位系统

单位系统	长度	质量	时间
nmm	mm	tonne	s
μmm	μm	kg	s
Bft	ft	lbm	s
Bin	in	lbm	s
mks	m	kg	s
cgs	cm	g	s
mm,ms,kg	mm	kg	ms

3．阻尼控制

阻尼控制是在显式动力分析中阻止非真实振荡的有效方法。在分析设置的属性窗格中将"阻尼控制"展开，可以进行LS-DYNA分析中的阻尼控制设置，如图9-7所示。将"全局阻尼"设置为"是"后，可以在"大小"内输入阻尼的数值。

图9-7　阻尼控制

4．沙漏控制

采用单点高斯积分的单元可能引起沙漏模态，因此需要加以控制。在分析设置的属性窗格中将"沙漏控制"展开，可以进行LS-DYNA分析中的全局沙漏控制设置，如图9-8所示。通过"沙漏类型"可进行沙漏类型的选择，通过"默认沙漏系数"可以修改默认的全局沙漏系数。

5．分析数据管理

在分析设置的属性窗格中将"分析数据管理"展开，如图9-9所示。通过"求解器文件目录"可以查看求解文件的位置，如果用户需要对生成的k文件进行修改，也可以在此目录中查找。

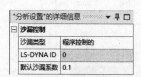

图9-8　沙漏控制

图9-9　分析数据管理

9.1.4　输出k文件

在 Mechanical 应用程序中，大部分的 LS-DYNA 的分析设置都可以完成，但仍有部分功能无法实现，为此有必要输出 k 文件，并对 k 文件进行修改。

在轮廓窗格中单击选中"LS-DYNA（A5）"对象，在功能区中单击"环境"选项卡"工具"面板中的 按钮，如图 9-10 所示，弹出如图 9-11 所示的"另存为"对话框，在"文件名"文本框内输入 k 文件名，在"保存类型"下拉菜单中选择保存文件的类型，然后单击 保存(S) 按钮，即可保存 k 文件。

图9-10　"环境"选项卡

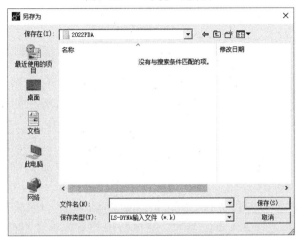

图9-11　"另存为"对话框

9.2　求解与求解监控

9.2.1　求解过程描述

在完成求解设置以后，可以通过以下 3 种方式向 LS-DYNA 求解器提交求解：

1）在轮廓窗格中右击"LS-DYNA（A5）"对象，在弹出的快捷菜单中选择"求解"命令，如图 9-12 所示。

2）在轮廓窗格中右击"求解（A6）"对象，在弹出的快捷菜单中选择"求解"命令，如图 9-13 所示。

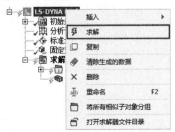

图 9-12　提交求解方法（1）

图 9-13　提交求解方法（2）

3）单击"主页"选项卡"求解"面板中的 按钮，如图 9-14 所示。"求解"面板中还提供了一些基本的求解设置：

◇ "我的电脑"。在"我的电脑"下拉菜单中可以指定在其上执行求解所需的目标
电脑。它包含的选项有"我的电脑"（默认）和"我的电脑，后台"。

◇ "分布式"复选框，默认情况下激活该复选框，表示使用分布式求解方案。

◇ "核"文本框。可在文本框内输入求解时要使用的 CPU 内核数。默认值为 2。
此默认值基于计算机的硬件。

◇ "求解"按钮。该按钮还提供了一个下拉菜单，其中包含了与"我的电脑"下
拉菜单中相同的选项。这些选项在选择时可启动求解。

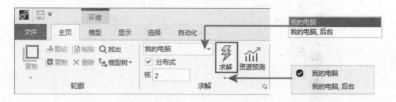

图 9-14 提交求解方法（3）

单击 按钮的下拉箭头，弹出如图 9-14 所示的下拉菜单。其中"我的电脑"和"我
的电脑，后台"两个选项的区别如下：

◇ "我的电脑"：通过该选项，Mechanical 应用程序会创建一个临时文件目录来
保存求解文件。直到保存项目后，结果数据和文件夹才会保存到项目文件夹中。

◇ "我的电脑，后台"：通过该选项，不仅能够在本地计算机上进行求解，还可以
关闭 ANSYS Workbench 程序。此选项提示在项目退出时要求保存项目。

通过 Mechanical 应用程序启动求解后，状态栏会显示出相关的求解信息。同时 ANSYS
Workbench 程序还允许向 LS-DYNA 求解器直接提交 k 文件，这种方法尤其适用于需要修
改 k 文件的场合。

在"开始"菜单中选择"所有程序"→"ANSYS 2022 R1"→"LS-Run 2022 R1"
程序，便可以启动"LS-Run 2022 R1"应用程序，如图 9-15 所示。

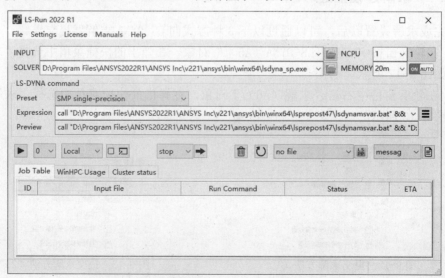

图9-15 "LS-Run 2022 R1"应用程序窗口

1. LS-Run 设置

在如图 9-15 所示的"LS-Run 2022 R1"应用程序窗口的菜单栏中选择"Settings"→"Settings"命令，弹出如图 9-16 所示的"Settings"对话框，可以在此对话框中对"LS-Run 2022 R1"应用程序做进一步的设置。下面对"Settings"对话框的各选项做简要介绍。

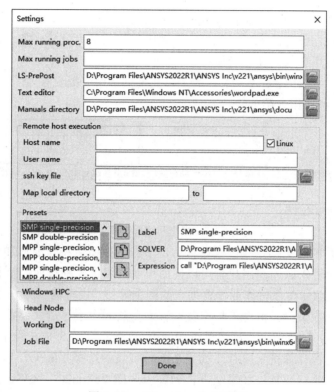

图 9-16 "Settings"对话框

◆ "Max running proc."：可在文本框中输入本地队列中同时运行的最大进程数（0 为无限制）。

◆ "Max running jobs"：可在文本框中输入本地队列中同时运行的最大作业数（0 为无限制）。

◆ "LS-PrePost"：此路径将自动设置为本地 ANSYS 安装中 LS-PrePost 的位置。

◆ "Text editor"：该选项将自动设置为系统默认文本编辑器（用户可以进行更改）。

◆ "Manuals directory"：该选项会自动设置到 ANSYS 安装中 LS-DYNA 关键字手册所在的目录。

◆ "Presets"下拉列表：LS-DYNA 12.1 是 ANSYS 2022 R1 中安装的版本。下拉列表中的预设使用其关联的求解器（SOLVER）和表达式（Expression）定义。

2. 设置命令行选项

在"LS-Run 2022 R1"应用程序窗口的顶部，有几个选项是定义启动程序执行的命令行中使用的常用选项。

◇ "INPUT"：可在其中输入文件路径或浏览到要运行的输入文件。

◇ "NCPU"：可在其中输入要用于运行作业的 CPU 处理器数量。

◇ "MEMORY"：如果内存切换"AUTO"为"ON"选项，LS-Run 将估计分析所需的内存并为"MEMORY"参数提供一个值。估计是根据当前模型中的节点数进行的。

3. 版本选择和作业执行

可在"Preset"下拉菜单中选择要用于作业的 LS-DYNA 求解器。"Expression"框内显示为运行作业而创建的命令，包括表达式中使用的任何变量。"Preview"框内显示命令，因为它将使用替换的变量值运行。

"Job Table"（作业列表）上方的工具栏提供了用于提交和查看作业的工具按钮，如图 9-17 所示。各按钮介绍如下：

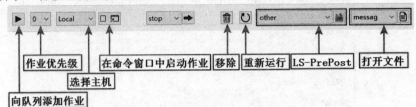

图 9-17 提交和查看作业工具栏

◇ 向队列添加作业：完成作业设置后，单击该按钮会将作业添加到作业列表中。一旦作业进入队列，用户就可以使用作业列表来控制作业的执行。

◇ 作业优先级：可以将作业设置为在队列中等待（设置为-1），直到另一个作业完成后才开始执行。也可以将作业设置为在队列中不等待（设置为 0）。

◇ 选择主机："Preview"框内显示的命令可以在运行 LS-Run 的计算机上执行，也可以在远程计算机上执行。如果从下拉列表中选择"Remote"选项，将在远程计算机上执行运算。如果从下拉列表中选择"WinHPC"选项，会将作业提交到 Windows HPC（高性能计算）集群上执行运算。

◇ 在命令窗口中启动作业：如果勾选该按钮，则可以在新的命令提示符窗口中启动 LS-DYNA 作业。

◇ 移除：从作业表中删除当前选定的作业。右击该按钮弹出的快捷菜单中提供了从作业表中删除所有作业或已完成作业的命令。但是，它不会删除任何文件或停止任何作业。

◇ 重新运行：删除现有的 LS-DYNA 结果文件并在同一目录中使用相同的命令重新运行作业。

◇ LS-PrePost：在下拉列表中选择一个输出文件，然后单击右侧按钮，可以在 LS-PrePost 应用程序中打开该文件以查看结果。

◇ 打开文件：在下拉列表中选择列出的任何作业文件类型，然后单击右侧按钮，可以在指定的文本编辑器中打开该文件。

9.2.2 求解监控

无论是通过 Mechanical 应用程序直接提交求解，还是通过 LS-Run 应用程序提交求解，都可以在应用程序中查看当前的求解状态。

1.Mechanical 应用程序中的求解监控

在 Mechanical 应用程序中提交求解后，状态栏的"进度/鼠标悬停区"会以百分比的形式显示当前的求解进度。如果单击状态栏的"进度/鼠标悬停区"，会弹出如图 9-18 所示的"ANSYS Workbench 求解状态"对话框，通过单击 停止求解 按钮停止当前的求解。

图 9-18　"ANSYS Workbench 求解状态"对话框

在轮廓窗格中单击"求解（A6）"下的"求解方案信息"对象，视图区会切换到"工作表"窗口，显示完整的求解信息。

2.LS-Run 应用程序中的求解监控

当启动某个 LS-DYNA 运算作业后，如果有足够的可用运算资源并且作业的优先级设置为 0，则作业将按照它们添加的先后顺序开始提交运算。如果作业列表中某个作业的"Status"列显示"Cleaning LS-DYNA results""Waiting (LS-DYNA not yet started)""Running"或"Stopped (Waiting for LS-DYNA to finish)"，则该作业正在占用运算资源。如果某个作业由于优先级设置为-1 而无法启动，LS-Run 将继续检查其余的作业以查看是否可以启动其中的任何作业。

在使用 LS-Run 应用程序启动某个 LS-DYNA 运算作业过程中，可以通过中断控制下拉菜单和按钮（见图 9-19）来中断求解过程并检查求解状态。中断控制下拉菜单中的命令介绍如下：

（1）sw1　LS-DYNA 程序终止，并形成一个重启动文件。

（2）sw2　LS-DYNA 程序的时间和循环次数将会被显示，程序继续运行，使得用户可以准确地了解求解的进度。

（3）sw3　LS-DYNA 程序形成一个重启动文件后继续运行。

（4）sw4　LS-DYNA 程序形成一个结果数据组后继续运行。

（5）sw5　进入交互式图形阶段并打开实时可视化。

（6）sw7　关闭实时可视化。

（7）sw8　对实体元素进行交互式二维重新分区并打开实时可视化。

（8）sw9　关闭实时可视化（仅选择 sw8 命令后可用）。

（9）swa　刷新 ASCII 文件缓冲区。

（10）lprint　启用/禁用公式解算器内存、CPU 情况的显示。

（11）nlprint　启用/禁用非线性平衡迭代信息的显示。

（12）iter　启用/禁用二进制绘图数据库"d3iter"的输出，显示每次平衡迭代后的网格。这对调试收敛问题非常有用。

（13）conv　临时覆盖非线性收敛公差。

（14）stop　立即停止运行的程序，关闭打开的文件。

LS-DYNA 程序会把所有重要的信息（如错误、警告、失效单元、接触问题等）都显示在 LS-DYNA 程序的命令窗口（需勾选"在命令窗口中启动作业"按钮）和 d3hsp 文件中。

如果程序在求解过程中没有出现诸如负体积之类的错误，则在求解完成以后，在作业列表的"Status"列中将显示"Finished（Normal Termination）"信息，此时用户可以用相应的后置处理器观察和分析结果。

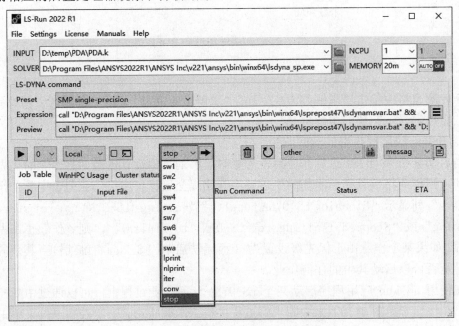

图 9-19　中断控制下拉菜单和按钮

📖9.2.3　求解中途退出的原因

在 LS-DYNA 程序求解过程中，有时会在还没有达到预设的计算时间，程序就自动中途退出。出现这种情况的主要原因可能是以下几个方面：

1）输入文件关键字定义错误。LS-DYNA 程序对输入文件的格式要求十分严格，如不允许有空白行，注释行必须以符号"$"开始等。

2）负体积（Negative Volume）。在求解过程中，因为产生负体积使得求解中途退出是一个很普遍的现象。产生负体积的原因很多，所以在出现负体积的情况下一定要耐心地查看。

3）网格畸变严重，计算不收敛。

4）硬盘空间不足。

5）节点速度无限大。在建模时由于单元不协调，或者在本该发生接触的地方没有定义接触都可能引起节点速度无限大。

📖 9.2.4 负体积产生的原因

负体积是由于单元畸变引起的，当单元本身变形过大或者不合理时，某个或某些节点便会穿透所属单元的面，产生负体积。图 9-20 所示为在金属成形分析过程中产生的负体积。

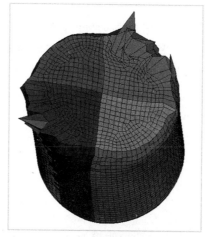

图9-20 负体积

负体积的产生和时间步设置、网格质量、材料、载荷条件、接触等都可能有关系，其原因和解决的方法如下：

1）材料参数设置有问题。应选择合适的材料模型，并注意单位的协调。

2）网格质量不好。高质量的网格可以使之能容纳更大的变形从而防止负体积的产生。建议在容易出现大变形的地方细化网格。

3）时间步长设置不够合理。默认的时间步长因子 0.9 可能对防止数值计算的不稳定不够有效。减少时间步长因子（如从 0.9 减小到 0.6 或更小），可以防止负体积的产生（这通常是一个有效的方法）。

4）太高的局部接触力。不要将力施加在单一节点上，最好分散到几个节点上以压力的方式等效施加。

5）使用了全积分单元。在大变形和大扭曲情况下，全积分单元相对于单点积分单元计算不够稳定，因为一个负的雅可比行列式可以在一个积分点发生，所以全积分单元比单点积分发生负的雅可比行列式更快。建议使用默认的单元方程式（单点积分）加上沙漏控制。

6）接触设置不合理。单面搜索的接触形式相对于双面搜索虽然节省了计算时间，但很容易因为面的方向不正确而导致负体积的产生，因此在不能确定面的方向时建议使用双面搜索。另外，适当提高接触刚度也可以防止负体积的产生。

7）也可以采用 ALE 或者 Euler 单元算法，用流固耦合功能代替接触，控制网格质量，如承受压力的单元在受压方向比其他方向尺寸长。

负体积的出现是一个很麻烦的问题，有时候很难快速地找到原因，所以遇到这种情况时一定要耐心地排除。

9.3 重启动

重启动意味着执行的分析是前一个分析的继续。重启动可以是在前一个分析结束后再开始，也可以是从前一个分析的中断开始，还可以是改变模型中重启动的某些参数后再开始。进行重启动的原因有以下几种：

1）早先的分析被中断或超过了用户定义的 CPU 时间。

2）早先的分析没有运行足够长时间，没有达到终止时间。

3）早先的分析运行出错，为了诊断错误，从发生错误之前的一个时刻重启动分析。

ANSYS Workbench/LS-DYNA 程序提供了以下 3 种重启动的类型：

1）简单重启动（Simple Restart）。

2）小型重启动（Small Restart）。

3）完全重启动（Full Restart）。

9.3.1 简单重启动

简单重启动时在新的分析中不改变原始模型。当 LS-DYNA 求解方案因超出用户定义的 CPU 限制或中断控制下拉菜单中的命令为"sw1"而提前中断时，将执行简单的重启动。简单重启动按照下面的步骤执行：

1）回到 ANSYS Workbench 图形界面，单击选中"工具箱"中"分析系统"中的"LS-DYNA Restart"，并将其拖放到现有"LS-DYNA"分析系统中的"求解"单元格上，此时将新建一个"LS-DYNA Restart"分析系统，并自动完成数据的链接，如图 9-21 所示。

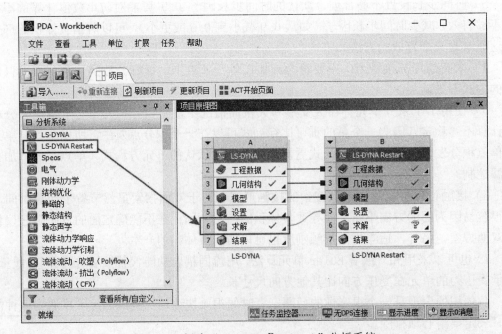

图 9-21 新建 "LS-DYNA Restart" 分析系统

2）在"项目原理图"中，双击"LS-DYNA Restart"分析系统中的 B5"设置"单元格，或右击 B5"设置"单元格，然后在弹出的快捷菜单中选择"编辑"命令，启动 Mechanical 应用程序。

3）在 Mechanical 应用程序中的轮廓窗格中单击"LS-DYNA 重新启动（B5）"→"初始条件"下的"预应力（LS-DYNA）"对象，打开预应力（LS-DYNA）的属性窗格，将"模式"设置为"位移"，如图 9-22 所示。

4）单击"LS-DYNA 重新启动（B5）"下的"分析设置"对象，打开分析设置的属性窗格，将"重启类型"设置为"简单重启"（见图 9-23），即可启动"LS-DYNA Restart"分析系统的求解计算。

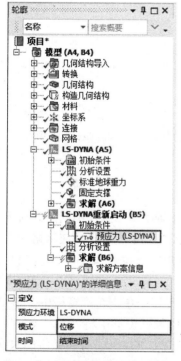

图 9-22　设置"模式"为"位移"

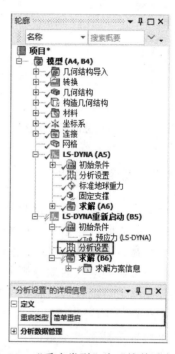

图 9-23　"重启类型"为"简单重启"

📖 9.3.2　小型重启动

小型重启动用于比最初设置的终止时间更长的分析和/或对模型进行小的修改后的分析。小型重启动中允许进行刚体和可变形体的互相转换。

可以按照以下步骤设置小型重启动分析：

1）执行简单重启动步骤中的 1）～3）。

2）单击"LS-DYNA 重新启动（B5）"下的"分析设置"对象，打开分析设置的属性窗格，将"重启类型"设置为"小重启"。可以通过该属性窗格进行计算时间、阻尼和输出等设置，如图 9-24 所示。

3）在进行属性窗格设置时，Mechanical 应用程序窗口会打开"LSDYNA Small Restart"选项卡，如图 9-25 所示。其中，"变化"选项用于更改节点的速度、刚体的速度或修改边界条件,"删除"选项用于删除几何体、单元和接触,"刚度开关"选项用于进行刚体和可变形体的互相转换。完成相关选项的设置后,即可启动 LS-DYNA Restart 分析系统的求解计算。

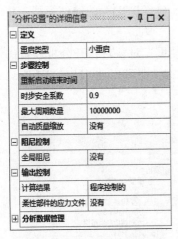

图9-24 分析设置的属性窗格

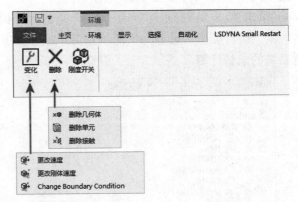

图9-25 "LSDYNA Small Restart"选项卡

📖9.3.3 完全重启动

完全重启动支持大多数新的分析操作,如修改几何模型和施加不同的载荷等。完全重启动有一些限制,包括接触设置和初始速度不能改变,不支持自适应网格(即使在初始运行中存在)。应力初始化可用于完全重启动,变形节点位置和应力/应变信息会从先前的分析带入到完全重启动分析中。

进行完全重启动设置,需要在 Mechanical 应用程序中单击轮廓窗格中"LS-DYNA 重新启动(B5)"下的"分析设置"对象,在分析设置的属性窗格中将"重启类型"设置为"完全重启",完成其他参数的设置后,即可启动 LS-DYNA Restart 分析系统的求解计算。

需要注意的是,完全重启动从上一个计算结束的时间点开始。在完全重启动应用的任何新的时间加载必须在上一次计算中经过的物理时间之后启动。例如,如果要在完全重启动时将速度从 10m/s 渐变到 20m/s,总持续时间为 2ms,并且先前的计算以 1ms 结束,则加载的时间点应为 1ms,值为 10m/s,时间点应为 3ms,值为 20m/s。

9.4 LS-DYNA 输入数据格式

在 LS-DYNA 程序中采用的是关键字格式,它可以灵活和合理地组织输入数据,使用户更方便地阅读输入数据。通过对关键字文件的修改,可以对模型进行局部的修正以避免大量的改动或重新建模。本节将着重对关键字文件的格式及关键字文件的组织关系进行介绍。

📖 9.4.1　关键字文件的格式

LS-DYNA 的每个关键字后都紧接一个数据块,并由关键字和数据快构成一个数据组。每个数据组具有特定的输入与功能,如*CONTROL 数据组可重置默认值,*MAT 数据组可定义材料本构常数,*EOS 数据组可定义状态方程,*ELEMENT 数据组可定义单元标识和节点联结数组,*PART 数据组可将材料、截面信息、状态方程、沙漏黏性/体黏性等集合在一起等。几乎全部模型数据都可以用块形式输入。两个节点及其相应坐标数据、壳单元及其 Part 号、壳单元的节点联结数组示例如下:

```
$
$  DEFINE TWO NODES
$
*NODE
   10101   x y z
   10201   x y z
$
$  DEFINE TWO SHELL ELEMENTS
$
*ELEMENT_SHELL
   10201  PID N1 N2 N3 N4
   10301  PID N1 N2 N3 N4
```

其中 PID 为 Part 号。

一个数据组结束后紧接着下一个关键字,开始另一个数据组。关键字的第一个字符必须放在行的第一列。如果某一行的第一个字符是$,则表示该行是注释行(Comment),在读入数据时将忽略该行。如果需要,每个关键字可以多次定义成多个数据组。例如,可以将上述数据改写成如下形式输入:

```
$
$  DEFINE ONE NODE
$
*NODE
   1010   x y z
$
$  DEFINE ONE SHELL ELEMENT
$
*ELEMENT_SHELL
    10201   PID N1 N2 N3 N4
$
$  DEFINE ONE MORE NODE
$
*NODE
   10201   x y z
$
$  DEFINE ONE MORE SHELL ELEMENTS
$
*ELEMENT_SHELL
     10301   PID N1 N2 N3 N4
```

9.4.2 关键字文件的组织关系

无论采用何种前处理器，其输出给 LS-DYNA 计算程序的关键字文件的组织关系都是相同的。图 9-26 所示为一个典型的关键字文件的组织关系。说明如下：

在图 9-26 中关键字*ELEMENT 的数据组中，EID 为单元号，PID 为 Part 号，N1、N2、N3、N4 为节点号 NID。节点号 NID 在关键字*NODE 的数据组中定义。在关键字*PART 的数据组中，PID 为 Part 号，SID 为截面号，MID 为材料号，EOSID 为状态方程号，HGID 为沙漏控制号。在关键字*SECTION-SHELL 的数据组中，SID 为截面号，ELFORM 为单元算法，SHRF 为剪切因子，NIP 为沿壳单元厚度的积分点数等。各种单元类型的材料本构数据在关键字*MAT 的数据组中定义。它的状态方程数据在关键字*EOS 的数据组中定义。由于 LS-DYNA 程序中采用单点积分，造成零能模式，需要引入沙漏控制，有关数据在*HOURGLASS 中定义。

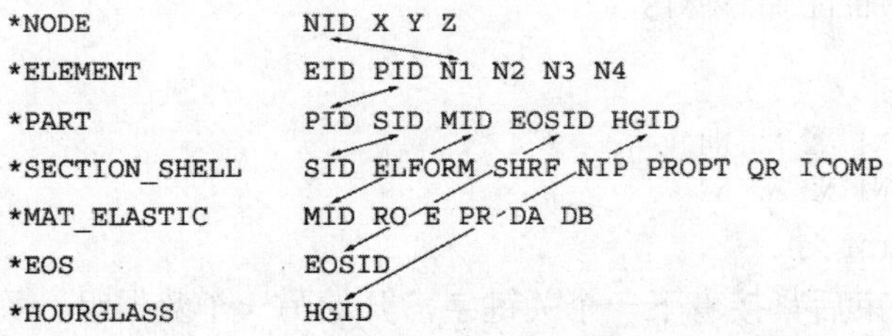

```
*NODE            NID X Y Z
*ELEMENT         EID PID N1 N2 N3 N4
*PART            PID SID MID EOSID HGID
*SECTION_SHELL   SID ELFORM SHRF NIP PROPT QR ICOMP
*MAT_ELASTIC     MID RO E PR DA DB
*EOS             EOSID
*HOURGLASS       HGID
```

图9-26　LS-DYNA关键字文件的组织关系

跟随关键字后面的输入数据采用固定格式或自由格式。这两种格式可以混合输入，但不能在同一张卡片上采用两种不同的输入格式。

固定格式的输入方式除网格数据（节点坐标数据*NODE（I8，3E16.0，2I8）和单元数据*ELEMENT（如 SOLID 单元（10I8）、BEAM 单元（10I8）等）外，多数卡片都采用 80 个字符串，包括字长为 10 的 8 个数据。表 9-2 为典型的固定格式数据卡。

表9-2　典型固定格式数据卡

项目	1	2	3	4	5	6	7	8
Variable（变量）	NSID	PSID	A1	A2	A3	SASH		
Type（数据类型）	I	I	F	F	F	I		
Default（默认值）	none	none	1.0	1.0	0.0	1		
Remark（注释）	1	2	3					

其中，数据类型 I 为整型数、F 为实型数，默认值是当输入数据为零或空白时程序自动置的值。如果数据卡的数据格式不是上述典型格式，那么在用户手册中要特别说明。

自由格式的输入方式采用逗号"，"分隔各个数据，并且输入数据的顺序必须与固定格式相同，其字符数不能超过相应固定格式规定的字符数，如 I8 整型数限制最大数为99999999，超过此值将不能被接受。

　　特别要指出的是：顺序输入的数据，其数据类型不能弄错；关键字可用大写，也可用小写，每个关键字开始的字符*必须放在该行的第 1 列。所有的关键字文件都是以*KEYWORD 与*END 这两个关键字作为文件的开头与结束的标志，没有控制参数。

第 **10** 章

ANSYS Workbench/LS-DYNA 后处理

后处理就是观察和分析数值计算的结果。通过对计算结果的分析和评价，不仅可以检查采用的模型的合理性，而且能对实际工程起到重要的指导作用。

本章介绍了 ANSYS Workbench 的后处理功能，还着重介绍了 LS-PrePostV4.7.7 后处理。

◎ ANSYS Workbench 后处理

◎ LS-PrePost V4.7.7 后处理

10.1 ANSYS Workbench 后处理

ANSYS Workbench 的后处理工作可在 Mechanical 应用程序中完成。通过后处理，可以观察整个模型在特定时刻的结果或动画结果，以及一段时间内指定对象在多个时间步的结果。本节将介绍在 Mechanical 应用程序中如何添加结果对象以及查看结果。对于 Mechanical 应用程序在后处理方面的一些特殊功能将在后续章节中结合实例进行介绍。

10.1.1 添加结果对象

在 Mechanical 应用程序中，结果对象既可以在提交求解之前添加，也可以在求解完成之后添加。有限元分析的一般流程是在求解完成之后进行结果查看，因此本书中主要介绍如何在求解完成后进行结果对象的添加。

LS-DYNA 程序运算完成后，在 Mechanical 应用程序中有以下两种方式可以添加结果对象：

1）在轮廓窗格中单击"LS-DYNA（A5）"下的"求解（A6）"对象，然后在弹出的如图 10-1 所示的"求解"选项卡中选择相关的选项，完成结果对象的添加。

图 10-1 "求解"选项卡

2）在轮廓窗格中右击"LS-DYNA（A5）"下的"求解（A6）"对象，在弹出的快捷菜单中选择"插入"子菜单中相应的命令（见图 10-2），完成结果对象的添加。

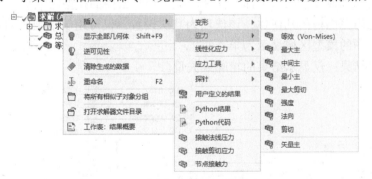

图 10-2 选择添加结果对象的命令

10.1.2 查看结果

在 Mechanical 应用程序的轮廓窗格中右击添加后的结果对象，然后在弹出的如图 10-3 所示的快捷菜单中选择"评估所有结果"命令，就会在视图区内显示出所选择的结果。结果对象的显示方式主要有以下几种。

图 10-3　选择"评估所有结果"命令

1. 云图形式

该显示方式会显示结果的云图，如几何图形上的应力。

可以通过如图 10-4 所示的"结果"选项卡"显示"面板中的选项对此显示方式进行设置。各选项简要介绍如下：

（1）"变形比例因子"下拉列表

✧　（未变形）：不会更改部件的形状。

✧　（真实尺度）：真实比例，不缩放。

✧　（自动缩放）：缩放变形，使其可见但不扭曲。

✧　其余选项为提供的缩放比例。

（2）"结果显示选项"下拉列表

✧　全部几何体：显示全部几何体，但未绘制云图的模型区域显示为半透明。

✧　适用范围内的几何体：该选项为默认设置。仅可用于范围内的几何体，未绘制云图的模型区域显示为半透明。

✧　仅结果：仅显示结果的轮廓或矢量。

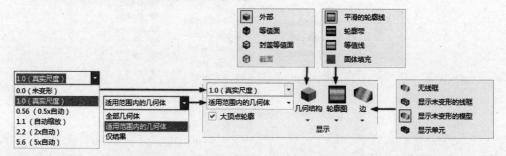

图 10-4　"结果"选项卡中的"显示"面板

（3）"几何结构"下拉菜单

✧　外部：显示选定几何图形的外表面结果。

◆ 等值面：仅显示模型的内部云图结果。

◆ 封盖等值面：显示内部和外部的云图。

◆ 截面：显示截面上的结果云图。

（4）"轮廓图"下拉菜单

◆ 平滑的轮廓线：用平滑过渡的颜色显示云图。

◆ 轮廓带：通过不同颜色的轮廓显示云图。

◆ 等值线：在不同数值之间的过渡处显示线。

◆ 固体填充：仅显示没有等高线标记的模型。

（5）"边"下拉菜单

◆ 无线框：以变形状态显示结果。

◆ 显示未变形的线框：除了显示结果外，还以线框显示变形前的轮廓。

◆ 显示未变形的模型：除了显示结果外，还以半透明状态显示未变形的模型。

◆ 显示单元：以变形状态显示结果并包含单元。

2. 矢量形式

该显示方式以矢量（箭头）的形式显示指定的结果。可以通过如图 10-5 所示的"结果"选项卡"矢量显示"面板中的选项对此显示方式进行设置。

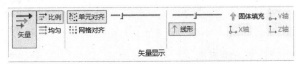

图 10-5 "结果"选项卡中的"矢量显示"面板

3. 探针

该显示方式使用图形和表格显示单个时间点的结果或随时间变化的结果。探针使用户能够在模型上的某个点上查找结果，在实体、面、边或顶点上查找最小或最大结果，查找轮廓窗格中对象的结果（如弹性支撑、弱弹簧），获得支撑处的反作用力和力矩。

4. 图表形式

图表显示方式将显示随时间变化的不同结果或显示一个结果与另一个结果的对比，如力与位移。

单击"主页"选项卡"插入"面板中的 图表 按钮，可将加载和结果数据与时间、其他加载条件以及其他结果数据进行对比。

（1）创建图表 按照下面的步骤可以定义一个图表：选择要绘制图表的结果对象，可以选择多个感兴趣的结果对象；然后单击"主页"选项卡"插入"面板中的 图表 按钮，如图 10-6 所示。操作中有以下几个注意事项：

◆ 可以在轮廓窗格中选择同一个模型中不同分析的多个对象，即所有对象必须属于同一个模型。

◆ 只有负载、探针和结果（可以通过云图显示的对象）才可以用来创建一个图表。

◆ 对于结果项，最小值和最大值的变化将被绘制为时间的函数。

（2）确定数据点 用户可以选择负载和结果的混合，甚至可以跨越不同的分析。在这些情况下，定义荷载的时间点与结果可用的时间点之间可能不匹配。例如，在恒定载荷下的非线性瞬态应力分析中，荷载只有一个值，但可能有许多时间点可以得到结果。当这种不匹配发生时，可用插值方法来创建图表。

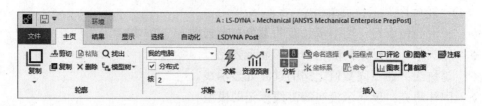

图 10-6   创建一个图表

（3）定义图表的属性窗格

可在如图 10-7 所示的图表属性窗格中定义图表。在对图表的属性窗格进行定义的过程中，应用程序中的"图形"窗格和"表格数据"窗格会实时发生变化。单击"主页"选项卡"布局"面板中的 品管理▼ 下拉按钮，通过如图 10-8 所示的下拉菜单中的"表格数据"和"图形"命令，可以控制"表格数据"窗格和"图形"窗格的显示与隐藏。

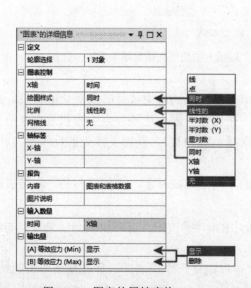

图 10-7   图表的属性窗格

图 10-8   "管理"下拉菜单

对图表的属性窗格简要说明如下：

◇   定义：

轮廓选择：列出图表中使用的对象数。单击该选项，将突出显示轮廓窗格中的对象，以便根据需要进行修改或选择。

◇   图表控制：

X 轴：默认情况下，所选对象的数据按时间绘制。可以自定义 X 轴。

绘图样式：可以选择"线""点"或"同时"（两者都显示）。

比例：选择用于绘图轴的显示比例。

网格线：显示用于绘制二维 X-Y 曲线的网格线。

✧ 轴标签：

X-轴：为 X 轴输入适当的标签。

Y-轴：为 Y 轴输入适当的标签。

✧ 报告：

内容：选择报告中显示的内容。

图片说明：为图表输入标题。标题将包括在报告中。

✧ 输入数量：添加到图表中的任何有效输入对象都将在该选项中显示。

✧ 输出量：添加到图表的任何有效结果对象都将在该选项中显示。

5. 动画形式

当用户在 Mechanical 应用程序中选择结果对象时，动画工具栏会显示在 Mechanical 应用程序的"图形"窗格中，如图 10-9 所示。

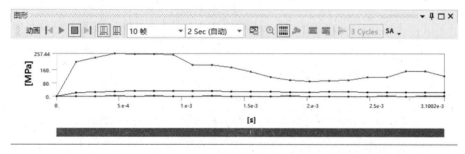

图 10-9　显示动画工具栏

Mechanical 应用程序可以以动画的方式显示模型受载过程中的速度、加速度、应力和应变等变化，使用户可以更加直观地观察结果。通过动画窗格的控制按钮，可以将动画导出到文件中，支持的视频文件类型包括 AVI、MP4、WMV 以及 GIF。在显示动画时，通过顶部的工具按钮，可以对动画进行控制，如可以单帧播放、循环播放等。表 10-1 列出了动画控制工具按钮及其功能说明。

6. 生成报告

一般的工程分析工作的最后都需要提交分析报告，Mechanical 应用程序中提供了自动生成工作报告的报告生成器，可以将分析过程中形成的数据和图像组织成 HTML 形式的分析报告。

单击"主页"选项卡"工具"面板中的 📊报告预览 按钮，可以基于轮廓窗格中的分析内容创建报告。生成报告的顺序如下：轮廓窗格中的对象、轮廓窗格中的工作表、分析中使用的所有材料数据。单击该按钮后，报告生成过程立即开始，一旦开始，中途将无法手动停止。此时图形窗口底部自动从"几何结构"标签切换到"报告预览"标签，并显示出报告工具栏。该工具栏由一系列功能按钮组成。表 10-2 列出了各功能按钮及其功能说明。

表10-1 动画控制工具按钮功能说明

工具按钮图标	图标名称	功能说明
◄❙	上一帧	暂停时显示上一帧
► / ❙❙	播放/暂停	启动或恢复播放结果动画/在播放动画的当前帧暂停
■	停止	停止播放结果动画
❙►	下一帧	暂停时显示下一帧
▥	分布式	对于静态分析,播放线性插值结果;对于阶跃和瞬态分析,在图中选定的时间范围内播放动画
▥	结果集	动画显示为由求解器生成的实际结果集
10 帧 ▾	帧	选择动画中的帧数。此设置应用于动画的显示以及除 GIF 文件格式之外的任何导出动画
2 Sec (自动) ▾	时间	为整个动画选择所需的时间量。此设置应用于动画的显示以及除 GIF 文件格式之外的任何导出动画
▦	导出视频文件	使用此选项可以将当前的动画导出到视频文件中,支持的视频文件类型包括 AVI、MP4、WMV 和 GIF 文件
⊕	适当尺寸缩放动画	启用此选项后,Mechanical 应用程序将在所有时间步中循环,以计算自动缩放因子,该因子将适应整个时间步范围内的位移,并确保动画在视图区以适当尺寸缩放
▦	更新每个动画帧的轮廓范围	选择此选项时,将按帧的设置显示结果动画
⊕	带有附加摄像头的动画	一种可视化技术,可以使选定的刚体在动画播放期间看起来是固定的,而所有其他几何体都相对于它移动
▦	结果的关键帧动画	根据定义的关键帧对结果进行动画处理(该功能要求至少有两个定义的关键帧)
▦	使帧计数与关键帧动画同步	动画中的帧数与所定义关键帧的过渡子帧计数同步
⊫	打开复杂动画的时间衰减	在应用阻尼的模态分析中,此选项启用复振型的时间衰减动画

表10-2 生成工作报告工具按钮功能说明

工具按钮图标	按钮名称	功能说明
⚡ 生成	生成	生成包含与分析相关的大量信息的仿真报告,具体包括有关几何结构、材料、坐标系、接触、载荷和求解等方面的信息
✉ 发送到...	发送到...	选择该选项,将显示一个下拉菜单,其中包含了将打印预览导出到 Outlook、MS Word 或 PowerPoint 的选项
🖶 打印	打印	打印生成的报告
📇 发布	发布	可将报表保存成 HTML 文件
A 字体大小	字体大小	可对字体的大小进行控制

10.2　LS-PrePost V4.7.7 后处理

　　LS-PrePost V4.7.7 是 LSTC 公司专门为 LS-DYNA 求解器开发的后处理器，它能提供快速的后处理功能，如计算结果的图形、动画显示与输出、结果数据的图示与分析等功能。本节将介绍 LS-PrePost V4.7.7 后处理器的功能。

📖10.2.1　LS-PrePost V4.7.7 程序界面

　　LS-PrePost V4.7.7 的程序界面如图 10-10 所示。

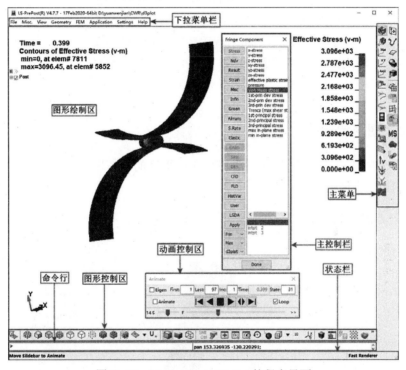

图10-10　LS-PrePost V4.7.7的程序界面

📖10.2.2　下拉菜单

　　LS-PrePost V4.7.7 的下拉菜单主要用来输入各种数据文件，输出各种分析操作形成的图片和动画，以及设置软件界面的一些总体信息等。下面主要对"File"下拉菜单中的命令进行介绍。

　　选择"File"→"Import"命令，可以向程序中引入各种前处理程序建立的模型数据，如 Nastran 等软件建立的模型。选择"File"→"Open"命令，可以打开以下各种文件：

　　(1)"File"→"Open"→"LS-DYNA Binary Plot"　二进制绘图文件。该文件为计算结果文件，包含了所有的模型信息与计算结果信息。

　　(2)"File"→"Open"→"LS-DYNA Keyword File"　模型关键字文件。Keyword

文件包含了该模型的全部前处理信息，但是不包含任何的计算结果。

（3）"File"→"Open"→"Time History File"时间历程后处理文件。

（4）"File"→"Open"→"Others"→"Background JPEG"绘制区域的背景图片文件。

（5）"File"→"Open"→"Others"→"Xydata File"数据文件。该文件可以用来绘制数据曲线。

"File"→"Update"命令用于在分析过程中随时更新后处理结果。"File"→"Save"→"Save Keyword"命令用于输出关键字文件到指定的目录。应用"File"→"Movie…"命令可以打开图 10-11 所示的对话框，输出 AVI、MPEG 格式动画文件或 GIF、JPEG 格式图片文件，还可以对图像大小、每分钟输出的帧数、输出路径、输出文件名等进行设置。

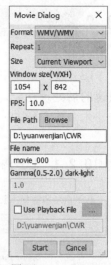

图10-11 "Movie Dialog"对话框

📖10.2.3 图形绘制区

LS-PrePost V4.7.7 的图形绘制区用来显示程序的所有图形操作结果以及动画，具体显示的内容如图 10-12 所示。

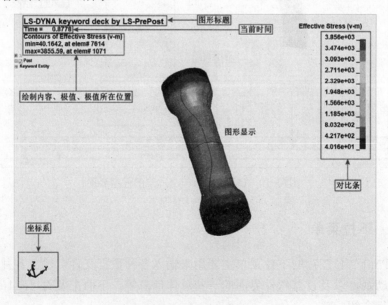

图10-12 图形绘制区显示的内容

📖10.2.4 图形控制区

图形控制区集成了用来控制已有图形显示的常用功能按钮（见图 10-13），可用来控制已有图形的拖动、旋转及多种形式的显示方式。这些按钮的说明见表 10-3。

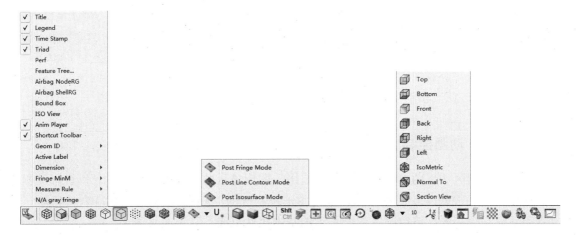

图10-13　图形控制区的主要按钮

表10-3　图形控制区按钮说明

按钮	说明	按钮	说明
	显示选项，单击将弹出下拉菜单		清除已选中的对象
	仅显示可见部分单元网格		将图形放置在屏幕中心
	有光照效果的图形显示		放大某区域
	无光照效果的图形显示		恢复上一次放大
	显示全部单元网格		指定一点作为旋转中心
	特征线模式，显示所有线框		视图坐标系
	边缘线模式，显示可见线框		等距视图
	显示有限元节点网格	10	旋转角度及方向调整
	显示/隐藏有限元单元网格边界		绕 X/Y/Z 轴旋转（右击进行设置）
	显示/不显示收缩实体图		平行/透视显示
	定义和修改截面		重新设置，所有显示按照默认
	切换云图显示模式		显示所有的单元和部件
U	打开/关闭未引用节点		切换背景颜色为黑/白
	带边线上色显示几何体		激活动画控制区，开始/停止动画
	仅上色显示几何体		装配和选择部件
	线框显示几何体		恢复上一步移除的部件
Shft Ctrl	按下<Shift>键/按下<Ctrl>键/无		绘图管理器

　　单击"Display Options"按钮、"Post Fringe Mode"按钮和"Isometric"
按钮后面的下拉按钮，将弹出下拉菜单，如图 10-13 所示。其中，"Display

Options"按钮弹出的下拉菜单用于控制图形绘制区的显示内容，"Post Fringe Mode"按钮弹出的下拉菜单用于选择云图的显示方式，"IsoMetric"按钮弹出的下拉菜单用于选择视图的方向(顶视图(Top)、底视图(Bottom)、前视图(Front)、后视图(Back)、右视图(Right)、左视图(Left)、等距视图(IsoMetric)、法向视图(Normal To)和剖视图(Section View))。

10.2.5 动画控制区

动画控制区(见图 10-14)控制目前用于图形显示的子步时间，同时可以进行动画的控制。动画控制区默认不显示，单击图形控制区的"Animation Toolbar"按钮，将激活动画控制区。该控制区由一系列的基本控件组成，其说明见表10-4。

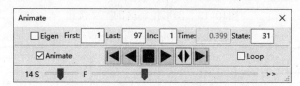

图10-14 动画控制区

表10-4 动画控制区基本控件及其说明

基本控件	说明
First	初始时间步编号
Last	终了时间步编号
Inc	步长
Time	当前时间步对应的时间
State	当前时间步编号
◀|	显示上一时间步
|▶	显示下一时间步
◀	时间向前显示动画
▶	时间向后显示动画
■	暂停动画
◀▶	循环播放动画
F　　　＞＞	动画控制条(可以使用鼠标拖动)
☐Animate	控制移动动画控制条时，图像是否跟随变化
☑Loop	控制是否循环播放动画
☐Eigen	切换特征模式形状动画
14 S	增加或减小动画速度

10.2.6 主菜单

主菜单由左、右两列工具按钮组成。当单击右列的任一工具按钮时，左列的工具按钮图标会随之发生变化；当单击左列的工具按钮时，根据选择的工具按钮的不同，有的会弹出主控制栏，方便用户进行参数设置，如图 10-15。主菜单中工具按钮较多，下拉菜单中的很多常用的命令都已汇集到主菜单中。主菜单中右列的工具按钮说明如下：

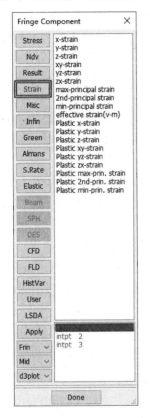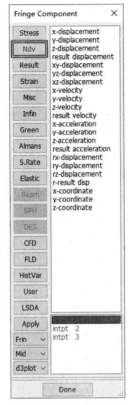

图10-15 主菜单界面及弹出的主控制栏

◇ ：Reference Geometry（参考几何体），包括创建参考轴、参考平面、参考坐标系和参考点等工具。

◇ ：Curve（线），包含创建点、直线、圆、圆弧、椭圆、椭圆弧、样条曲线和抛物线等工具。

◇ ：Surface（面），包含创建平面、圆柱面、锥面、球面、圆环面、椭球面、拉伸曲面、旋转曲面、扫掠曲面和放样曲面等工具。

◇ ：Solid（体），包含创建长方体、圆柱体、圆锥体、球体、圆环体、拉伸体、旋转体、扫掠体、放样体和抽壳体等工具。

◇ ：Geometry Tools（几何工具），包含删除对象、延伸曲线、延伸面、相交、偏移、修剪和复制等工具。

◇ ：Element and Mesh（单元和网格划分），包含一些网格划分工具和节点、单元编辑工具。

✧ 　：Model and Part（模型和部件），包含装配和选择部件、关键字管理器、参考检查、重新编号、部件颜色设置、外观和注释等工具。

✧ 　：Element Tools（单元工具），包含编号、查找、移动、复制、偏移和转换等编辑工具。

✧ 　：Post（后处理），包含云图设置、时间历程设置、平面图绘制、跟踪和向量等后处理的工具。

主菜单中的控制项很多，本节只对后处理中经常用到的工具按钮进行介绍。

1. "Post"工具按钮 　下的"Fringe Component"按钮 　

该按钮用于绘制各种计算结果云图，如变形和应力应变云图等。该按钮包含多个选项，每项又有多个子选项。下面对其基本项做简单介绍。

✧ Stress（见图 10-15）：用来绘制计算应力结果。可以绘制 X、Y、Z、XY、YZ、ZX、Von Mises 应力等多种计算结果。选择某一具体的绘图应力选项，单击 Apply 按钮，在图形绘制区中即可看到相应的图形显示。绘制的 Von Mises 等效应力云图如图 10-16 所示。

✧ Ndv（见图 10-15）：用来绘制计算变形结果。可以绘制 X、Y、Z、XY、YZ、ZX、总体变形等多种计算结果。要选择某一具体的绘图变形选项，单击 Apply 按钮，在图形绘制区中即可看到相应的图形显示。

✧ Strain（见图 10-15）：用来绘制计算应变结果。

✧ Misc：用来绘制其他项。包括压力（pressure）、温度（temperature）、密度（density）、第 1 种材料的体积分数（history var#1）、第 2 种材料的体积分数（history var#2）等。

✧ Infin：用来绘制各种无限小应变。

✧ Green：用来绘制格林-圣维南应变（Green-St. Venant strains）。

✧ Almans：用来绘制阿尔曼西应变（Almansi strain）。

✧ S.Rate：用来绘制应变率。

✧ Elastic：用来绘制弹性应变。

✧ FLD：用来绘制 FLD 应变。

✧ Beam：用来绘制梁单元的结果，包括梁单元的各种内力，如轴力、剪切力、弯矩、转矩以及各种截面应力的计算结果。

2. "Post"工具按钮 　下的"History"按钮 　

该按钮可用于以附加的曲线显示上面选中的活动节点/单元随时间变化的一些信息，如活动节点位移-时间曲线、节点速度-时间曲线、单元应力-时间曲线、单元应变-时间曲线等。具体操作如图 10-17a 所示，选择一种曲线（如节点 X 位移-时间曲线），单击 Plot 按钮，在屏幕上即可显示如图 10-17b 所示的曲线。

在图 10-17b 中单击下部的某个按钮，会弹出相应的下拉对话框，用来实现一系列针对数据曲线的显示控制以及使用的数据分析操作。各按钮介绍如下：

✧ Title：设置本图形标题。

✧ Scale：设置坐标，如 X 与 Y 轴的极值等。

◇ Attr：设置曲线的显示方式，如颜色、粗细和格式等。

◇ Filter：可以对显示的曲线进行数字滤波操作。

◇ Print：打印图形。

◇ Save：保存曲线。

◇ Load：从文件载入数据绘制曲线。

◇ Oper：对绘制曲线的数据进行加工处理。

◇ Hide：隐藏下部的所有按钮。

◇ Close：关闭本窗口。

◇ Quit：关闭本窗口并将本窗口的数据从程序内存中删除。

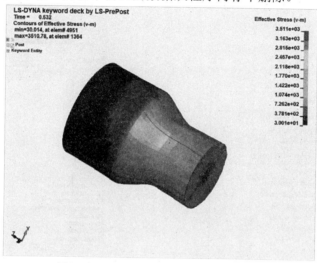

图10-16 绘制Von Mises等效应力云图

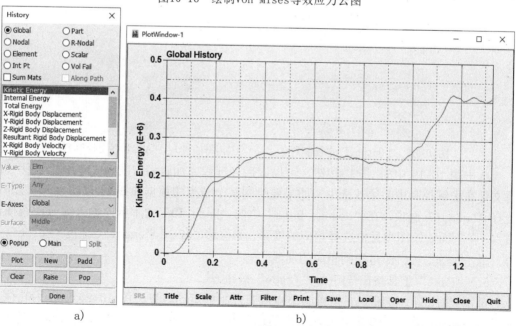

a)   b)

图10-17 "History"主控制栏及绘制的曲线

3. "Post" 工具按钮  下的 "Output" 按钮

该按钮用于以文件的形式输出节点/单元信息。选择输出控制，如 "Element" "Node Displacement" 等，再选择输出子步编号（Append St No），然后单击 Write 按钮，按照提示选择/填写输出文件名称即可。"Output" 主控制栏如图 10-18 所示。

4. "Post" 工具按钮 下的 "ASCII" 按钮

该按钮用于向程序中引入 ASCII 格式的输出文件，如总时间步和能量统计 glstat、节点界面反力 ncforc、合成界面力数据 rcforc 等，然后利用这些数据绘制各种时间历程曲线以及分析各种结果数据。"ASCII" 主控制栏如图 10-19 所示

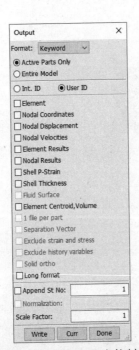

图10-18 "Output" 主控制栏

图10-19 "ASCII" 主控制栏

单击图 10-19 中的 Load 按钮，可以向后处理程序加载相应的 ASCII 数据文件（这些文件在求解控制中必须被选中）。如果要绘制某个节点的数据曲线，可以在载入文件后，选择 "nodout" 选项，在 "Nodout Data" 中的 "Node ID" 文本框中输入编号，选择该节点，在下面的绘图项目中选择相应的变量，如位移（displacement）、速度（velocity）等，单击 Plot 按钮即可绘制相应的曲线。

5. "Post" 工具按钮 下的 "Trace" 按钮

单击 "Trace" 按钮，可绘制节点或节点组的运动轨迹。图 10-20 所示为轧件上三个节点随时间的移动变形轨迹。节点的选取既可以在 "ID" 文本框中输入节点编号，也可以用鼠标直接在图形显示区中选取。可以单击 ClrTrace 按钮删除已经绘制的节点轨迹，

也可以通过控制栏设置轨迹的线宽和线的颜色。

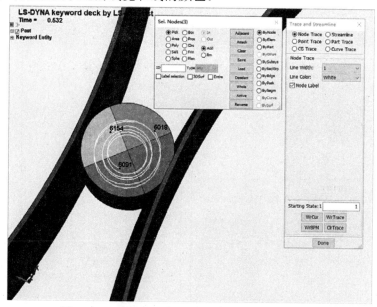

图10-20　轧件上三个节点随时间的移动变形轨迹

6. "Post"工具按钮下的"Follow"按钮

"Follow"按钮也用于在后处理过程中跟踪某个节点或面。所不同的是，利用"Follow"按钮，被跟踪的节点或面被"固定"在图形显示区中，而模型的其他部分可变形或运动。这样做的优点是可以清晰地观察被跟踪点或面附件的结构响应变化。

7. "Model and Part"工具按钮下的"Assembly and Select Part"按钮

此按钮用于选择显示模型的特定部分。在如图 10-21 所示的主控制栏中，选中"Shell"和"Solid"（☑Shell，☑Solid）在图形绘制区中即可显示该部分的模型与计算结果，不选"Shell"和"Solid"（☐Shell，☐Solid）则不显示该部分模型的任何信息。

在主控制栏右侧的"Part"中显示了模型中所有的部件列表，可按<Ctrl>＋左键多项选择哪些部件显示，哪些部件不显示。

主控制栏下面的 All 、 None 、 Rev 按钮分别表示全选、全不选和反向选择部件， Info 按钮则可以用来查看所选择的显示部件的一些诸如单元个数、节点坐标范围等具体信息。

8. "Model and Part"工具按钮下的"Part Color"按钮

该按钮除了可用于设置部件的颜色，还可以设置界面中的背景、文本、轮廓、大地等颜色。具体操作如图 10-22 所示，选择一种颜色后，通过控制栏的按钮，可对界面或部件的颜色进行设置或调整。可利用如图 10-22 所示的主控制栏进行部件的选择。

9. "Model and Part"工具按钮下的"Split Window"按钮

该按钮可用于在图形绘制区中进行窗口分割。有多种显示模式可供选择。在如图 10-23 所示的主控制栏中勾选"Draw all areas"复选框后，动态模型操作将影响所有的窗口。

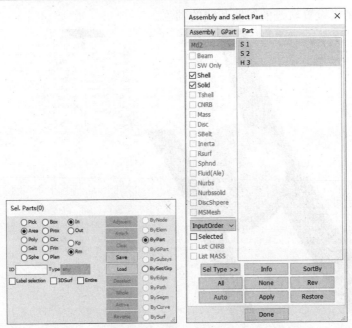

图10-21　"Assembly and Select Part"主控制栏

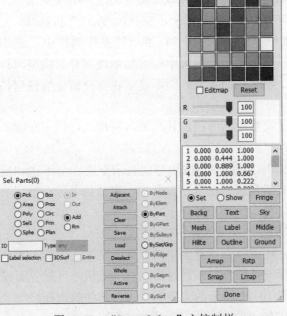

图10-22　"Part Color"主控制栏　　　　图10-23　"Split Window"主控制栏

10."Model and Part"工具按钮 下的"Section Plane"按钮

由于模型内部的变形与应力-应变云图等很难直接观察到,因而给用户研究内部现象和缺陷带来了困难和不便。利用"Section Plane"按钮可以将模型"剖开",以剖面的形式显示模型的内部信息（见图 10-24）。程序不仅可以实现以任意角度与坐标对模型进行解剖，而且还允许同时显示最初状态的模型轮廓，从而实现对比功能。

解剖可以反复进行，由于在图形显示区中保留每一次的剖面信息，因而可以实现在一幅图像内显示多个剖面的功能。通过剖面的移动选项按钮 ← 和 →，可以实现等间隔剖视模型效果。还可以利用 MP Anim 按钮动画显示剖视过程。

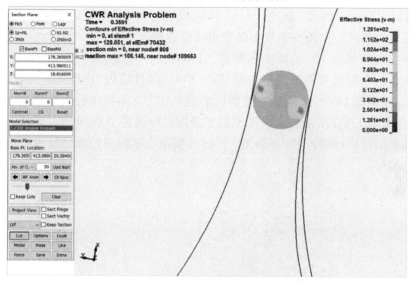

图10-24　剖面效果图

11. "Model and Part" 工具按钮 下的 "Annotation" 按钮

为了使用户能够更加直观地了解各部件的功能，需要对各部件添加注释。"Annotation" 按钮可用来给图形显示区添加注释信息，如图 10-25 所示。

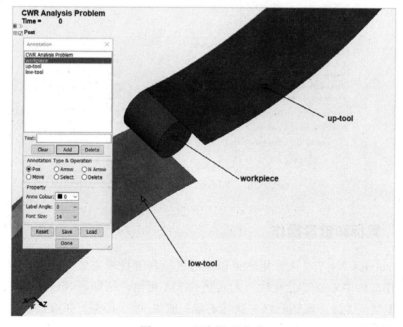

图10-25　添加注释信息

在"Text"后面的文本框中输入要注释的内容，如 workpiece，单击 Add 按钮，可将该注释添加到注释列表中。在注释列表中单击选中"workpiece"，然后在主控制栏中选中"Pos"单选按钮，再在图形显示区中单击选择要放置该注释的位置，即可完成该注释的添加。

如果对注释的位置不满意，还可以选中"Move"单选按钮，然后移动注释到合适的位置。还可以选择"Select"或"Arrow"单选按钮为文本添加文本框或箭头。如果用户对注释的颜色、角度、字体大小等不满意也可以通过程序调整。

12."Element Tools"工具按钮 的"Identify"按钮

"Identify"按钮可用来选择一些节点/单元/部件成为当前活动（Active）节点/单元/部件。在如图 10-26 所示的主控制栏中的"ID"文本框中输入节点/单元编号后按<Enter>键，或者直接在图形绘制区的模型上使用鼠标选择节点/单元，这时选中的节点/单元即成为活动（Active）节点/单元，同时在模型上以醒目的颜色显示出选中的节点/单元位置与编号。

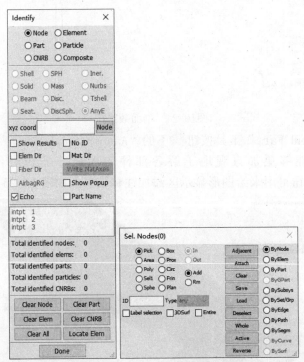

图10-26　"Identify"主控制栏

📖 10.2.7　鼠标和键盘操作

在 LS-PrePost V4.7.7 中，用户可以通过鼠标和键盘来完成与图形显示相关的常见操作。其操作与许多 CAD/CAE 软件，尤其是 CATIA 相似。例如，<Ctrl>或<Shift>+鼠标左键：旋转模型；<Ctrl>或<Shift>+鼠标右键：放大/缩小模型；<Ctrl>或<Shift>+鼠标中键：平移模型。

第 **11** 章

产品的坠落测试分析

对工业产品进行坠落数值分析是 LS-DYNA 一个重要的应用。利用 ANSYS Workbench/ LS-DYNA 提供的坠落测试模块 MechanicalDropTest，可以非常方便快捷地完成各种工业产品坠落测试分析。

本章系统地介绍了坠落测试向导的使用方法，然后以 PDA 坠落测试为例，介绍了坠落测试的操作流程。

◎ 坠落测试分析概述

◎ PDA 坠落测试分析

11.1　坠落测试分析概述

80％的电子产品的损坏大都来源于坠落碰撞，为此研发人员往往需要耗费大量的时间和成本，针对产品做相关的质量试验。最常见的结构试验是坠落与冲击试验，这种方法虽然可靠，但也存在很多不足之处，主要表现在：

1）试验的操作实施过程需要耗费大量的人力和财力，增加了产品的成本。

2）试验发生的历程很短，很难观察到试验过程中的现象。

3）试验测试的条件（如碰撞角度等）难以控制，使得试验重复性很差。

4）试验一般只能得到试验结果，而很难发现现象发生的原因。

5）试验时很难观察产品的内部特性和内部现象，如加速度响应等。

在产品生产前，利用 LS-DYNA 对其进行相关的模拟仿真可以很好地解决以上问题。相对于传统的试验方法，采用 LS-DYNA 进行虚拟仿真具有如下优点：

1）减少试验次数和试验成本。

2）可以直观动态地显示整个坠落碰撞过程各种物理量的变化。

3）不仅可以观察产品的外部特性和现象，而且能观察产品的内部特征及现象。

4）边界条件方便控制，仿真的可重复性好。

5）设计初期进行模拟可及早发现产品的特性，从而减少问题的发生。

11.2　坠落测试模块 MechanicalDropTest

在 ANSYS Workbench/LS-DYNA 中提供了用于坠落分析测试的程序模块 Mechanical DropTest，可以使用户更加高效地分析产品的坠落过程及查看坠落测试结果。

11.2.1　MechanicalDropTest模块的加载

在 ANSYS Workbench 的菜单栏中选择"扩展"→"管理扩展"命令，在弹出的"扩展管理器"对话框中勾选"MechanicalDropTest"前的复选框，如图 11-1 所示。单击 关闭 按钮，即可加载 MechanicalDropTest 模块。

MechanicalDropTest 应用程序分析界面和 Mechanical 应用程序的常用界面没有差别，只是用于坠落分析的特定工具 按钮变成可用。通过该向导可以方便快捷地完成坠落分析的操作。

11.2.2　坠落测试分析基本流程

1. 建立或输入模型

在进入坠落测试分析模块之前，必须先建立或输入被测试物体的模型，也就是必须定义材料模型和建立几何模型等。在建立或输入模型过程中，必须要注意以下几点：

✧ 在运行坠落测试向导之前，必须更新几何结构。因此，所有实体都需要指定材料，所有壳实体都需要指定厚度。

✧ 几何结构上定义的任何点质量或分布式质量以及连接都需要在关联坐标系上定义，否则，当使用坠落测试向导或定义任何旋转时，这些对象将不会随几何结构一起旋转。

✧ 最好避免使用三角、四面体、棱柱单元以及小单元。

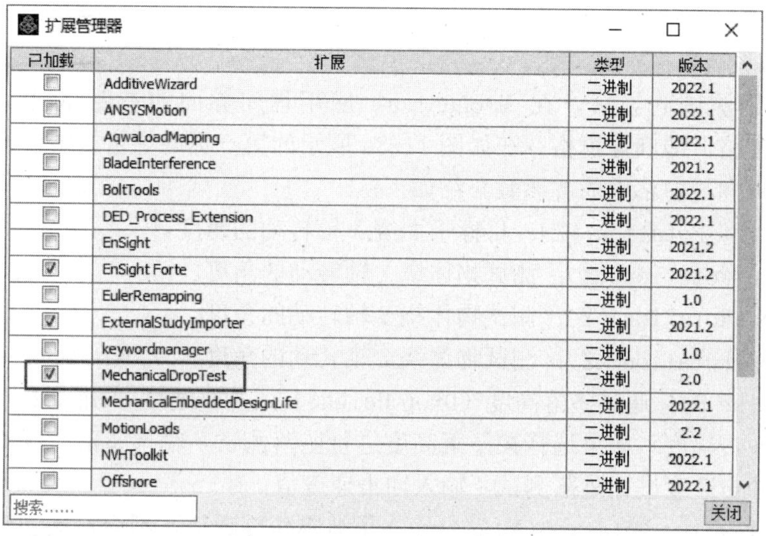

图11-1　勾选"MechanicalDropTest"

2．设置坠落测试分析参数

建好有限元模型以后，单击 Mechanical 应用程序功能区中的![按钮]按钮，即可启动坠落测试向导，仅需要设置坠落分析的基本参数，包括目标平面的方位、测试物体方位、坠落高度（或者冲击速度）、测试物体和目标平面的摩擦行为等。用户还可以根据具体的需要设置测试物体的初速度、目标平面的特性等高级测试参数，这些参数需要用户在完成"坠落测试向导"之后，在轮廓窗格中进行相关参数的添加和修改。

3．求解

在求解之前，要通过单击轮廓窗格中的各个对象，在属性窗格中仔细查看坠落测试参数设置是否符合要求。在确认参数设置无误后，便可以通过右击轮廓窗格中的"LS-DYNA（A5）"对象，在弹出的快捷菜单中选择"求解"命令来提交求解。

4．观察分析结果

计算完成后，可以添加结果对象（如等效（Von Mises）应力），然后通过视图区显示动画来查看坠落物体的动态结果，或通过动画控制工具按钮来设置查看模型中某个时间点的分析结果。

11.2.3　坠落测试向导

进行坠落分析时，需要运行坠落测试向导。

1. 启动坠落测试向导

单击轮廓窗格中的"LS-DYNA（A5）"对象，然后单击"环境"标签，打开"环境"选项卡，在"坠落测试"面板中单击![icon]图标（见图 11-2），即可启动坠落测试向导。

图 11-2　启动"坠落测试向导"

2. 第一页向导窗格

启动坠落测试向导后，在 Mechanical 应用程序界面的右侧弹出如图 11-3 的"Wizard"窗格，即向导窗格。在如图 11-3a 所示的第一页向导窗格中可设置坠落测试参数。第一页向导窗格中的各参数介绍如下：

◇ Target Rotation（X）：目标平面绕 X 轴转动的角度。

◇ Drop Rotation（X）：测试物体绕 X 轴转动的角度。

◇ Drop Rotation（Y）：测试物体绕 Y 轴转动的角度。

◇ Drop Rotation（Z）：测试物体绕 Z 轴转动的角度。

◇ Define By：通过坠落高度（Drop Height）或冲击速度（Impact Velocity）定义冲击幅度。如果选择按坠落高度进行坠落测试，输入坠落高度值。如果选择按冲击速度进行坠落测试，输入冲击速度值。

如果在"Target Rotation（X）"内输入了非零角度数值，则会自动创建目标平面。当在"Drop Rotation（X）""Drop Rotation（Y）""Drop Rotation（Z）"内输入数值时，视图区显示的测试物体会实时变化，可以使用户直观地检查测试物体旋转角度的设置。旋转是围绕测试物体的质心，是按照 X 轴、Y 轴、Z 轴的顺序进行的。

坠落高度和冲击速度的关系如下：

$$\frac{1}{2}mv^2 = mgh \tag{11-1}$$

式中，m 为测试物体的质量；v 为冲击速度；g 为重力加速度；h 为坠落高度。

当单击![下一个]按钮时，坠落测试向导会自动完成下列操作：

◇ 在轮廓窗格中自动创建一个部件转换对象，用来定义测试物体的旋转。

◇ 目标平面的边长为坠落测试物体几何边界框最长边的 2.5 倍，这将为坠落测试物体提供了变形或显示滑动行为的空间。然后，在轮廓窗格中创建一个构造几何结构对象，并将该对象添加到几何结构之中。

◇ 对目标平面进行定位，使得测试物体和目标平面之间不存在分离。

◇ 在初始条件对象下增加一个落差对象，并可以使用落差属性窗格来参数化落差对象。

◇ 自动为"结束时间"设置一个值，该值等于测试物体在-Y 方向上以冲击速度移动其自身长度的 10% 所需的时间。如果分析中有多个步骤，则将最后一步的终止时间设置为该值。

3. 第二页向导窗格

在如图 11-3b 所示的第二页向导窗格中可设置测试物体和目标物体之间的摩擦系数。第二页向导窗格中的各参数介绍如下：

◈ Frictional Behavior：摩擦行为。指定坠落测试分析中是否考虑摩擦，默认选项为"Frictionless"（无摩擦），当选择"Frictional"（摩擦的）选项时，弹出"Friction Coefficient"和"Dynamic Coefficient"文本框。

◈ Friction Coefficient：摩擦系数。测试物体与目标平面之间的摩擦系数。

◈ Dynamic Coefficient：动力系数。测试物体与目标平面之间的动态摩擦系数。

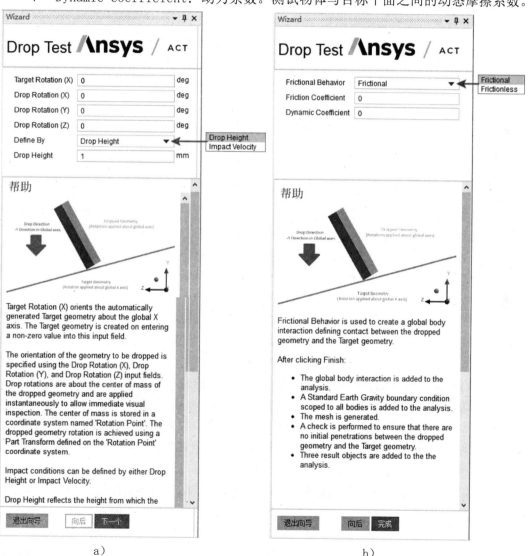

a)   b)

图 11-3　坠落测试向导窗格

当单击 完成 按钮时，坠落测试向导会自动完成下列操作：

◈ 在连接对象下创建几何体交互对象。

◈ 为测试物体施加标准地球重力边界条件。

- ✧ 为所有几何结构创建网格，并执行检查，以查看测试物体的网格上是否有任何点穿透目标平面的网格。如果测试物体的网格上存在穿透目标平面的点，则在校正后的位置创建新的目标平面，并生成新的网格。如果发生网格穿透，状态栏的消息区将显示警告消息。
- ✧ 为目标平面施加固定支撑的约束条件。
- ✧ 自动添加结果对象，如总加速度。

在运行"坠落测试向导"过程中，用户可以单击 向后 按钮从向导的第二页返回到第一页，也可以使用 退出向导 按钮完全退出向导。要注意的是，向导执行的任何操作（如几何体旋转和对象创建）都不会撤销。

4．完成分析

"坠落测试向导"运行完成后，就可以对该分析进行求解了。此时，还可以对生成的网格做进一步的优化，并对接触进行再次定义，或者对测试物体重新指定材料模型。由于目标面是刚性的且完全约束，因此不需要指定材料模型。

如果在运行"坠落测试向导"之后修改"转换"下的"部件变换"对象，则通过"坠落测试向导"所创建的目标平面将相应的移动。但旋转操作可能会导致被测试物体中的网格穿透。

5．使用"坠落测试向导"的注意事项

- ✧ 除"部件变换"对象外，在运行"坠落测试向导"过程中，轮廓窗格中的对象的数据和"坠落测试向导"中设置的数据之间没有同步。因此，如果在"Collision point"（碰撞点）坐标系中修改坠落高度或旋转角度，除非重新启动向导，否则这些更改不会反映在"坠落测试向导"之中。
- ✧ "坠落测试向导"只能用于三维分析。
- ✧ 在使用"坠落测试向导"时，不能使用隐式分析对几何结构施加预应力。
- ✧ 使用构造几何体对象在 Mechanical 应用程序中添加几何体对象时，将清除分析系统中存在的整个网格，并且必须再次生成网格。
- ✧ 网格穿透仅在运行"坠落测试向导"结束时检验。如果修改被测试物体的变换角度或重新生成网格，则不会对其进行检验。
- ✧ 如果通过更改"部件变换"对象的属性窗格中的参数设置，而不是使用"坠落测试向导"来修改被测试物体的方位，则不会更新分析结束时间，也不会检查网格穿透。
- ✧ 如果在运行"坠落测试向导"后再修改任何表面几何体的厚度，则不会进行检查，以确保因为厚度的更改可能导致的测试物体与目标平面发生的任何穿透。
- ✧ 建议用户不要重命名由"坠落测试向导"创建的任何对象，因为这可能会导致在运行"坠落测试向导"之后的求解中产生不希望的结果。
- ✧ 如果一个分析项目中有多个共享模型的显式动力学分析，则"坠落测试向导"所创建的分析只能位于分析序列中的第一个。
- ✧ "坠落测试向导"只能在 Mechanical 应用程序中网格可编辑的项目中运行。
- ✧ 当构造几何机构是测试物体几何结构的一部分时，不能运行"坠落测试向导"，因为在这种情况下，构造几何结构的部件将不会随其余部件一起旋转。

11.3 PDA 坠落测试分析

对 PDA 电子产品来说，其坠落后的抗击能力十分重要。本例的目的就是对 PDA 从 1890mm 高度坠落时电池是否被弹出、外壳是否被摔坏进行分析。

本例使用的是已经定义的几何模型（该模型是在 ANSYS Mechanical APDL 中创建后导出的），也可以使用 ANSYS 支持的其他 CAD 软件创建的模型。下面介绍 PDA 坠落分析的具体操作过程。

11.3.1 加载MechanicalDropTest模块

启动 Workbench 2022 程序，在菜单栏中选择"扩展"→"管理扩展"命令，在弹出的"扩展管理器"对话框中勾选"MechanicalDropTest"复选框，加载 Mechanical DropTest 模块。展开左侧"工具箱"中的"分析系统"子组，将工具箱中的"LS-DYNA"选项直接拖放到项目原理图窗格中（或双击"LS-DYNA"选项），建立一个含有"LS-DYNA"分析的项目模块，如图 11-4 所示。

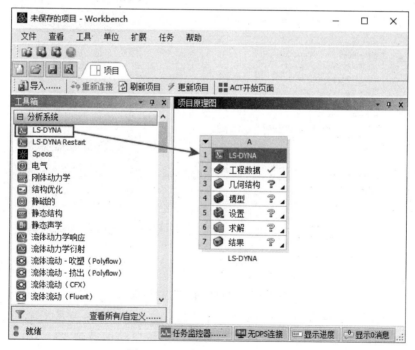

图11-4 新建LS-DYNA分析项目

在菜单栏中选择"文件"→"保存"命令，或单击主工具栏中的"保存项目"按钮 🖫，弹出"另存为"对话框，在"文件名"文本框中输入"PDA"，然后单击 保存(S) 按钮，将项目进行保存。

◧ 11.3.2 定义工程数据

本例使用两种材料模型，其中壳体、电池盖和 LCD 屏幕均使用双线性随动强化材料模型，而电池则使用各向同性弹性材料模型，它们的具体参数见表 11-1。

表 11-1 各实体的材料模型参数

实体	密度/ $(\mathrm{kg/mm^3})$	杨氏模量/ MPa	泊松比	屈服应力/ MPa	切线模量/ MPa
壳体（电池盖）	1.71E-6	17200	0.35	228	5000
LCD 屏幕	1.64E-6	10500	0.3	125	1000
电池	6.1E-6	70000	0.29	—	—

在定义工程数据之前，首先需要设置单位系统。在 ANSYS Workbench 2022 窗口的菜单栏中选择"单位"→"单位系统"命令，弹出"单位系统"对话框，如图 11-5 所示。单击选中 B8 栏，然后单击 关闭 按钮，关闭对话框。此时，"度量标准（kg, mm, s, ℃, mA, N, mV）"命令将会显示在"单位"菜单栏中，且系统将自动更改为此单位系统。

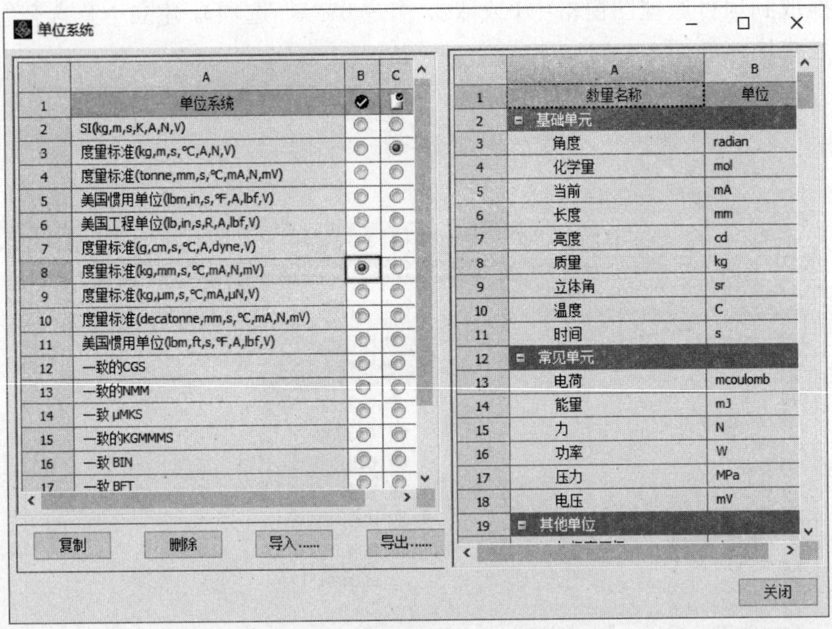

图 11-5 "单位系统"对话框

在"项目原理图"窗格中双击 A2"工程数据"单元格 2 ✓ 工程数据 ✓，或右击该单元格，在弹出的快捷菜单中选择"编辑"命令，系统自动切换到"A2：工程数据"标签，进入工程数据应用程序。单击"轮廓 原理图 A2：工程数据"窗格中 A4 单元格，输入"壳体（电池盖）"后按<Enter>键，新建一种名称为"壳体（电池盖）"的材料。单击左侧"工具箱"中"线性弹性"前的 ⊞ 符号，将其展开，然后双击"Isotropic Elasticity"（各向同性弹性）组件，或右击该组件，在弹出的快捷菜单中选择"包括属性"命令，将"Isotropic Elasticity"材料属性添加到"属性 大纲行 4：壳体（电池盖）"窗格中。单击左侧"工具箱"中"塑性"前的 ⊞ 符号,将其展开,然后双击"Bilinear Kinematic Hardening"(双线性随动强化)组件,将"Bilinear Kinematic Hardening"材料属性添加到"属性 大纲行 4:壳体(电池盖)"窗格中。在"属性 大纲行 4:壳体(电池盖)"窗格中依据表 11-1 中"壳体(电池盖)"的材料数据进行输入,即可完成壳体(电池盖)材料模型的定义,如图 11-6 所示。

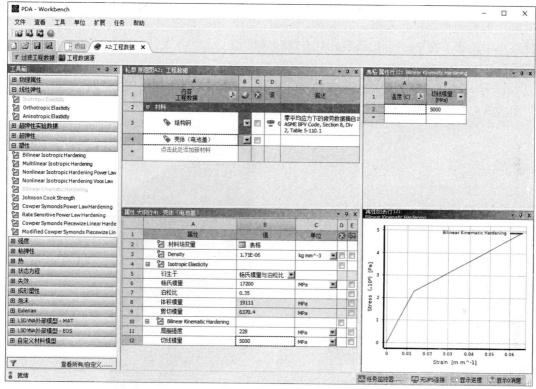

图 11-6　定义壳体(电池盖)材料模型

按照上述的方法,完成其他材料模型的定义(读者可以自行完成)。定义完成后的"轮廓 原理图 A2:工程数据"窗格如图 11-7 所示。

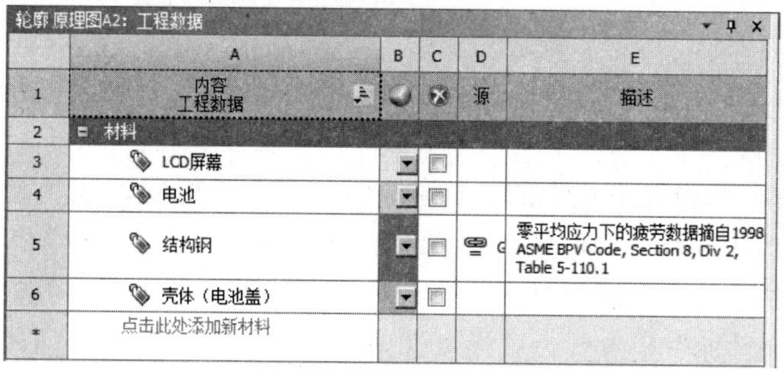

图 11-7　"轮廓 原理图 A2:工程数据"窗格

完成材料模型的定义后,单击"A2:工程数据"标签右侧的 ✖ 按钮,关闭工程数据应用程序。

📖11.3.3　导入和编辑几何模型

　　返回到 ANSYS Workbench2022 主界面，在"项目原理图"窗格中右击 A3"几何结构"单元格 ，弹出快捷菜单，选择"导入几何模型"→"浏览"命令，弹出"打开"对话框，打开电子资料包文件中提供的源文件"PDA.igs"。导入的几何模型一般需要在 DesignModeler 应用程序中进行简单的编辑后才能够应用于后续的分析，下面对 PDA 的几何模型进行编辑。右击 A3"几何结构"单元格 ，在弹出的快捷菜单中选择"在 DesignModeler 中编辑几何机构……"命令，启动 DesignModeler 应用程序。

　　1）导入模型。在"树轮廓"窗格中右击"导入 1"对象，在弹出的快捷菜单中选择"生成（F5）"命令，如图 11-8 所示.导入的 PDA 模型如图 11-9 所示。

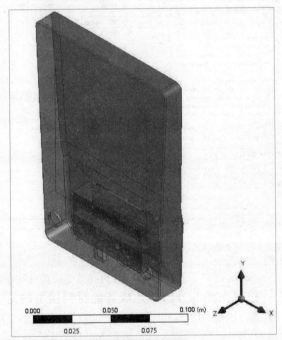

图11-8　选择"生成（F5）"命令　　　　　图11-9　导入的PDA模型

　　2）设置单位制。选择菜单栏中的"单位"→"毫米"命令，将长度单位设置为毫米。

　　3）切割操作。选择菜单栏中的"创建"→"切片"命令，在切割的属性窗格（见图 11-10）中将"切割类型"设置为"按边循环切割"；单击"边"，在图形区单击选中 LCD 屏幕的 4 条边线（选择时按住<Ctrl>键），然后单击"边"中的"应用"按钮 应用 ；将"切割目标"栏参数设置为"选定几何体"，单击"几何体"栏，在图形区单击选中壳体，然后单击"几何体"中的 应用 按钮。单击工具栏中的 生成 按钮，完成切割操作。

　　4）创建部件。在"树轮廓"窗格中单击选中第 1 个、第 2 个、第 5 个、第 6 个"固体"对象（选择时按住<Ctrl>键），然后右击，在弹出的快捷菜单中选择"形成新部件"

命令，如图 11-11 所示，将在"树轮廓"窗格中新建一个"部件"对象。右击新建的"部件"对象，在弹出的快捷菜单中选择"重新命名"命令，输入"电池 1"后按<Enter>键，即可完成"电池 1"部件的创建。按照"电池 1"部件的创建步骤，将"树轮廓"窗格中的其余的 4 个"固体"对象创建成为一个新部件，并重命名为"电池 2"。

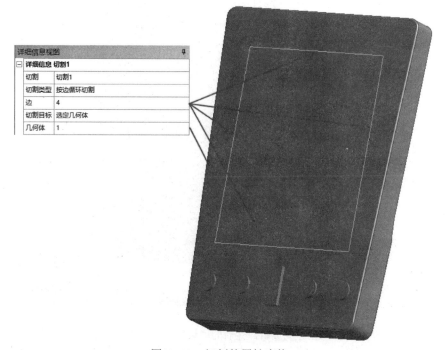

图11-10　切割的属性窗格

5）重命名表面几何体。在"树轮廓"窗格中右击第 1 个表面几何体，在弹出的快捷菜单中选择"重新命名"命令，如图 11-12 所示，输入"壳体"后按<Enter>键，将第 1 个表面几何体重命名为"壳体"。按照此方法，依次将第 2 个～第 4 个表面几何体分别重命名为"电池盖""电池分隔板""LCD 屏幕"。

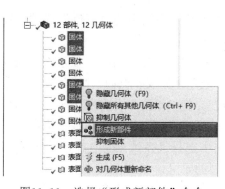

图11-11　选择"形成新部件"命令

图11-12　重新命名快捷菜单

6）创建部件。按照"电池 1"部件的创建步骤，将"壳体""电池分隔板"和"LCD 屏幕"3 个表面几何体创建成为一个新部件，并重命名为"外壳"。创建完成新部件后的"树轮廓"窗格和几何模型如图 11-13 所示。

完成几何模型的修改后，即可单击窗口右上角的 × 按钮退出 DesignModeler 应用程序。

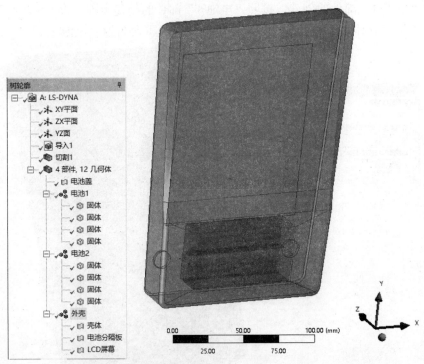

图11-13　创建完成新部件后的"树轮廓"窗格和几何模型

📖 11.3.4　定义表面几何体厚度和分配材料

返回到 ANSYS Workbench2022 主界面，在"项目原理图"窗格中双击 A4"模型"单元格 4 　模型 　，或右击 A4"模型"单元格，在弹出的快捷菜单中选择"编辑"命令，启动 Mechanical 应用程序。

首先设置单位系统.单击"主页"选项卡"工具"面板中的"单位"选项，在弹出的下拉菜单中选择"度量标准（mm、kg、N、s、mV、mA）"命令。

然后在轮廓窗格中单击选中"几何结构"下的"电池盖"对象，显示电池盖的属性窗格。此时属性窗格中的"厚度"以黄色显示，表示未定义；同时，"电池盖"对象左侧显示一个问号，表示没有完全定义。单击"厚度"，把"厚度"设置为0.5mm。此时，"电池盖"的状态标记由问号改为对号标记，表示已经完全定义。单击属性窗格中"任务"右侧的按钮，在弹出的"工程数据材料"列表中选择"壳体（电池盖）"材料模型，其他参数采用默认，完成电池盖的厚度和材料模型的定义，如图 11-14 所示。

依照此方法，参照表 11-2 中的数据，依次为部件"电池 1"和"电池 2"分配材料，为"外壳"部件中"壳体""电池分隔板"和"LCD 屏幕"表面几何体定义厚度和分配材料。

完成上述操作后，轮廓窗格中"几何结构"对象左侧的状态标记由问号改为对号，表示"几何结构"对象已经完全定义。

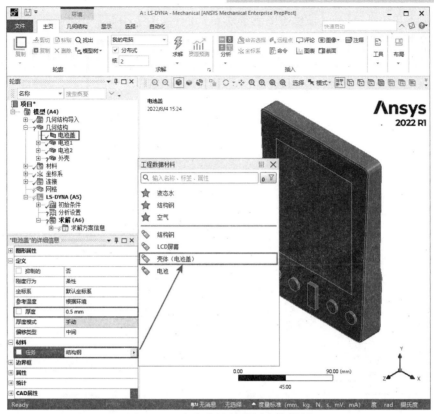

图11-14 定义电池盖的厚度和材料

表11-2 各几何体的材料及厚度

部件	几何体	材料模型	厚度/mm
电池盖	电池盖	壳体（电池盖）	0.5
电池1	4个固体	电池	—
电池2	4个固体	电池	—
外壳	壳体	壳体（电池盖）	0.5
	LCD屏幕	LCD屏幕	0.75
	电池分隔板	壳体（电池盖）	0.5

📖 11.3.5 网格划分

1）设置全局网格。单击轮廓窗格中的"网格"对象，显示网格的属性窗格。单击"单元尺寸"，将"单元尺寸"设置为3mm，其他选项采用默认，如图11-15所示。

2）设置电池的局部网格。在轮廓窗格中单击选中"几何结构"下的"电池1"和"电池2"对象，然后右击，在弹出的快捷菜单中选择"隐藏所有其他几何体。"命令，如图11-16所示。此时在视图区仅显示部件电池1和电池2。在轮廓窗格中右击"网格"对象，然后在弹出的快捷菜单中选择"插入"→"尺寸调整"命令，显示几何体尺寸调整的属性窗格。单击"几何结构",在视图区选择所有几何体,然后单击"几何结构"中的 应用 按钮,再选择"单元尺寸",将"单元尺寸"设置为 2mm,如图 11-17 所示。右击属性窗格中的"几何结构"对象,在弹出的快捷菜单中选择"显示全部几何体"命令。此时在视图区显示出所有几何体。

3)划分网格。右击轮廓窗格中的"网格"对象,在弹出的快捷菜单中选择"生成网格"命令,如图 11-18 所示,即可完成对 PDA 的网格划分。

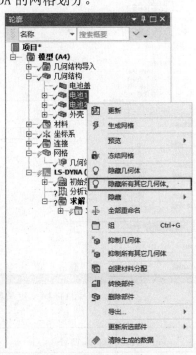

图11-15 网格的属性窗格   图11-16 选择"隐藏所有其他几何体。"命令

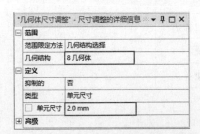

图11-17 几何体尺寸调整的属性窗格   图11-18 选择"生成网格"命令

📖 11.3.6 定义接触

在本例中,需要创建 7 组接触,具体步骤如下:

1)电池盖与电池 1 的接触。右击轮廓窗格中的"连接"对象,在弹出的快捷菜单中选择"插入"→"手动接触区域"命令,在属性窗格中将"类型"设置为"摩擦的",将"摩擦系数"设置为 0.2,将"动力系数"设置为 0.1,将"行为"设置为"不对称",

其他参数采用默认。在视图区内仅显示部件电池 1 和电池盖，选择属性窗格中的"接触"栏，在图形工具栏中单击"面"选择按钮，然后在视图区域选择电池 1 的 12 个外表面，单击属性窗格"接触"中的 [应用] 按钮；选择属性窗格中的"目标"，在视图区域选择组成电池盖的 4 个面，单击属性窗格"目标"中的 [应用] 按钮；将"目标壳面"设置为"底部"。定义电池盖与电池 1 接触后的结果如图 11-19 所示。

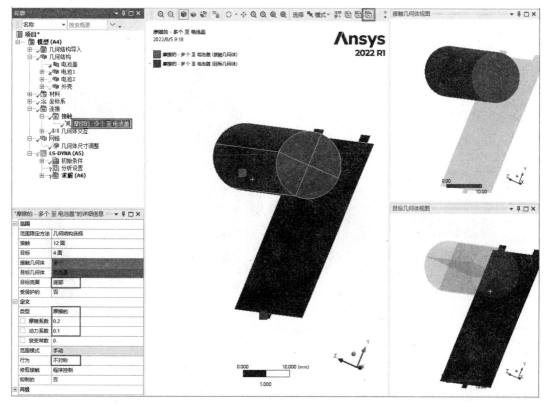

图 11-19　定义电池盖与电池 1 的接触

2）电池盖与电池 2 的接触。右击轮廓窗格中的"连接"→"接触"对象，在弹出的快捷菜单中选择"插入"→"手动接触区域"命令，在属性窗格中将"类型"设置为"摩擦的"，将"摩擦系数"设置为 0.2，将"动力系数"设置为 0.1，将"行为"设置为"不对称"，其他参数采用默认。在视图区内仅显示部件电池 2 和电池盖，选择属性窗格中的"接触"，在视图区域选择电池 2 的 12 个外表面，单击属性窗格"接触"中的"应用"按钮 [应用]；选择属性窗格中的"目标"，在视图区域选择组成电池盖的 4 个面，单击属性窗格"目标"栏中的 [应用] 按钮；将"目标壳面"设置为"底部"。定义电池盖与电池 2 接触后的结果如图 11-20 所示。

3）电池盖与外壳的接触。右击轮廓窗格中的"连接"→"接触"对象，在弹出的快捷菜单中选择"插入"→"手动接触区域"命令，在属性窗格中将"类型"设置为"摩擦的"，将"摩擦系数"设置为 0.2，将"动力系数"设置为 0.1，将"行为"设置为"不对称"，其他参数采用默认。在视图区内仅显示电池盖与外壳，选择属性窗格中的"接触"，在视图区域选择组成电池盖的 4 个面，单击属性窗格"接触"中的 [应用] 按钮；选择属性窗格中的"目标"栏，在视图区域选择如图 11-21 所示壳体的 4 个面，单击属性窗格"目标"中的 应用 按钮；将"接触壳面"设置为"顶部"，将"目标壳面"设置为"底部"。定义电池盖与外壳接触后的结果如图 11-21 所示。

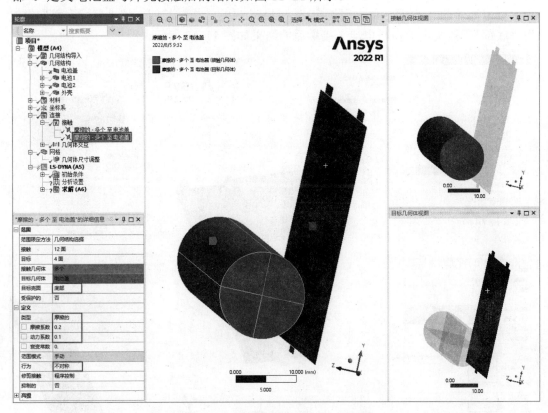

图 11-20　定义电池盖与电池 2 的接触

4）电池 1 与外壳的接触。右击轮廓窗格中的"连接"→"接触"对象，在弹出的快捷菜单中选择"插入"→"手动接触区域"命令，在属性窗格中将"类型"设置为"摩擦的"，将"摩擦系数"设置为 0.2，将"动力系数"设置为 0.1，将"行为"设置为"不对称"，其他参数采用默认。在视图区内隐藏电池盖的显示，选择属性窗格中的"接触"，在视图区域选择电池 1 的 12 个外表面，单击属性窗格"接触"中的 应用 按钮；选择属性窗格中的"目标"，在视图区域选择如图 11-22 所示壳体中组成电池仓的 4 个面，单击属性窗格"目标"中的 应用 按钮；将"目标壳面"设置为"顶部"。定义电池 1 与外壳接触后的结果如图 11-22 所示。

5）电池 1 与电池分隔板的接触。右击轮廓窗格中的"连接"→"接触"对象，在弹出的快捷菜单中选择"插入"→"手动接触区域"命令，在属性窗格中将"类型"设置为"摩擦的"，将"摩擦系数"设置为 0.2，将"动力系数"设置为 0.1，将"行为"设置为"不对称"，其他参数采用默认。在视图区内仅显示电池 1 和电池分隔板，选择属性窗格中的"接触"，在视图区域选择电池 1 的 12 个外表面，单击属性窗格"接触"中的 应用 按钮；选择属性窗格中的"目标"，在视图区域选择电池分隔板，单击属性窗格"目标"中的 应用 按钮；将"目标壳面"设置为"顶部"。定义电池 1 与电池分隔板接触后的结果如图 11-23 所示。

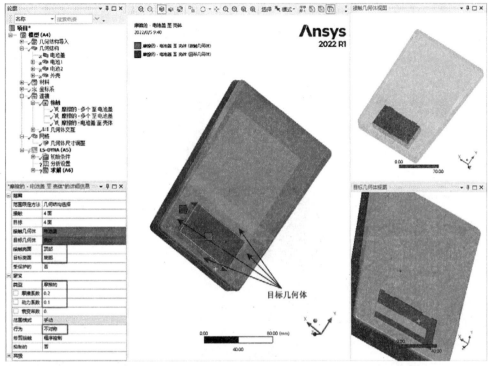

图 11-21 定义电池盖与外壳的接触

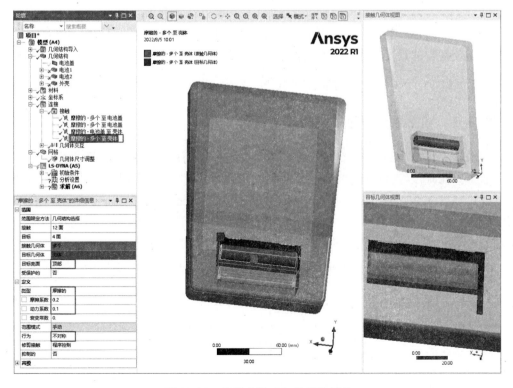

图 11-22 定义电池 1 与外壳的接触

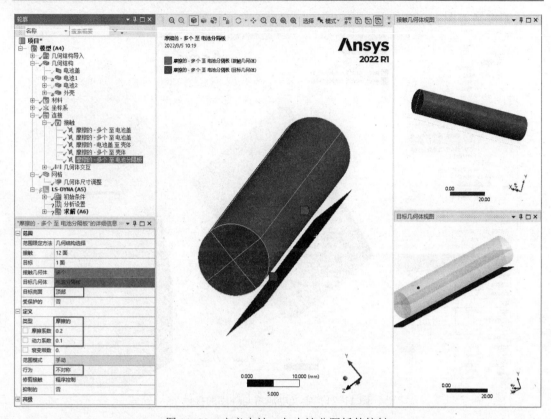

图 11-23　定义电池 1 与电池分隔板的接触

6）电池 2 与外壳的接触、电池 2 与电池分隔板的接触。按照步骤 4）和 5）中各接触的选项及参数的设定，读者自行完成电池 2 与外壳接触、电池 2 与电池分隔板接触（需要将"目标壳面"设置为"底部"）的定义。

11.3.7　定义单元算法

右击轮廓窗格中的"LS-DYNA（A5）"对象，在弹出的快捷菜单中选择"插入"→"截面"命令。此时，将会在轮廓窗格中的"LS-DYNA（A5）"对象下创建"截面"子对象，同时在轮廓窗格下方弹出如图 11-24 所示的截面属性窗格，通过"几何结构"栏选择所有的表面几何体；"公式"设置采用默认，即使用默认的单元算法；将"通过厚度积分点"设置为"3 Point"，即设置壳单元厚度方向上的积分点数为 3。

"截面"的详细信息	▼ 🗖 ×
Geometry	
范围限定方法	几何结构选择
几何结构	4 几何体
定义	
ALE	没有
公式	程序控制的
LS-DYNA ID	0
类型	Section Shell
通过厚度积分点	3 Point

图 11-24　截面的属性窗格

📖11.3.8 启动坠落测试向导

使用坠落测试向导可以非常方便快捷地进行坠落测试分析，具体步骤如下：

1）单击轮廓窗格中的"LS-DYNA（A5）"对象，然后单击"环境"选项卡"坠落测试"面板中的 选项，在 Mechanical 应用程序界面的右侧弹出"Wizard"窗格。在如图 11-25 所示的第一页向导窗格中"Drop Rotation（X）"文本框中输入-15，在"Drop Rotation（Z）"文本框中输入 20（即 PDA 模型绕 X 轴旋转-15°，绕 Z 轴旋转 20°），在"Drop Height"文本框中输入 1890（即坠落高度为1890mm），然后单击 下一个 按钮。

2）在如图 11-26 所示的第二页向导窗格中，设置"Frictional Behavior"为"Frictionless"，然后单击 完成 按钮，退出"Wizard"窗格。此时，轮廓窗格的根目录中会自动新建"转换"和"构造几何结构"对象，"LS-DYNA（A5）"下自动新建"标准地球重力""固定支撑"对象，"初始条件"下新建一个"落差"对象，"求解（A6）"下新建一个"总加速度"结果对象。此时，"LS-DYNA（A5）"下的"分析设置"和"求解（A6）"对象左侧的问号变为对号，表示已经完全定义。设置完成后的轮廓窗格如图 11-27 所示。

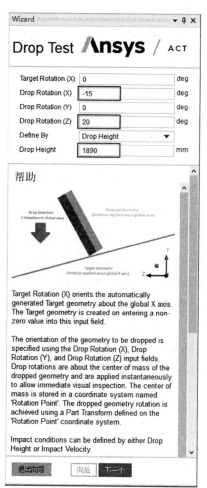

图 11-25　第一页向导窗格

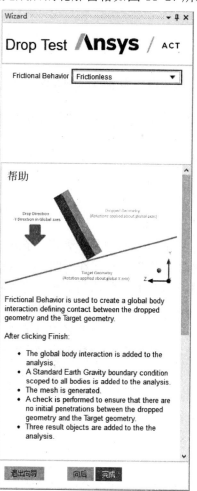

图 11-26　第二页向导窗格

3）右击轮廓窗格中的"LS-DYNA（A5）"对象，在弹出的快捷菜单中选择"求解"命令，便可进行坠落测试分析的求解。在求解过程中，可以单击轮廓窗格中"LS-DYNA（A5）"→"求解（A6）"→"求解方案信息"对象，查看求解方案信息。

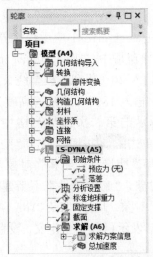

图 11-27　设置完成后的轮廓窗格

📖 11.3.9　观察分析结果

求解完成后，即可进行分析结果的观察。

1. 添加结果对象

在轮廓窗格中右击"LS-DYNA（A5）"下的"求解（A6）"对象，在弹出的快捷菜单中选择"插入"→"应力"→"等效（Von-Mises）"命令，即可添加"等效应力"结果对象。

2. 查看结果

首先查看电池是否弹出。在轮廓窗格中单击"LS-DYNA（A5）"→"求解（A6）"→"总加速度"对象，在"图形"窗格动画控制栏中单击"播放或暂停"按钮▶，即可在视图区播放 PDA 坠落的动画。可以看到 PDA 在坠落过程中，电池已经弹出。

接着查看壳体是否被摔坏。为了查看壳体的等效应力结果数据，首先需要进行几何结构的选择。在轮廓窗格中右击"几何结构"下的"外壳"对象，在弹出的快捷菜单中选择"隐藏所有其他几何体。"命令，在视图区内仅显示"外壳"部件。在轮廓窗格中单击"等效应力"对象，在属性窗格中选择"几何结构"，通过鼠标在视图区选取所有几何体后，单击 应用 按钮。右击"等效应力"结果对象，在弹出的快捷菜单中选择"评估所有结果"命令，会在视图区内图形化显示所选择的结果。

在"图形"窗格动画控制栏中单击"播放或暂停"按钮▶，即可在视图区播放等效应力云图的动画，在"表格数据"中可以查看具体的等效应力数据。在"表格数据"中可以看出，等效应力最大值发生的时间为 3.9996e-004s，由如图 11-28 所示的等效应力云图可知，外壳此刻的最大应力数值为 465.29MPa，超过了屈服应力 228MPa，因此壳体已经屈服或破裂。

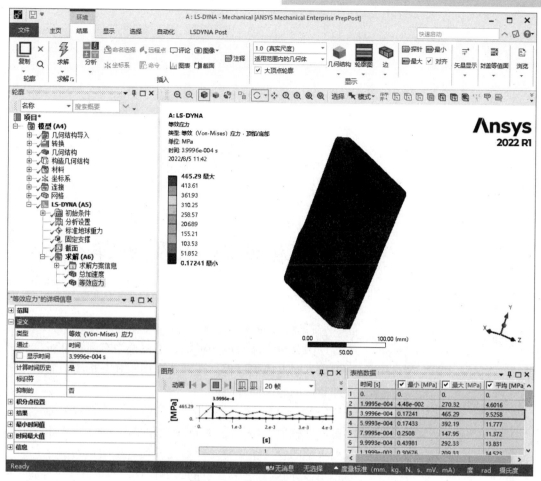

图11-28　外壳的等效应力云图

第 **12** 章

板料冲压及回弹分析

在薄板金属成形工序中,回弹变形是一个基本参数。因此对于薄板成形模拟,不仅要求有显式分析模拟其动态成形过程,还需要利用隐式分析模拟其卸载后的静态回弹阶段。

利用 ANSYS Workbench 的显式-隐式序列求解能很好地解决上述问题。本章首先介绍了显式-隐式序列求解的含义及步骤,然后以板料冲压成形为例介绍了显式-隐式序列求解的具体操作。

学 习 要 点

◎ 显式-隐式序列求解

◎ 板料冲压成形模拟

◎ 回弹分析

12.1 显式-隐式序列求解

在多数动态金属成形过程中，高度非线性变形会导致在坯料中产生大量的弹性应变能。坯料与模具动态接触过程中存储的弹性能在成形压力消失以后释放，释放的能量将作为弹性回弹的驱动力，使坯料向着原有几何构形变形或回弹，如图12-1所示。因此，板料成形的最后形状不仅取决于模具的轮廓形状，还取决于坯料部分在塑性变形时存储在该部分的弹性能总量。

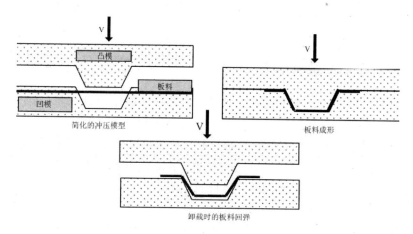

图12-1 薄板成形中的回弹

由于板料成形存在回弹变形，所有设计者只有准确地估计出成形过程中将产生的回弹量，才能正确地计算出最终的形状。但在变形过程中存储的弹性能总量是许多过程参数（如材料性质、载荷）的函数，因此用传统的方法很难预测回弹变形，从而给金属薄板成形模具设计带来许多问题和挑战。

利用 ANSYS Workbench 显式-隐式序列求解能很好地解决上述问题。首先使用 LS-DYNA 分析系统模拟冲压过程，然后将变形后的几何形状和应力输入到静态结构分析系统中，通过给定合适的边界条件模拟回弹变形，即可为薄板成形取得严格的设计容差。

目前，显式-隐式求解技术仅能用于表面几何体，且其主要目的就是模拟金属成形中的回弹。执行显式-隐式序列求解即在完成显式分析之后，将显式分析的结果输入到静态结构分析中再求解，需要 6 个基本步骤，这些步骤包括：

1）在 ANSYS Workbench 平台中创建 LS-DYNA 分析系统（A），并进行冲压过程的显式动力学分析。

2）导出厚度分布、应力分布的数据信息，保存为 csv 格式。

3）在 ANSYS Workbench 平台中创建静态结构分析系统并进行数据链接。

4）将厚度分布的 csv 文件读入外部数据组件系统（C）的"设置"单元格中。

5）读入应力分布数据。

6）通过静态结构分析系统进行回弹分析。

12.1.1 通过LS-DYNA分析系统进行冲压分析

可以在 ANSYS Workbench 平台中创建 LS-DYNA 分析系统（A），并通过该分析系统进行冲压过程的仿真分析。当执行分析的显式部分时，建议在进行回弹研究时还应考虑以下几个方面：

1）在考虑回弹效应的板料成形模拟中，必须使用表面几何体来创建板料。

2）确保用于模拟板料的壳单元的厚度是真实的。

3）为了加速整个模拟过程，可以增加冲头的速度。

4）在进行隐式求解之前仔细查看显式分析的结果，确保没有不期望的动态影响留在板料中。

12.1.2 导出结果数据信息

在显式分析之后，为了导出厚度分布、应力分布的数据信息，需要创建用户定义的结果。为了确保输出的厚度文件及应力文件中包含节点坐标信息，首先要在 Mechanical 应用程序中进行设置：单击"文件"选项卡中的"选项"，弹出如图 12-2 所示的"选项"对话框，选择"导出"选项卡，在"包含节点位置"下拉列表中选择"是"，然后单击 OK 按钮，即可在导出的文本文件中包含节点位置信息。

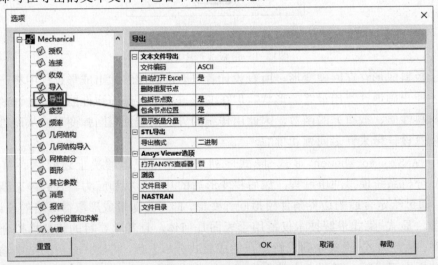

图12-2 "选项"对话框

12.1.3 创建静态结构分析系统并进行数据链接

在 ANSYS Workbench 平台中创建静态结构分析系统（B）和外部数据组件系统（C），将 LS-DYNA 分析系统（A）的"求解"单元格链接到静态结构分析系统（B）的"模型"单元格，并将外部数据组件系统（C）的"设置"单元格链接到静态结构分析系统（B）的"模型"单元格，如图 12-3 所示。

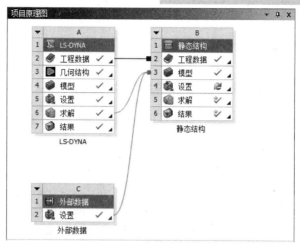

图12-3　创建静态结构分析系统并进行数据链接

📖12.1.4　读入厚度分布数据

由于回弹分析的起点是冲压分析的最后变形形状，为了将 LS-DYNA 分析所得的板料的变形形状传给静态结构分析，需要读入厚度分布数据。右击 C2 "设置" 单元格，在弹出的快捷菜单中选择 "编辑" 命令，即可切换到 "外部数据" 标签，如图 12-4 所示。在 "轮廓 Schematic C2：" 窗格中单击 B2 单元格，在弹出的下拉菜单中选择 "浏览" 命令，打开在 12.1.2 中导出的厚度分布文件，即可读入厚度分布数据。

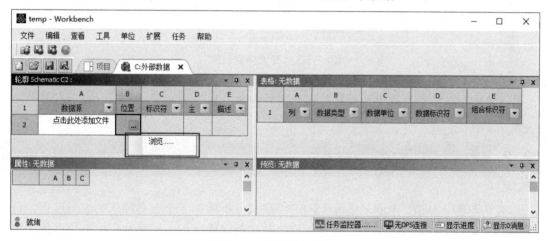

图12-4　读入外部数据

📖12.1.5　读入应力分布数据

在 ANSYS Workbench 平台中创建外部数据组件系统（D），并将应力分布的 csv 文件读入外部数据组件系统（D）的 "设置" 单元格中，然后将外部数据组件系统（D）的 "设置" 单元格链接到静态结构分析系统（B）的 "设置" 单元格。右击 D2 "设置" 单元格，在快捷菜单中选择 "编辑" 命令，即可切换到 "外部数据" 标签，在 "轮廓 Schematic D2："

窗格中单击 B2 单元格，在弹出的下拉菜单中选择"浏览"命令，打开在 12.1.2 中导出并进行编辑后的应力分布文件，即可读入应力分布数据。

12.1.6　通过静态结构分析系统进行回弹分析

在静态结构分析系统（B）中，右击 B3"模型"单元格，在弹出的快捷菜单中选择"编辑"命令，进入 Mechanical 应用程序，即可进行回弹分析。在 LS-DYNA 分析阶段，成形期间板料上不需要约束，然而对于静态结构分析，则需要重新定义边界条件。

在进行隐式回弹求解之前，应打开几何非线性开关，因为在隐式求解的开始，板料一般都有一个高度变形的几何形状。单击轮廓窗格中"静态结构（B4）"下的"分析设置"对象，在属性窗格中的"大挠曲"下拉列表中选择"开启"，打开大挠曲效应，如图 12-5 所示。

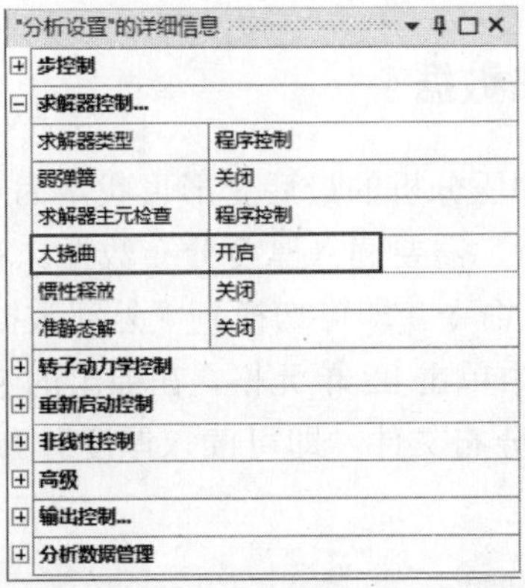

图12-5　打开大挠曲效应

定义所有的边界条件后，便可以通过在轮廓窗格中右击"静态结构（B4）"对象，在弹出的快捷菜单中选择"求解"命令，进行回弹分析的求解。

12.2　板料冲压成形模拟

本节将应用 ANSYS Workbench/LS-DYNA 显式分析模拟一个板料冲压的成形过程，再用 ANSYS Workbench 静态结构隐式分析模拟其卸载回弹过程，板料冲压成形模拟使用户可以在生产制造前改进制造工艺，从而降低产品的生产成本和周期。

12.2.1　创建LS-DYNA分析系统

启动 ANSYS Workbench 2022 程序，展开左侧"工具箱"中的"分析系统"，将"工具箱"中的"LS-DYNA"选项直接拖放到"项目原理图"窗格中，或是直接双击"LS-DYNA"选项，建立一个含有 LS-DYNA 分析系统的项目，如图 12-6 所示。

在菜单栏中选择"文件"→"保存"命令，或单击工具栏中的"保存项目"按钮，弹出"另存为"对话框,在"文件名"文本框中输入"STAMP",然后单击 保存(S) 按钮,将项目进行保存。

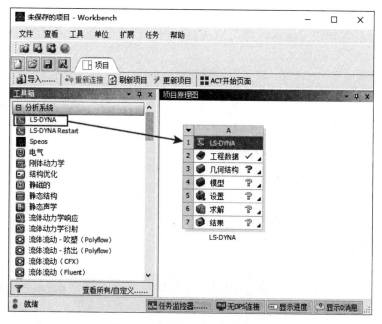

图12-6 创建LS-DYNA分析系统

📖 12.2.2 定义工程数据

在分析之前,首先需要在 ANSYS Workbench 2022 窗口的菜单栏中选择"单位"→"度量标准(kg,mm,s,℃,mA,N,mV)"命令,更改本实例的单位设置。

本例中,板料采用弹塑性材料模型(采用双线性各向同性硬化材料模型),而模具则定义为刚体,因此需要定义 3 种材料模型。表 12-1 为各实体的材料模型参数。

表 12-1 各实体的材料模型参数

实体	密度/ (kg/mm³)	杨氏模量/ MPa	泊松比	屈服应力/ MPa	切线模量/ MPa
板料	2.28E-6	3E5	0.29	300	1000
凸模	2.28E-6	3E5	0.29	—	—
凹模	2.28E-6	3E5	0.29	—	—

1)定义板料材料模型。在"项目原理图"窗格中双击"工程数据"单元格 `2 🧊 工程数据 ✓`,或右击该单元格,在弹出的快捷菜单中选择"编辑"命令,系统自动切换到"A2:工程数据"标签,进入工程数据应用程序。单击"轮廓 原理图 A2:工程数据"窗格中 A*单元格,输入"板料"后按<Enter>键,新建一种名称为"板料"的材料。单击左侧"工具箱"中"线性弹性"前的 ➕ 符号,将其展开,然后双击"Isotropic Elasticity"(各向同性弹性)组件,或右击该组件,在弹出的快捷菜单中选择"包括属性"命令,将"Isotropic Elasticity"材料属性添加到"属性 大纲行 4:板料"窗格

中。单击左侧"工具箱"中的"塑性"前 ➕ 符号，将其展开，然后双击"Bilinear Isotropic Hardening"（双线性各向同性硬化）组件，将"Bilinear Isotropic Hardening"材料属性添加到"属性 大纲行 4：板料"窗格中。在"属性 大纲行 4：板料"窗格中，依据表 12-1 中的材料数据进行输入，即可完成板料材料模型的定义，如图 12-7 所示。

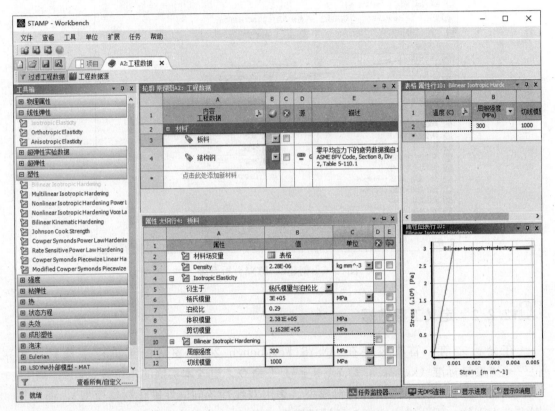

图12-7　定义板料材料模型

　　2）定义凸模材料模型。右击"轮廓 原理图 A2：工程数据"窗格中 A3"板料"单元格，在弹出的快捷菜单中选择"复制"命令，如图 12-8 所示，将会在"轮廓 原理图 A2：工程数据"窗格中创建 A4"板料 2"单元格，双击 A4 单元格，输入"凸模"后按<Enter>键，将新复制出的材料模型的名称修改为"凸模"。在"轮廓 原理图 A2：工程数据"窗格中单击选中 A4"凸模"单元格，然后在"属性 大纲行 4：凸模"窗格中右击 A10"Bilinear Isotropic Hardening"单元格，在弹出的快捷菜单中选择"删除"命令，如图 12-9 所示，将"Bilinear Isotropic Hardening"材料属性删除，完成凸模材料模型的定义。

　　3）定义凹模材料模型。右击"轮廓 原理图 A2：工程数据"窗格中 A4"凸模"单元格，在弹出的快捷菜单中选择"复制"命令，如图 12-8 所示，将会在"轮廓 原理图 A2：工程数据"窗格中创建 A6"凸模 2"单元格，同时 A4"凸模"单元格调整到 A5"凸模"单元格，双击 A6 单元格，输入"凹模"后按<Enter>键，完成"凹模"材料模型的定义。定义完成后的"轮廓 原理图 A2：工程数据"窗格如图 12-10 所示。

　　完成材料模型的定义后，单击"A2：工程数据"标签右侧的 ✖ 按钮，关闭工程数据应用程序。

属性 大纲行4: 凸模					
	A	B	C	D	E
1	属性	值	单位		
2	材料场变量	表格			
3	Density	2.28E-06	kg mm^-3		
4	Isotropic Elasticity				
5	衍生于	杨氏模量与泊松比			
6	杨氏模量	3E+05	MPa		
7	泊松比	0.29			
8	体积模量	2.381E+05	MPa		
9	剪切模量	1.1628E+05	MPa		
10	Bilinear Isotropic Hardening	删除			
11	屈服强度	工程数据源	MPa		
12	切线模量	展开全部 / 全部折叠	MPa		

图12-8　选择"复制"命令　　图12-9　删除"Bilinear Isotropic Hardening"材料属性

轮廓 原理图A2: 工程数据					
	A	B	C	D	E
1	内容 工程数据			源	描述
2	材料				
3	板料				
4	结构钢			General_Materials.xml	零平均应力下的疲劳数据摘自1998 ASME BPV Code, Section 8, Div 2, Table 5-110.1
5	凸模				
6	凹模				
*	点击此处添加新材料				

图 12-10　"轮廓 原理图 A2：工程数据"窗格

12.2.3　创建几何模型

在"项目原理图"窗格中右击 A3"几何结构"单元格 ③ 几何结构 ❓ ，在弹出的快捷菜单中选择"新的 DesignModeler 几何结构……"命令，进入 DesignModeler 应用程序。在创建几何模型之前，首先进行单位设置，选择菜单栏中的"单位"→"毫米"命令，将长度单位更改为毫米。

1. 创建板料几何模型

1) 创建新平面。首先单击选中"树轮廓"窗格中的"XY 平面"，然后单击工具栏中的"新平面"按钮 ✱，创建一个新平面。此时"树轮廓"窗格中会多出一个名为"平面 4"，在其属性窗格中，将"转换 1(RMB)"后面的参数更改为"偏移 Z"，将"FD1,值 1"后面的参数更改为 1mm，如图 12-11 所示，然后单击工具栏中的 生成 按钮。

2）创建草绘平面。首先单击选中"树轮廓"窗格中的"平面 4"，然后单击工具栏中的"新草图"按钮 ，创建一个草绘平面。此时"树轮廓"窗格中"平面 4"下会多出一个名为"草图 1"的草绘平面。

3）创建草图。单击选中"树轮廓"窗格中的"草图 1"，然后单击"树轮廓"窗格下端如图 12-12 所示的"草图绘制"标签，打开"草图工具箱"窗格。在新建的"草图 1"上绘制图形。

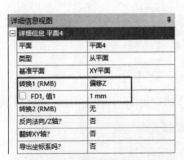

图12-11　平面的属性窗格　　　　　　　图12-12　打开草图工具箱

4）切换视图。为了方便草图绘制，单击工具栏中的"查看面/平面/草图"按钮 ，将视图切换为 XY 方向的视图。

5）绘制草图。打开的"草图工具箱"默认展开"绘制"，利用其中的绘制工具"线"命令 线 ，在 X 轴下方绘制一条水平直线，如图 12-13 所示。

6）标注草图。展开"草图工具箱"的"维度"，利用"维度"内的"半自动"命令 半自动 标注线段长度和位置尺寸。此时草图中所有绘制的轮廓线由绿色变为蓝色，表示草图中所有元素均完全约束。标注完成后的草图如图 12-14 所示。

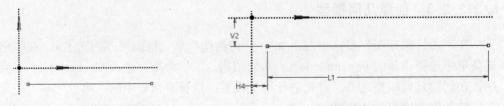

图12-13　绘制水平直线　　　　　　　图12-14　标注完成后的草图

7）修改尺寸。绘制的草图虽然已完全约束并完成了尺寸的标注，但标注的尺寸并不精确，需要在属性窗格中修改参数来精确定义草图。将属性窗格中 L1 的参数修改为 98mm，V2 的参数修改为 6.9mm，H4 的参数修改为 1mm。为了便于后面的绘图和随时查看尺寸，在"维度"内选择"显示"命令 显示 名称: ☑值: ☐，勾选后面的"值"复选框。指定尺寸后的草图如图 12-15 所示。

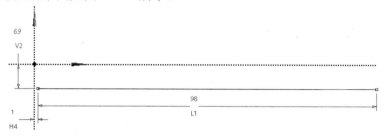

图 12-15　指定尺寸后的草图

8）拉伸模型。单击工具栏中的 挤出 按钮，此时"树轮廓"窗格自动切换到"建模"选项卡。在属性窗格中，将"FD1,深度(>0)"后面的参数更改为 48mm（即拉伸深度为 48mm），将"按照薄/表面？"后面的参数更改为"是"，将"FD2,内部厚度(>=0)"后面的参数更改为 0mm，如图 12-16 所示。单击工具栏中的 生成 按钮，完成板料模型的创建，结果如图 12-17 所示。

详细信息视图	↓
详细信息 挤出1	
挤出	挤出1
几何结构	草图1
操作	添加材料
方向矢量	无（法向）
方向	法向
扩展类型	固定的
☐ FD1, 深度(>0)	48 mm
按照薄/表面？	是
☐ FD2, 内部厚度(>=0)	0 mm
☐ FD3, 外部厚度(>=0)	0 mm
合并拓扑？	是
几何结构选择: 1	
草图	草图1

图 12-16　挤出的属性窗格

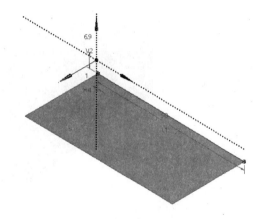

图 12-17　创建板料模型

2. 创建凸模几何模型

1）创建草绘平面。首先单击选中"树轮廓"窗格中的"XY 平面"，然后单击工具栏中的"新草图"按钮 ，创建一个草绘平面。此时"树轮廓"窗格中"XY 平面"下会多出一个名为"草图 2"的草绘平面。

2）创建草图。单击选中"树轮廓"窗格中的"草图 2"草图，然后单击"树轮廓"窗格下端的"草图绘制"标签，打开"草图工具箱"窗格。在新建的"草图 2"上绘制图形。

3）切换视图。为了方便草图绘制，单击工具栏中的"查看面/平面/草图"按钮 ，将视图切换为 XY 方向的视图。

4）绘制草图。打开的"草图工具箱"默认展开"绘制"，利用绘制工具中的"线"命令 线 和"3 点弧"命令 3点弧，绘制如图 12-18 所示的凸模草图。

5）标注草图。利用"维度"内的命令标注草图，并通过属性窗格修改参数来精确定义草图。当所有绘制的轮廓线由绿色变为蓝色时，表示草图中的所有元素均已完全约束。

再利用 ⊟移动 命令进行尺寸整理，结果如图 12-19 所示。

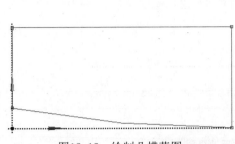

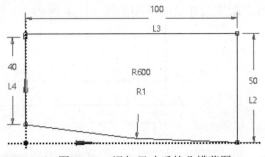

图12-18　绘制凸模草图　　　　　　　图12-19　添加尺寸后的凸模草图

6）拉伸模型。单击工具栏中的 ⬚挤出 按钮，此时"树轮廓"窗格自动切换到"建模"选项卡。在属性窗格中，将"FD1,深度(>0)"后面的参数更改为 50mm，即拉伸深度为 50mm。单击工具栏中的 ⇟生成 按钮，完成凸模模型的创建，结果如图 12-20 所示。

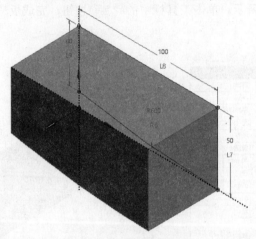

图 12-20　创建凸模模型

3．创建凹模几何模型

按照上面的步骤，在"XY 平面"上创建"草图 3"草绘平面，绘制如图 12-21 所示的凹模草图，并创建凹模模型，如图 12-22 所示。

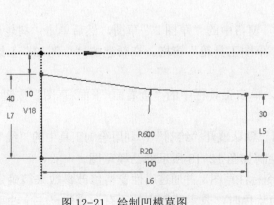

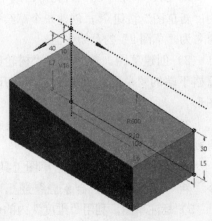

图 12-21　绘制凹模草图　　　　　　图 12-22　创建凹模模型

4. 修改几何模型的名称

右击"树轮廓"窗格中"3 部件，3 几何体"下的"表面几何体"对象，在弹出的快捷菜单中选择"重新命名"命令，或者单击该对象后，按<F2>快捷键，输入"板料"，即可完成对"表面几何体"的重新命名。按照此方法，依次将"3 部件，3 几何体"下的两个"固体"对象分别改名为"凸模"和"凹模"，结果如图 12-23 所示。此时创建的几何模型如图 12-24 所示。

完成几何模型的创建后，单击 DesignModeler 应用程序窗口右上角的"×"按钮 ⌧ ，或选择菜单栏的"文件"→"关闭 DesignModeler"命令，即可退出 DesignModeler 应用程序。此时在"项目原理图"窗格中可以看到 A3 单元格变为 ③ ▷ 几何结构 ✓ ◢，表示几何模型已经更新。

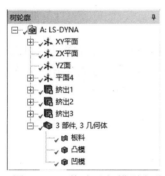

图 12-23　修改几何模型名称

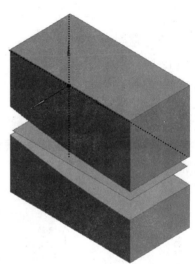

图 12-24　创建的几何模型

12.2.4　定义板料厚度和分配材料

完成几何模型的创建后，即可为几何模型分配材料。在"项目原理图"窗格中双击 A4"模型"单元格 ④ ▣ 模型 ↻ ◢ ，或右击该单元格，在弹出的快捷菜单中选择"编辑"命令，进入 Mechanical 应用程序。

在轮廓窗格中可以看到"几何结构"下有三个几何模型，分别是板料、凸模、凹模。本实例中将板料设置为柔性体，凸模和凹模均设置为刚性体，具体操作如下：

首先单击"板料"对象，在其属性窗格中，将"厚度"设置为 5mm，单击"任务"右侧的按钮 ⌄ ，在弹出的"工程数据材料"列表中选择"板料"，表示将板料材料模型分配给几何模型"板料"，设置完成后的属性窗格如图 12-25 所示。然后单击"凸模"对象，在其属性窗格中，将"刚度行为"下拉列表中选择"刚性"，即将凸模几何模型设置为刚体；将"任务"设置为"凸模"，即将凸模的材料模型分配给几何模型"凸模"。设置完成后的属性窗格如图 12-26 所示。

最后，单击"凹模"对象，仿照"凸模"的属性窗格设置，将"刚度行为"设置为"刚性"，将"任务"设置为"凹模"。

图 12-25　板料的属性窗格　　　　　　图 12-26　凸模的属性窗格

12.2.5　定义接触

本实例采用默认的几何体交互接触类型，Mechanical 应用程序已经自动创建此接触。在轮廓窗格中单击选择"连接"→"几何体交互"→"几何体交互"对象，其属性窗格中如图 12-27 所示。

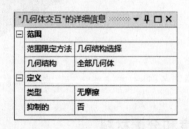

图 12-27　几何体交互的属性窗格

12.2.6　网格划分

单击轮廓窗格中的"网格"对象，显示网格的属性窗格。单击"单元尺寸"，将"单元尺寸"设置为 4mm，其他参数采用默认，如图 12-28 所示。右击轮廓窗格中的"网格"对象，在弹出的快捷菜单中选择"生成网格"命令，如图 12-29 所示，即可完成对板料、凸模、凹模的网格划分。

12.2.7　定义约束

为了模拟本例中的冲压分析，需要限制凹模所有的自由度以及板料边线 X 方向和 Z 方向的自由度。首先创建对凹模的约束。右击"LS-DYNA（A5）"对象，在弹出的快捷菜单中选择"插入"→"固定支撑"命令，创建"固定支撑"对象，在其属性窗格中单击"几何结构"后面的单元格,在视图区选中凹模,然后单击 应用 按钮,即可完成对凹模完全约束的定义,如图 12-30 所示。

图12-28　网格的属性窗格　　图12-29　选择"生成网格"命令　　图12-30　固定支撑的属性窗格

　　下面约束板料边线X方向和Z方向的自由度。右击"LS-DYNA（A5）"对象,在弹出的快捷菜单中选择"插入"→"位移"命令,创建"位移"对象。在其属性窗格中单击"几何结构"栏后面的单元格,在视图区选中板料的左侧边线,单击 应用 按钮,然后将"X分量"和"Z分量"均设置为"0.mm（斜坡）",即可完成对板料边线X方向和Z方向自由度的约束,如图12-31所示。

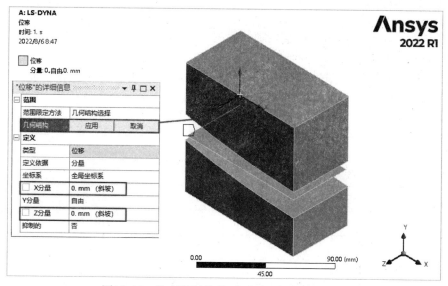

图12-31　约束板料边线X方向和Z方向的自由度

📖12.2.8　求解控制

　　为了后续的施加载荷,需要进行求解参数的设置。单击"LS-DYNA（A5）"下的"分析设置"对象,在其属性窗格中,将"结束时间"设置为"0.01 s",即求解时间为0.01s,其他栏参数采用默认,如图 12-32 所示。

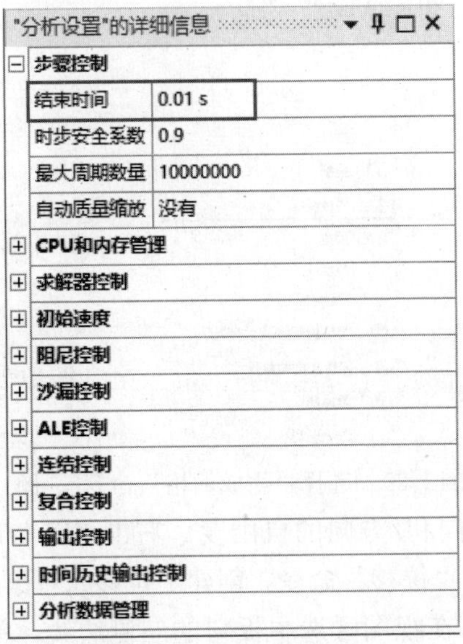

图12-32　设置求解时间

📖12.2.9　施加载荷

为了进行冲压分析模拟，需要限制凸模的 X 方向和 Z 方向的自由度，Y 方向的自由度为在求解终止时间时，向 Y 轴负方向移动-16.5mm。向凸模施加载荷，需要首先定义时间-位移值（见表 12-2）。由于凸模沿着 Y 轴负向运动，因此位移值总是负值。

表12-2　时间-位移值

时间/s	Y 方向的位移/mm
0	0
0.0044	−5.7
0.0055	−8.25
0.0066	−10.8
0.0077	−13.1
0.0088	−14.92
0.0099	−16.1
0.011	−16.5

右击"LS-DYNA（A5）"对象，在弹出的快捷菜单中选择"插入"→"位移"命令，创建"位移"对象，然后在其属性窗格中单击"几何结构"后面的单元格，在视图区选中凸模，单击 应用 按钮。继续将"X 分量"设置为"0.mm（斜坡）"，将"Z 分量"设置为"0.mm（斜坡）"，将"Y 分量"设置为表格数据，然后将表 12-2 的数据输入到"表格数据"窗格内；即可完成对凸模施加载荷，如图 12-33 所示。

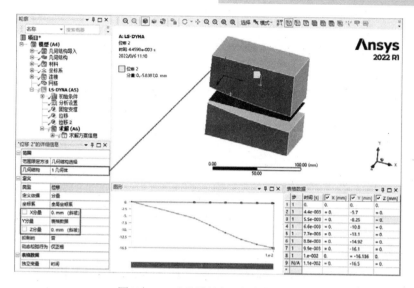

图12-33 对凸模施加Y方向的载荷

12.2.10 定义单元算法并提交求解

右击轮廓窗格中的"LS-DYNA（A5）"对象，在弹出的快捷菜单中选择"插入"→"截面"命令。此时，将会在轮廓窗格中的"LS-DYNA（A5）"对象下创建"截面"子对象，同时在轮廓窗格下方弹出如图12-34所示的截面的属性窗格。通过"几何结构"选择板料几何模型；"公式"采用默认设置，即使用默认的单元算法；将"通过厚度积分点"设置为"3 Point"，即设置壳单元厚度方向上的积分点数为3。

"截面"的详细信息	▼ ᵽ □ ×
Geometry	
范围限定方法	几何结构选择
几何结构	1 几何体
定义	
ALE	没有
公式	程序控制的
LS-DYNA ID	0
类型	Section Shell
通过厚度积分点	3 Point

图12-34 截面的属性窗格

右击轮廓窗格中的"LS-DYNA（A5）"对象，在弹出的快捷菜单中选择"求解"命令，便可进行冲压分析的求解。在求解过程中，用户可以单击轮廓窗格中的"LS-DYNA（A5）"→"求解（A6）"→"求解方案信息"对象，查看求解方案信息。

12.2.11 观察分析结果并导出结果数据信息

1. 设置输出数据信息

单击"文件"菜单栏中的"选项"，弹出"选项"对话框，选择"导出"选项卡，在"包含节点位置"下拉列表中选择"是"，如图12-35所示，然后单击 OK 按钮，即可在导出的结果文本文件中包含节点位置信息。

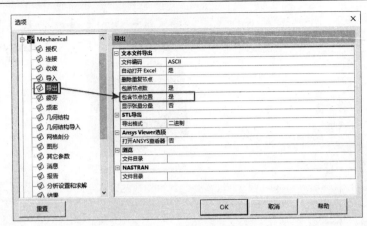

图 12-35 "选项"对话框

2. 添加结果对象

单击"求解（A6）"对象，再单击"求解"选项卡"浏览"面板中的"工作表"图标，如图 12-36 所示。在弹出的"工作表"窗格中选中"可用的求解方案数量"单选按钮，然后右击"表达式"为"THICKNESS"的行，在弹出的快捷菜单中选择"创建用户定义结果"命令，即可创建"THICKNESS"结果对象，如图 12-37 所示。依照此方法，依次右击"表达式"为"SX""SY""SZ""SXY""SYZ""SXZ""SEQV""UY"的行，创建"SX""SY""SZ""SXY""SYZ""SXZ""SEQV""UY"结果对象。

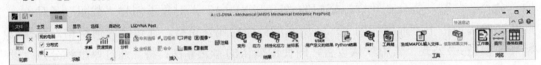

图12-36 读取结果文件

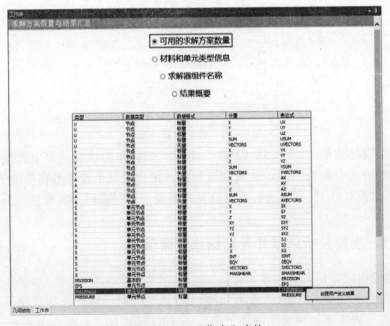

图12-37 "工作表"窗格

　　如果仅查看板料的结果数据，需要进行板料几何模型的选择。首先在轮廓窗格中右击"几何结构"下的"板料"对象，在弹出的快捷菜单中选择"隐藏所有其他几何体。"命令，即可在视图区内仅显示板料的几何模型。

　　在轮廓窗格中单击"THICKNESS"结果对象，在其属性窗格中单击"几何结构"栏后的单元格，接着通过选择过滤器仅选择体，在图形区域单击选中板料几何模型，然后单击"几何结构"中的　　应用　　按钮，"几何结构"后的单元格内容由"全部几何体"变为"1面"，即完成结果对象数据范围的限定，如图 12-38 所示。依照此方法，依次将"SX""SY""SZ""SXY""SYZ""SXZ""SEQV"结果对象的数据范围都限定为板料几何模型。

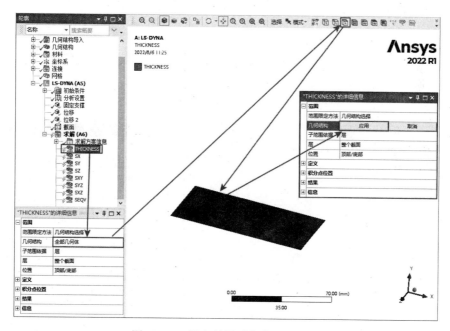

图 12-38　限定结果对象数据的范围

3. 绘制板料的等效应力云图

　　在轮廓窗格中右击"求解（A6）"对象，然后在弹出的快捷菜单中选择"评估所有结果"命令，程序在完成对所有结果的评估后，所有轮廓窗格中结果对象的左侧将变为对号标识。单击"SEQV"结果对象，将显示如图 12-39 所示的冲压结束时节点应力等值云图。

4. 绘制板料中节点的位移变化曲线

　　在轮廓窗格中单击"UY"结果对象，在弹出的快捷菜单中选择"清除生成的数据"命令，接着在其属性窗格中单击"几何结构"后的单元格，通过选择过滤器限定仅选择节点，在图形区域单击选择右前角处的节点 8010（位置为（99，-6.9，49）），然后单击"几何结构"中的　　应用　　按钮，完成结果对象数据范围的限定。右击"UY"结果对象，在弹出的快捷菜单中选择"评估所有结果"，即可以通过"图形"和"表格数据"窗格对该节点的 Y 方向的位移变化进行查看，如图 12-40 所示。

由曲线和表格数据中都可以看出，板料的运动已经逐渐趋于稳定，可以进行下一步的隐式回弹分析。

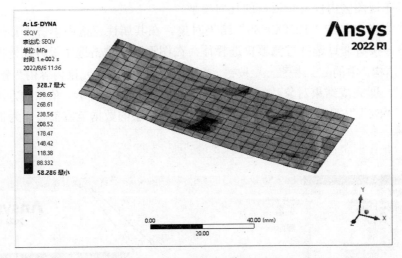

图12-39　节点应力等值云图

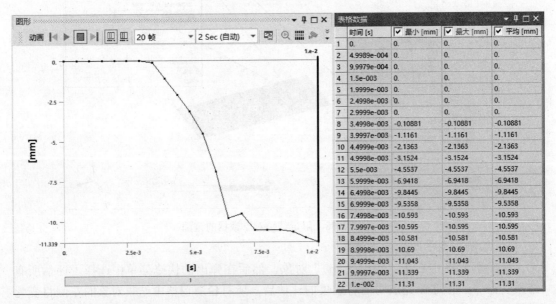

图12-40　查看节点的位移变化

5. 导出结果数据信息

在轮廓窗格中单击"THICKNESS"结果对象，在弹出的快捷菜单中选择"导出"→"导出文本文件"命令，如图 12-41 所示。Mechanical 应用程序将弹出"另存为"对话框，在"文件名"文本框中输入"THICKNESS"，单击 保存(S) 按钮，如图 12-42 所示。系统将通过 Excel 程序打开 THICKNESS.txt 文件，显示的厚度结果数据如图 12-43 所示。对厚度结果数据进行查看后，单击菜单栏中的"文件"→"另存为"命令，在"保存类型"下拉列表中选择"SCV（逗号分隔）"，然后单击 保存(S) 按钮，如图 12-44 所示，即可完成厚度结果数据的导出。

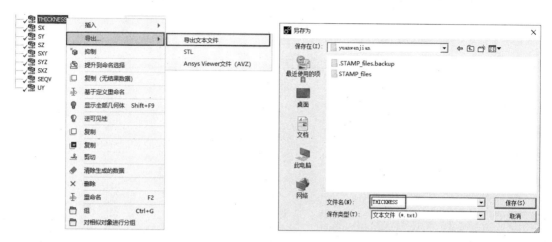

图 12-41　选择"导出文本文件"命令　　　　　图 12-42　"另存为"对话框

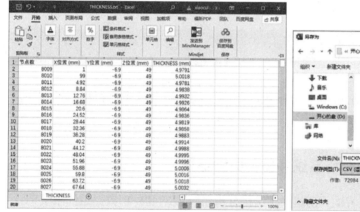

图 12-43　厚度结果数据列表

图 12-44　"另存为"对话框

依照此方法，将结果对象"SX""SY""SZ""SXY""SYZ""SXZ"的应力结果数据进行导出，分别以文件名"SX. txt""SY. txt""SZ. txt""SXY. txt""SYZ. txt""SXZ. txt进行保存，并保持在 Excel 程序中打开的文件处于开启状态。下面将以上六个文件中的应力结果数据进行整理，然后保存到"STRESS. scv"文件中。

操作步骤如下"首先在 Excel 程序中将"SX. txt"另存为"STRESS. scv"文件，然后将"SY. txt""SZ. txt""SXY. txt""SYZ. txt""SXZ. txt"文件中的 E 列数据分别复制到"STRESS. scv"文件中的 F 列、G 列、H 列、I 列、J 列，并将第一行的 E 列、F 列、G 列、H 列、I 列、J 列单元格内容修改为"X 法向应力（MPa）""Y 法向应力（MPa）""Z 法向应力（MPa）""XY 剪切应力（MPa）""YZ 剪切应力（MPa）""XZ 剪切应力（MPa）"。整理后的应力数据结果如图 12-45 所示。

在 Mechanical 应用程序中完成板料冲压成形模拟后，可以单击程序窗口右上角的 ✖ 按钮，或单击"文件"菜单栏中的"关闭 Mechanical"选项，退出 Mechanical 应用程序。

节点数	X位置 (mm)	Y位置 (mm)	Z位置 (mm)	X法向应力 (MPa)	Y法向应力 (MPa)	Z法向应力 (MPa)	XY剪切应力 (MPa)	YZ剪切应力 (MPa)	XZ剪切应力 (MPa)
8009	1	-6.9	49	178.9	4.2513	-23.423	-24.215	66.982	-40.603
8009	1	-6.9	49	272.45	5.0315	213.68	-30.857	88.017	-72.979
8010	99	-6.9	49	143.42	3.3306	-156.63	-25.458	78.619	-60.71
8010	99	-6.9	49	-162.53	1.2674	146.05	-0.29924	75.247	58.536
8011	4.92	-6.9	49	103.86	24.412	-33.934	-58.062	72.876	-42.921
8011	4.92	-6.9	49	260.96	11.25	119.28	-46.716	66.829	-34.839
8012	8.84	-6.9	49	78.298	13.431	-3.5133	-2.0727	50.316	-36.378
8012	8.84	-6.9	49	207.25	2.3493	15.042	-1.5442	31.134	-18.19
8013	12.76	-6.9	49	212.49	-12.323	76.206	33.471	-17.161	-5.6626
8013	12.76	-6.9	49	4.0062	-22.376	-72.457	70.699	-35.175	-33.694
8014	16.68	-6.9	49	230.24	11.576	105.64	-69.009	-50.018	-25.466
8014	16.68	-6.9	49	-130.56	-3.2508	-138.11	-2.623	-86.918	-4.7591
8015	20.6	-6.9	49	5.3536	23.98	21.511	-66.633	9.1001	-66.077
8015	20.6	-6.9	49	44.192	20.132	-9.471	-67.249	-31.878	36.079
8016	24.52	-6.9	49	-172.48	7.0737	-159.27	29.432	75.779	-64.819
8016	24.52	-6.9	49	241.09	9.755	123.66	-10.595	70.789	47.567
8017	28.44	-6.9	49	-184.53	4.9	-288.76	42.793	84.168	-32.553
8017	28.44	-6.9	49	259.96	16.216	184.84	-14.866	118.18	37
8018	32.36	-6.9	49	-120.84	-2.9568	-109.5	50.709	23.216	-0.59092
8018	32.36	-6.9	49	189.99	7.5626	26.544	-4.5856	51.757	26.196
8019	36.28	-6.9	49	-5.2357	0.16041	173.14	50.812	-86.239	4.9622

图 12-45　整理后的应力数据结果

12.3　回弹分析

本节将应用 ANSYS Workbench 隐式分析中的静态结构分析系统来模拟板料冲压卸载后的回弹过程。具体操作如下。

📖 12.3.1　创建静态结构分析系统并进行数据链接

返回到 ANSYS Workbench 主界面，创建静态结构分析系统（B）和外部数据组件系统（C），将 A2"工程数据"单元格链接到 B2"工程数据"单元格，将 LS-DYNA 分析系统（A）中的 A6"求解"单元格链接到静态结构分析系统（B）中的 B3"模型"单元格，并将外部数据组件系统（C）中的 C2"设置"单元格链接到静态结构分析系统（B）中的 B3"模型"单元格，然后右击 A6"求解"单元格，在弹出的快捷菜单中选择"更新"命令，结果如图 12-46 所示。

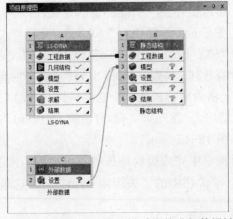

图 12-46　创建静态结构分析系统并进行数据链接

📖 12.3.2 读入厚度分布数据

由于回弹分析的起点是冲压分析的最后变形形状，为了将 LS-DYNA 分析所得的板料的变形形状传给静态结构分析，需要读入厚度分布数据。双击"项目原理图"窗格中的 C2"设置"单元格 ，或右击"项目原理图"窗格中的 C2"设置"单元格 ，在弹出的快捷菜单中选择"编辑"命令，即可切换到"C：外部数据"界面。

在"轮廓 Schematic C2："窗格中单击 B2 单元格，在弹出的下拉菜单中选择"浏览"命令，弹出"打开文件"对话框，找到并选中在 12.2.11 小节中导出的厚度分布文件"THICKNESS.scv"，单击 打开(O) 按钮，如图 12-47 所示，即可读入厚度分布数据。

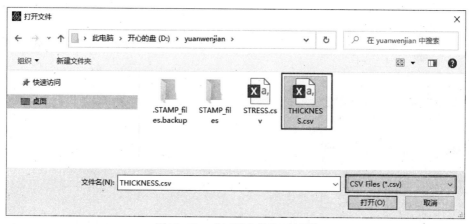

图12-47 "打开文件"对话框

在"轮廓 Schematic C2："窗格中单击 A2 单元格，选中导入的文件"THICKNESS.scv"，将属性文件窗格中的 B4 单元格参数设置为 2。在表格文件窗格中，单击 B2 单元格，在下拉列表中选择"节点 ID"；单击 B3 单元格，在下拉列表中选择"X 坐标"；单击 B4 单元格，在下拉列表中选择"Y 坐标"；单击 B5 单元格，在下拉列表中选择"Z 坐标"；单击 B6 单元格，在下拉列表中选择"厚度"，如图 12-48 所示。然后单击"C：外部数据"标签右侧的 ✕ 按钮，返回"项目原理图"窗格。右击 C2"设置"单元格，在弹出的快捷菜单中选择"更新"命令，即可完成"设置"单元格的更新。

右击B3"模型"单元格 ，在弹出的快捷菜单中选择"编辑"命令，即可启动Mechanical应用程序，在轮廓窗格中单击"几何结构"→"导入的厚度（C2）"→"导入的厚度"对象，在其属性窗格中单击"几何结构"后的单元格，接着通过选择过滤器仅选择面，在图形区域单击选中板料几何模型，然后单击"几何结构"中的 应用 按钮。

接着将"映射控制"设置为"手动"，将"加权"设置为"直接分配"，如图12-49所示。右击轮廓窗格中的"导入的厚度"对象，在弹出的快捷菜单中选择"导入厚度"命令，完成板料厚度分布数据的导入，结果如图12-50所示。然后退出Mechanical应用程序，返回"项目原理图"窗格。

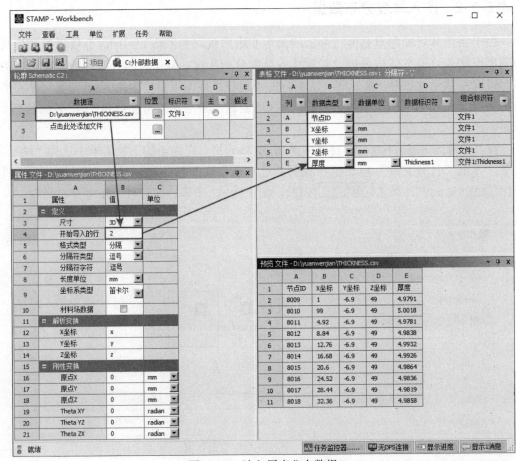

图12-48　读入厚度分布数据

📖12.3.3　读入应力分布数据

在 ANSYS Workbench 中创建外部数据组件系统（D），将 D2"设置"单元格链接到 B4"设置"单元格，完成后的"项目原理图"如图 12-51 所示。右击 D2"设置"单元格，在弹出的快捷菜单中选择"编辑"命令，即可切换到"D：外部数据"界面。在"轮廓 Schematic D2："窗格中单击 B2 单元格，在弹出的下拉菜单中选择"浏览"命令，找到并打开 12.2.11 小节中导出的应力分布文件"STRESS.scv"，即可读入应力分布数据。按图 12-52 所示设置参数后，单击"D：外部数据"标签右侧的 ✖ 按钮，返回"项目原理图"窗格。右击 D2"设置"单元格，在弹出的快捷菜单中选择"更新"命令，即可完成"设置"单元格的更新。

右击B4"设置"单元格，在弹出的快捷菜单中选择"编辑"命令，即可启动Mechanical应用程序。在轮廓窗格中右击"静态结构（B4）"→"导入的载荷（D2）"对象，然后在弹出的快捷菜单中选择"插入"→"初始应力"命令。在其属性窗格中单击"几何结构"后的单元格，接着通过选择过滤器仅选择体，在图形区域单击选中板料几何模型，单击"几何结构"中的 应用 按钮；将其属性窗格中的"映射控制"设置为"手动"，"转移类型"设置为"表面"。然后在"数据视图"窗格中，将"XX分量（MPa）""YY分量（MPa）""ZZ分量（MPa）""XY分量（MPa）""YZ分量（MPa）""XZ分量（MPa）"的参数分别设置为"文件1：Stress1""文件1：Stress2""文件1：Stress3""文件1：Stress4""文件1：Stress5""文件1：Stress6"，如图12-53所示。

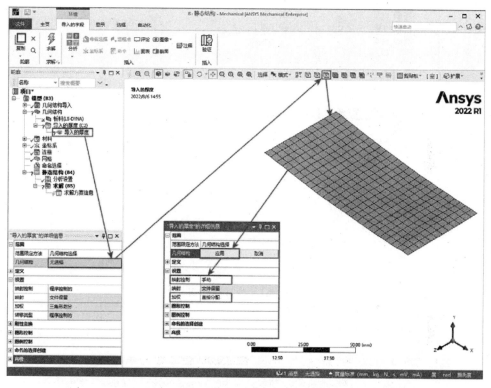

图12-49　导入板料的厚度分布数据

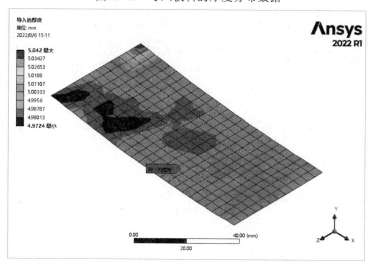

图12-50　导入板料厚度分布数据后的结果

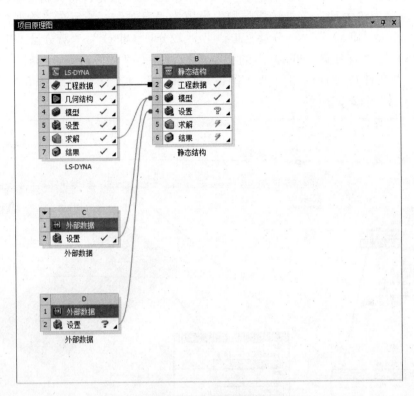

图12-51　项目原理图

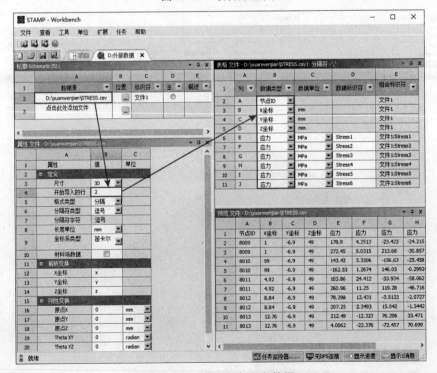

图12-52　读入应力分布数据

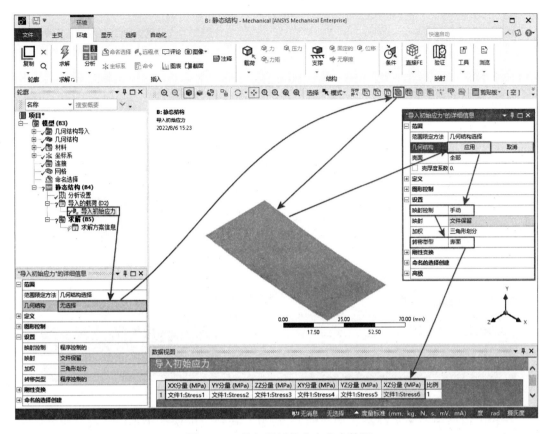

图12-53　导入板料的应力分布数据

右击轮廓窗格中的"导入初始应力"对象，在弹出的快捷菜单中选择"导入载荷"命令，完成应力分布数据的导入。

12.3.4　定义边界条件

在轮廓窗格中右击"静态结构 B（4）"对象，然后在弹出的快捷菜单中选择"插入"→"固定支撑"命令，在其属性窗格中单击"几何结构"后的单元格，接着通过选择过滤器仅选择边，在图形区域单击选择板料左侧边，然后单击"几何结构"中的 应用 按钮，完成边界条件的定义，如图 12-54 所示。

12.3.5　进行隐式求解

在进行隐式回弹求解之前，需要打开几何非线性开关，因为在隐式求解的开始，板料一般都有一个高度变形的几何形状。单击轮廓窗格中"静态结构（B4）"下的"分析设置"对象，在属性窗格中的"大挠曲"下拉列表中选择"开启"，打开大挠曲效应，如图 12-55 所示。

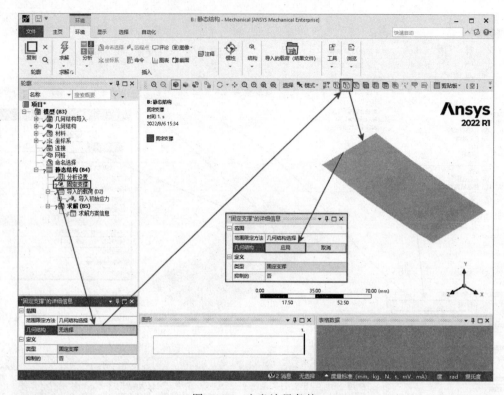

图12-54 定义边界条件

在轮廓窗格中右击"静态结构（B4）"对象，在弹出的快捷菜单中选择"求解"命令，即可进行隐式回弹求解。

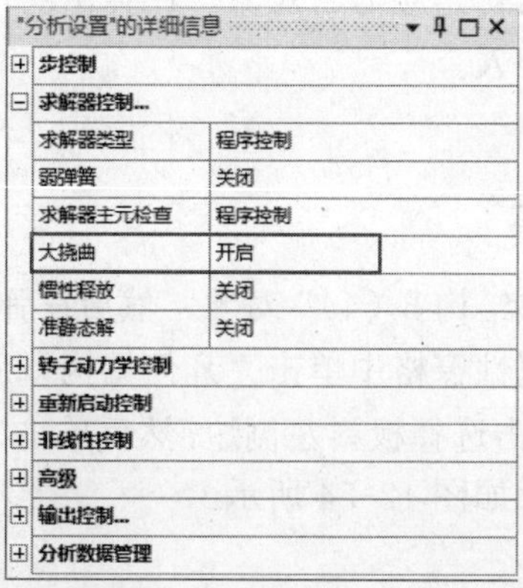

图 12-55 打开大挠曲效应

12.3.6 检查回弹结果

1. 添加结果对象

右击轮廓窗格中的"求解（B5）"对象，在弹出的快捷菜单中选择"插入"→"变形"→"总计"命令，创建"总变形"结果对象。

2．对结果进行评估

在轮廓窗格中右击"总变形"结果对象，然后在弹出的快捷菜单中选择"评估所有结果"命令。

3．定义变形比例因子

回弹变形较小，如果要放大变形效果，可在"结果"选项卡"显示"面板中的"变形比例因子"下拉列表中选择"38（0.5x 自动）"选项，如图 12-56 所示，完成变形比例因子的定义。

4．绘制变形图，比较回弹结果

如果要与回弹前的板料几何形状进行比较，可单击"结果"选项卡"显示"面板中的"边"选项，在弹出的下拉菜单中选择"显示未变形的线框"命令，如图 12-56 所示。图 12-57 所示为板料的回弹结果云图。

图 12-56　定义变形比例因子

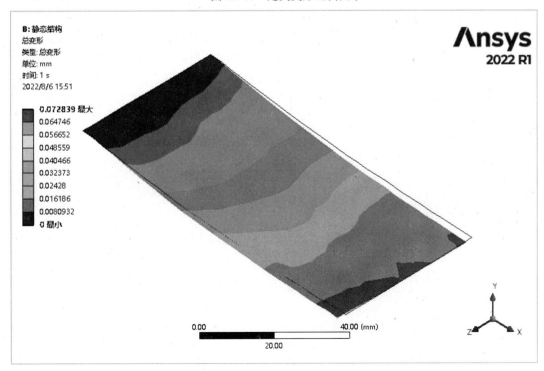

图12-57　板料回弹结果云图

第 **13** 章

鸟撞发动机叶片模拟

鸟撞发动机叶片是叶片设计中不可缺少的重要环节，利用数值模拟对发动机叶片进行抗鸟撞能力分析，可以大大缩短产品的研发周期并降低研制成本。

为了正确得到鸟撞发动机叶片模拟结果，需要在进行显式分析之前利用隐式分析对叶片进行预加载。本章首先介绍了隐式-显式序列求解的含义及步骤，然后介绍了鸟撞发动机叶片模拟的具体操作。

学 习 要 点

- 隐式-显式序列求解
- 鸟撞发动机叶片模拟的设置及后处理

13.1 隐式-显式序列求解

许多使用 ANSYS Workbench/LS-DYNA 进行分析的结构都需要施加预载荷。如果不能确定预载荷是否影响系统的动态响应，就需要进行隐式-显式序列求解。

隐式-显式序列求解是指使用隐式求解器得到模型的初始应力，然后在显式动力分析之前将它们加载到结构上。初始应力通常叫作"预载荷"，当它影响被分析结构的动力响应时被包含在显式分析中。

不像显式-隐式序列求解仅局限于金属成形过程，隐式-显式序列求解可广泛用于初始应力影响动态响应的工程问题中。

可以将预应力定义为显式动力学系统中的初始条件，指定仅位移或更完整的材料状态（位移、速度、应力和应变）从静态或瞬态结构分析到显式动力学分析的初始应力的传递。

从隐式分析到显式分析序列求解中，施加预应力时要注意如下事项：

1）施加预应力仅适用于三维分析。

2）映射应力、塑性应变、位移和速度的材料状态模式仅对实体模型有效。

3）仅位移模式对实体、壳和梁模型有效。

4）隐式和显式分析都需要相同的网格，只允许使用低阶单元。如果使用高阶单元，将阻止解算并发出错误消息。

5）对于非线性的隐式分析，必须单击轮廓窗格中的"分析设置"对象，将其属性窗格中"输出控制"下的"应变"设置为"是"，因为正确的分析结果需要考虑塑性应变。

13.1.1 创建隐式-显式序列求解分析系统

启动 ANSYS Workbench 程序，展开左边"工具箱"中的"分析系统"，首先创建一个隐式分析系统（以静态结构分析系统为例），然后将"LS-DYNA"分析系统拖放到隐式分析系统中的"求解"单元格 6 🔳 求解 ❓ ，即可创建隐式-显式序列求解分析系统，并自动创建数据链接，如图 13-1 所示。

13.1.2 定义隐式求解参数

在隐式分析系统中，通过定义材料模型、创建几何模型、指定材料、划分网格、定义载荷来完成隐式显式序列求解分析系统中的隐式分析部分参数的设定。

在隐式分析中，所有在显式分析中需要的几何模型都需要被导入，并对其进行网格划分。

这些附加单元（如在鸟撞分析中的鸟或跌落中的目标平面）的所有自由度都应该被约束，以使它们不成为隐式分析的一部分。

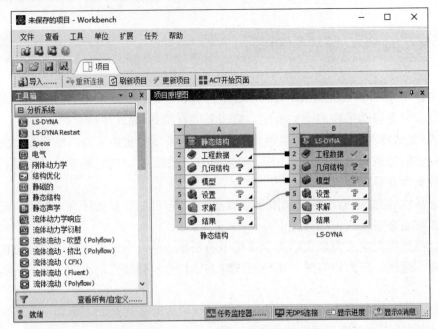

图 13-1　隐式-显式序列求解分析系统

13.1.3　预应力模式定义

在显式分析中，在轮廓窗格中单击"初始条件"下的"预应力"对象，即可通过其属性窗格对预应力模式进行设置。在这一步，LS-DYNA 对原来的几何构形施加隐式分析的载荷（位移、转角和温度），并计算其变形几何构形，然后将它用作显式分析的起始点。在如图 13-2 所示的属性窗格中依次设置选项，即可完成显式分析中预应力模式的定义。

❖　预应力环境：用于确定是否施加预应力。

❖　模式：包含"位移"和"材料状态"两个选项。"位移"选项是指将静态分析中基于节点的位移用于初始化显式分析的节点位置。将这些节点位移转换为基于节点的恒定速度，并在预定义的时间内应用，以获得所需的位移坐标。在此期间，单元应力和应变可通过显式求解器正常计算。一旦获得了位移的节点位置，所有基于节点的速度都被设置为 0，并且求解方案被完全初始化。此选项适用于非结构化实体（六面体和四面体）、壳和梁。"材料状态"选项是指在显式分析的预应力初始化时，使用隐式解中基于节点的位移、单元应力和应变以及塑性应变和速度。此选项适用于线性静态结构、非线性静态结构或瞬态动态机械系统的结果。ANSYS 解决方案可以在稳态热求解方案之前进行，以便在求解方案中引入温差。在这种情况下，热膨胀引起的热应力将被转移，并可能会消散，因为在显式分析中没有考虑热膨胀系数。此选项仅可用于非结构化实体图元（六面体和四面体）。

❖　时间：从隐式分析中提取结果的时间。

❖　时步因子：显式解的初始时间步长乘以时间步长因子。所得时间与 ANSYS 隐式分析中的节点位移一起用于计算恒定的节点速度。这些节点速度将在所产生的时间内应用于显式模型，以便将显式节点初始化到正确的位置。

图13-2　预应力的属性窗格

📖13.1.4　施加显式分析所需的接触、载荷条件

在进行显式分析时，需要在分析的结构上施加载荷。这些载荷一般包括初始速度和时间历程载荷，其施加的方法见前面的章节。注意，一般隐式-显式序列求解需要创建"动态松弛"对象，在其属性窗格的定义中，"松弛类型"栏参数需要设置成"ANSYS 解决方案后的显式"（ANSYS 解决方案后的显式）选项，如图 13-3 所示。

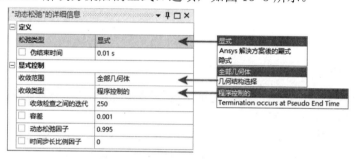

图 13-3　动态松弛的属性窗格

📖13.1.5　进行隐式-显式序列求解

指定载荷后，还需要对显式求解进行一些控制，如求解时间、求解文件输入类型、求解文件输出频率等（这些操作可以参考前面章节的内容）。

当以上操作都完成以后，就可以进行隐式-显式序列求解。

13.2　鸟撞发动机叶片模拟的设置及后处理

鸟与飞行中的飞机相撞经常会导致飞机和发动机结构的损伤，甚至导致机毁人亡的灾难性事故。因此鸟撞问题一直受到飞机设计师和飞机用户的关注。然而，飞机要完全避免飞鸟的撞击是不可能的，只有提高飞机结构抗鸟撞的能力才能将鸟撞事故造成的损失减小到最低限度。鸟撞飞机结果的严重程度主要取决于所撞飞机的部位、鸟的重量和鸟与飞机的相对撞击速度等因素，所以在飞机的抗鸟撞设计中，这些因素都要加以考虑。根据飞行事故统计，受鸟撞击概率最大的两个部位是飞机发动机的叶片和风挡，鸟撞击发动机叶片时，会破坏发动机的叶片,迫使发动机停止工作,极可能引发灾难性事故,因此发动机叶片抗鸟撞模拟分析具有重要的现实意义。鸟撞发动机叶片是发生在毫秒量级的非线性冲击动力学问题，具有以下特点：

　　1）瞬时强值动载荷，作用时间短，结构惯性影响不可忽略。

　　2）柔性撞击，撞击载荷与结构动态响应之间有耦合现象。

　　3）结构大变形引起几何非线性现象。

　　4）高的撞击速度引起高应变率。所以还需要考虑材料应变率方面的问题。

📖13.2.1　创建隐式-显式序列求解分析系统

　　启动 ANSYS Workbench 程序，展开左边"工具箱"中的"分析系统"，首先创建一个"静态结构"分析系统，然后将"LS-DYNA"系统拖放到"静态结构"分析系统中的 A6"求解"单元格 6　求解 ，即可创建隐式-显式序列求解分析系统，并自动建立分析系统之间的数据链接，如图 13-4 所示。然后选择菜单栏中的"文件"→"另存为"命令，以"BIRD.wbpj"为文件名将分析项目进行存盘。

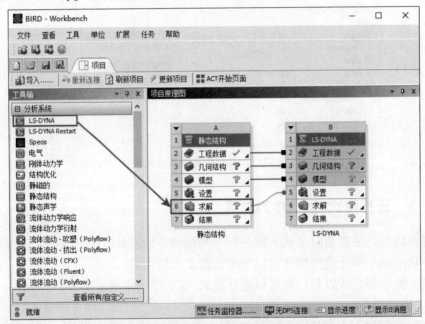

图 13-4　创建隐式-显式序列求解分析系统

📖13.2.2　定义隐式求解参数

　　为了模拟鸟撞发动机叶片，在进行显式分析之前利用隐式分析对发动机叶片进行预加载是十分必要的，否则由于离心力的作用，模拟将得不到正确的结果。由 $v = \omega r$（其中，v 为发动机叶片上某部位的线速度，ω 为发动机叶片旋转的角速度，r 为该部位到旋转轴中心的距离）可以知道，叶片上离中心最远的部位速度最大，在相同的参数下，这部分最为薄弱，因此在建模时要将鸟撞击的部位定位在叶片最外部。

　　1. 定义工程数据

　　本例使用了三种材料模型，其中毂使用各向同性弹性材料模型（不考虑毂的塑性变形），叶片使用双线性各向同性硬化材料模型，鸟体使用双线性随动强化材料模型，各材料的模型具体参数见表 13-1。其中，对鸟体的材料模型定义了失效应变，因为在鸟体撞击的计算过程中，随着鸟体变形的增大，网格变形也增大，计算步长会越来越小，容易发生网格畸变和负体积，对材料定义失效后，会删除失效网格，这样不仅可以保证计算顺利进行，而且能很好地控制时间步长。

表 13-1   材料模型参数

部件	密度/ （kg/mm³）	杨氏模量/ MPa	泊松比	屈服强度/ MPa	切线模量/ MPa	失效应变
毂	4.429E-6	105000	0.3			
叶片	4.429E-6	105000	0.3	868	927	
鸟体	1E-6	10000	0.49	1	5	1.25

在分析之前，首先需要在 ANSYS Workbench 2022 窗口的菜单栏中选择"单位"→"度量标准（kg, mm, s, ℃, mA, N, mV）"，完成单位系统的设置。

在"项目原理图"窗格中双击 A2"工程数据"单元格 `2 ◆ 工程数据 ✓ ▲`，或右击该单元格，在弹出的快捷菜单中选择"编辑"命令，系统自动切换到"A2：工程数据"，进入工程数据工作区。单击"轮廓 原理图 A2, B2：工程数据"窗格中 A*单元格，输入"毂"后按<Enter>键，新建一种名称为"毂"的材料。单击左侧"工具箱"中"线性弹性"子组前的 ✚ 符号，将其展开，然后双击"Isotropic Elasticity"（各向同性弹性）组件，将"Isotropic Elasticity"材料属性添加到"属性 大纲行 3：毂"窗格中；在"属性 大纲行 4：毂"窗格中按图 13-5 所示定义毂的材料模型。

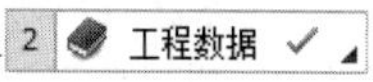

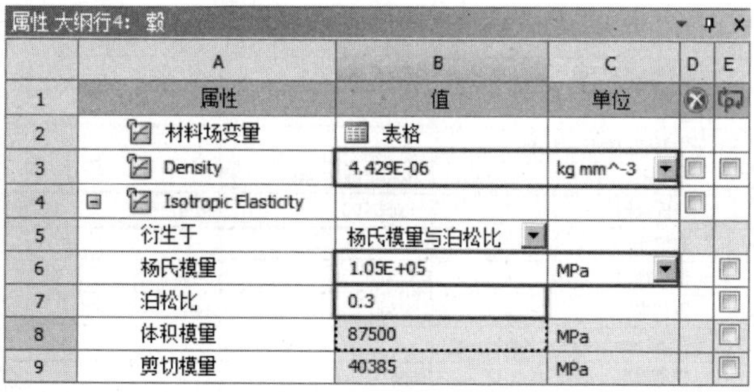

图 13-5   定义毂的材料模型

右击"轮廓 原理图 A2，B2：工程数据"窗格中 A3"毂"单元格，在弹出的快捷菜单中选择"复制"命令，如图 13-6 所示。在复制出的 A4"毂 2"单元格中双击，对材料模型的名称进行修改，输入"叶片"后单击该单元格，即可新建一种名称为"叶片"的材料，且已经包含了材料"毂"的材料参数。单击左侧"工具箱"中的"塑性"前 ✚ 符号，将其展开，然后双击"Bilinear Isotropic Hardening"（双线性各向同性硬化）组件，将"Bilinear Isotropic Hardening"组件添加到"属性 大纲行 4：叶片"窗格中。在"属性 大纲行 4：叶片"窗格中依据表 13-1 输入叶片的屈服强度、切线模量，即可完成叶片的材料模型定义，如图 13-7 所示。

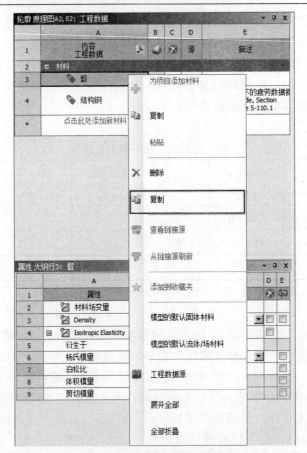

图 13-6 选择"复制"命令

	A	B	C	D	E
	属性	值	单位	⊗	⟳
2	⟳ 材料场变量	▦ 表格			
3	⟳ Density	4.429E-06	kg mm^-3	□	□
4	⊟ ⟳ Isotropic Elasticity			□	
5	衍生于	杨氏模量与泊松比 ▾			
6	杨氏模量	1.05E+05	MPa		□
7	泊松比	0.3			
8	体积模量	87500	MPa		
9	剪切模量	40385	MPa		
10	⊟ ⟳ Bilinear Isotropic Hardening			□	
11	屈服强度	868	MPa		□
12	切线模量	927	MPa		□

图 13-7 定义叶片的材料模型

　　单击"轮廓 原理图 A2，B2：工程数据"窗格中 A*单元格，输入"鸟体"后按〈Enter〉键，新建一种名称为"鸟体"的材料。单击左侧"工具箱"中"线性弹性"前的 ⊞ 符号，将其展开，然后双击"Isotropic Elasticity"（各向同性弹性）组件，或右击该组件，在弹出的快捷菜单中选择"包括属性"命令，将"Isotropic Elasticity"材料属性添加到"属性 大纲行 6：鸟体"窗格中。单击左侧"工具箱"中的"塑性"前 ⊞ 符号，将其展开，然后双击"Bilinear Kinematic Hardening"（双线性随动强化）组件，将"Bilinear Kinematic Hardening"组件添加到"属性 大纲行 6：鸟体"窗格中。单击左侧"工具箱"中的"失效"前的 ➕ 符号，将其展开，然后双击"Plastic Strain Failure"（塑性应变失效）组件，将"Plastic Strain Failure"组件添加到"属性 大纲行 6：鸟体"窗格中。在"属性 大纲行 6：鸟体"窗格中依据表 13-1 中鸟体的材料数据进行输入，即可完成鸟体的材料模型定义，如图 13-8 所示。

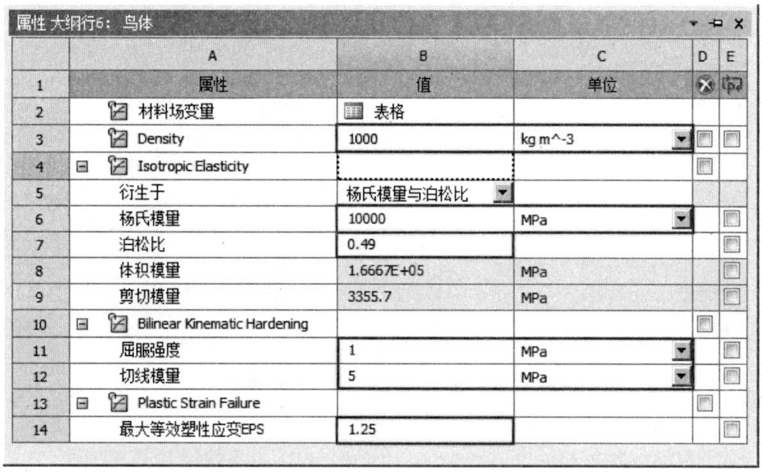

	A	B	C	D	E
1	属性	值	单位	✕	🔗
2	📊 材料场变量	📋 表格			
3	📊 Density	1000	kg m^-3 ▾	☐	☐
4	⊟ 📊 Isotropic Elasticity			☐	
5	衍生于	杨氏模量与泊松比 ▾			
6	杨氏模量	10000	MPa ▾		☐
7	泊松比	0.49			
8	体积模量	1.6667E+05	MPa		☐
9	剪切模量	3355.7	MPa		
10	⊟ 📊 Bilinear Kinematic Hardening			☐	
11	屈服强度	1	MPa ▾		☐
12	切线模量	5	MPa ▾		☐
13	⊟ 📊 Plastic Strain Failure			☐	
14	最大等效塑性应变EPS	1.25			☐

图 13-8 定义鸟体的材料模型

完成以上三种材料模型的定义后，单击"A2：工程数据"标签右侧的 ✕ 按钮，即可关闭工程数据工作区。

2．导入并修改几何模型

本实例的几何模型比较复杂，可以用其他 CAD 软件建立。这里可以直接从电子资料包中调入几何模型的数据文件，包括叶片、鸟和毂。

1）导入模型。右击 A3"几何结构"单元格 3 🧊 几何结构 ❓ ◢，在弹出的快捷菜单中选择"导入几何模型"→"浏览"命令，选择数据文件"bird.iges"，导入该模型数据。导入的几何模型需要在 DesignModeler 应用程序中进行一定的编辑后才能够使用，右击 A3"几何结构"单元格 3 🧊 几何结构 ✓ ◢，在弹出的快捷菜单中选择"在 DesignModeler 中编辑几何结构......"命令，启动 DesignModeler 应用程序，在"树轮廓"窗格中单击"导入 1"对象，在其属性窗格中将"简化几何结构"和"简化拓扑"设置为"是"，如图 13-9 所示。然后单击工具栏中的 ≯生成 按钮，即可将鸟撞叶片模拟模型导入，结果如图 13-10 所示。

2）比例缩放。选择菜单栏中的"创建"→"几何体转换"→"比例"命令，在其属性窗格中，单击"几何体"后的单元格，通过选择过滤器选择"框选择"，选择过滤器设置为"几何体"，在图形区域框选所有几何体，然后单击"几何体"中的 应用 按钮，再将"FD1，全局比例因子（>0）"设置为 0.001，如图 13-11 所示。设置完成后，单击工具栏中的 ≯生成 按钮，即可完成模型的比例缩放。

3）设置单位制。选择菜单栏中的"单位"→"毫米"命令，将长度单位设置为毫米。

4）创建部件。按住<Ctrl>键，在"树轮廓"窗格中从上至下依次通过单击选择前 18 个实体对象，释放<Ctrl>键，然后右击，在弹出的快捷菜单中选择"形成新部件"命令，在"树轮廓"窗格中新建一个"部件"对象。右击"部件"对象，在弹出的快捷菜单中选择"重新命名"命令，输入"叶片"后按<Enter>键，即可完成叶片部件的创建。

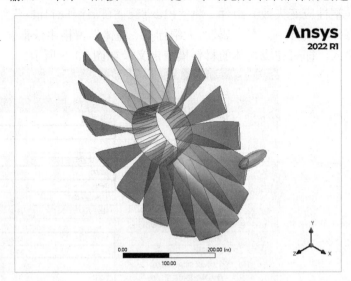

图 13-9   "导入 1"的属性窗格　　　　图 13-10   鸟撞叶片模拟模型

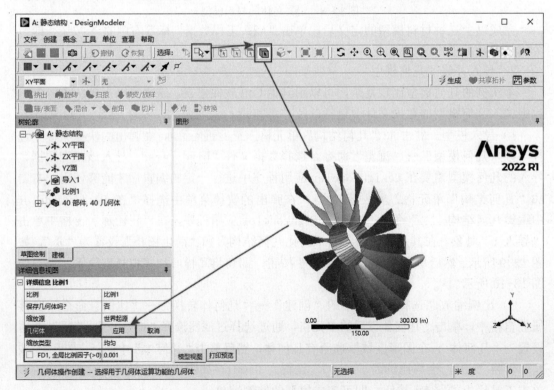

图 13-11   对模型进行比例缩放

　　按住<Ctrl>键，在"树轮廓"窗格中从上至下依次通过单击选择前 4 个实体对象，释放<Ctrl>键，然后右击，在弹出的快捷菜单中选择"形成新部件"命令，在"树轮廓"窗格中新建一个"部件 2"对象。右击"部件 2"对象，在弹出的快捷菜单中选择"重新命名"命令，输入"鸟体"后按<Enter>键，即可完成鸟体部件的创建。

按住<Ctrl>键，在"树轮廓"窗格中从上至下依次通过单击选择剩余的表面几何体对象，释放<Ctrl>键，然后右击，在弹出的快捷菜单中选择"形成新部件"命令，在"树轮廓"窗格中新建一个"部件 3"对象。右击"部件 3"对象，在弹出的快捷菜单中选择"重新命名"命令，输入"毂"后按<Enter>键，即可完成毂部件的创建。

创建部件后的"树轮廓"窗格如图 13-12 所示。

5）合并面。选择菜单栏中的"工具"→"合并"命令，将其属性窗格中的"合并类型"设置为"面"，将"选择方法"设置为"自动"，将"保留命名的选择的边界"设置为"是"，将"合并边界边"设置为"是"，将"现在查找集群吗？"设置为"是"，如图 13-13 所示。应用程序将自动查找可以合并的面，然后单击菜单栏中的 ϟ生成 按钮，即可将全体面进行合并。

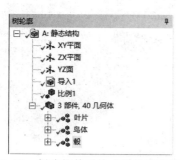

图 13-12　创建部件后的"树轮廓"窗格

图 13-13　合并的属性窗格

完成几何模型的修改后，即可通过单击窗口右上角的 ✖ 按钮退出 DesignModeler 应用程序。

3. 指定表面体厚度和分配材料

在"项目原理图"窗格中双击 A4"模型"单元格 ４ 🟦 模型 🔄 ◢ ，启动 Mechanical 应用程序。在轮廓窗格中选中"毂"下的 18 个表面几何体，然后在其属性窗格中，将"厚度"设置为 1mm，将"偏移类型"设置为"底部"，单击"任务"后的 ▸ 按钮，在弹出的"工程数据材料"对话框中选择"毂"材料模型，如图 13-14 所示，即可完成毂厚度的指定和材料的分配。

依照此方法，分别将"鸟体"和"叶片"材料模型分配给鸟体和叶片部件。

4. 网格划分

对于本例，为了使隐式到显式能够顺利转换，需要单击轮廓窗格中的"网格"对象，在其属性窗格中，将"物理偏好"设置为"显式"，将"单元尺寸"设置为"5.0mm"，如图 13-15 所示。

1）设置鸟体网格尺寸。在轮廓窗格中右击"鸟体"对象，选择"隐藏所有其他几何体。"命令，使得在视图区仅显示鸟体部件。在轮廓窗格中右击"网格"对象，在弹出的快捷菜单中选择"插入"→"尺寸调整"命令，在其属性窗格中，单击"几何结构"后的单元格，然后通过选择过滤器选择边，在视图区选择鸟体部件的纵向的四条长边，单击 应用 按钮，再将"单元尺寸"设置为"2.0mm"，如图 13-16 所示完成四条长边的尺寸设置。

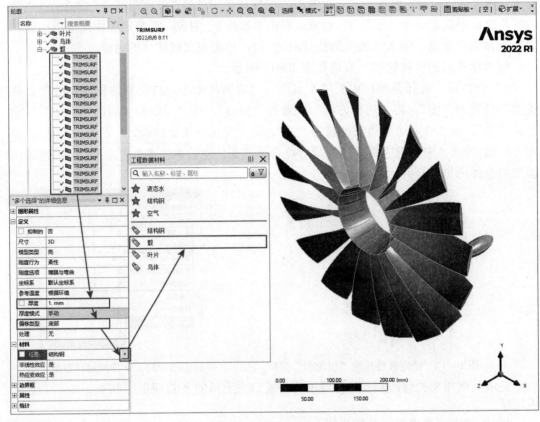

图13-14　指定表面体厚度和分配材料

图 13-15　网格的属性窗格

依照此方法，将鸟体前后两侧面其余边的单元尺寸设置为 0.5mm。完成鸟体网格尺寸设置后，右击"鸟体"对象，在弹出的快捷菜单中选择"显示全部几何体"命令，显示所有几何模型。

2）设置叶片网格尺寸。在轮廓窗格中右击"叶片"对象，选择"隐藏所有其他几何体。"命令，使得在视图区仅显示叶片部件。在轮廓窗格中右击"网格"对象，在弹出的快捷菜单中选择"插入"→"尺寸调整"命令，在其属性窗格中，单击"几何结构"后的单元格，然后通过选择过滤器选择边，在视图区选择叶片部件的 72 条短边，单击

应用 按钮，再将"类型"设置为"分区数量"，将"分区数量"设置为16，将"行为"设置为"硬"，完成叶片短边的网格尺寸设置，如图 13-17 所示。

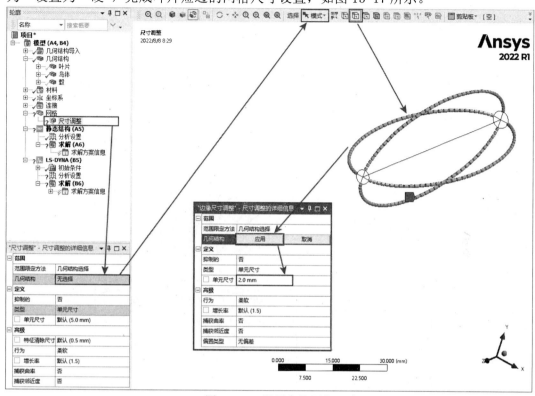

图 13-16　设置鸟体网格尺寸

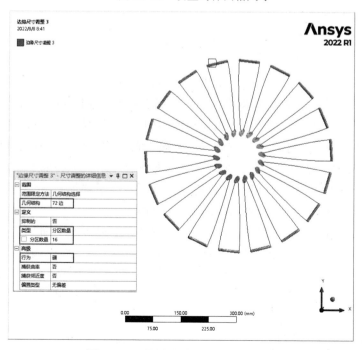

图 13-17　设置叶片短边的网格尺寸

在轮廓窗格中右击"网格"对象，在弹出的快捷菜单中选择"插入"→"尺寸调整"命令，在其属性窗格中，单击"几何结构"后的单元格，然后通过选择过滤器选择边，在视图区选择叶片部件的 36 条长边，单击 应用 按钮，再将"类型"设置为"分区数量"，将"分区数量"设置为 50，将"行为"设置为"硬"，完成叶片长边的网格尺寸设置，如图 13-18 所示。

完成叶片网格尺寸设置后，右击"叶片"对象，在弹出的快捷菜单中选择"显示全部几何体"命令，显示所有几何模型。

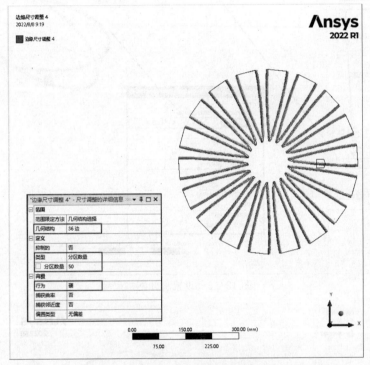

图 13-18　设置叶片长边的网格尺寸

3）设置毂网格尺寸。在轮廓窗格中右击"毂"对象，选择"隐藏所有其他几何体。"命令，使得在视图区仅显示毂部件。在轮廓窗格中右击"网格"对象，在弹出的快捷菜单中选择"插入"→"尺寸调整"命令，在其属性窗格中，单击"几何结构"后的单元格，然后通过选择过滤器选择边，在视图区选择毂部件的 36 条长边，单击 应用 按钮，再将"类型"设置为"分区数量"，将"分区数量"设置为 16，将"行为"设置为"硬"，完成毂长边的网格尺寸设置，如图 13-19 所示。

在轮廓窗格中右击"网格"对象，在弹出的快捷菜单中选择"插入"→"尺寸调整"命令，在其属性窗格中，单击"几何结构"后的单元格，然后通过选择过滤器选择边，在视图区选择毂部件的 36 条短边，单击 应用 按钮，再将"类型"设置为"分区数量"，将"分区数量"设置为 4，将"行为"设置为"硬"，完成毂前后短边的网格尺寸设置，如图 13-20 所示。

在轮廓窗格中右击"网格"对象，在弹出的快捷菜单中选择"插入"→"方法"命令，在其属性窗格中，单击"几何机构"后面的单元格，在视图区选择毂部件的所有表面几何体，然后单击 ▢ 应用 ▢ 按钮，将"方法"设置为"MultiZone Quad/Tri"，将"自由面网格类型"设置为"全部四边形"，如图 13-21 所示。

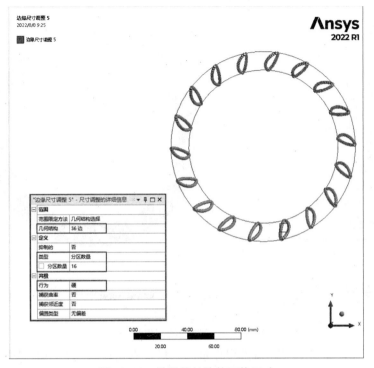

图 13-19　设置毂长边的网格尺寸

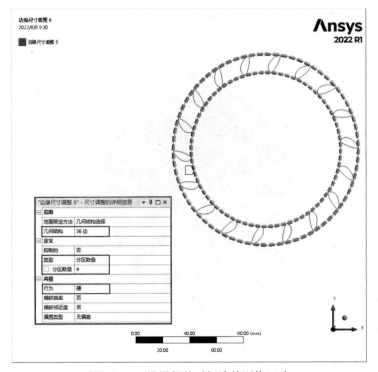

图 13-20　设置毂前后短边的网格尺寸

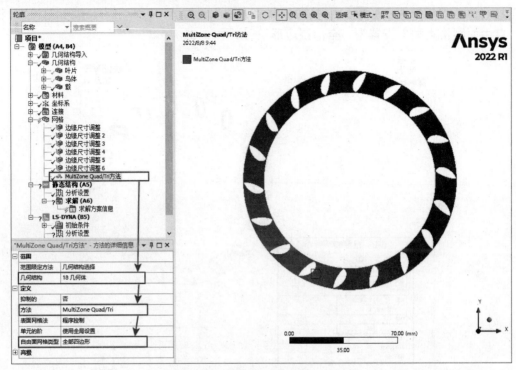

图 13-21　设置毂的网格划分方法

　　完成上述设置并将全部几何模型显示出来后，右击轮廓窗格中的"网格"对象，在弹出的快捷菜单中选择"生成网格"命令，即可按照设置的网格划分方法和网格尺寸进行网格划分。网格划分后的鸟撞叶片模拟模型如图 13-22 所示。

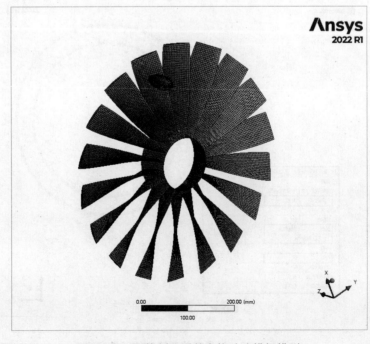

图 13-22　网格划分后的鸟撞叶片模拟模型

5. 节点合并

对模型划分网格后，需要对重复的节点进行合并。右击轮廓窗格中的"网格"对象，在弹出的快捷菜单中选择"插入"→"节点合并"命令，在其属性窗格中，单击"主几何结构"后的单元格，在视图区仅显示"叶片"部件，然后选择"叶片"部件的所有面；单击"次几何结构"后的单元格，在视图区仅显示"毂"部件，然后选择"毂"部件的所有面；将"容差值"设置为 0.2mm。设置完成的节点合并属性窗格如图 13-23 所示。右击"节点合并"对象，在弹出的快捷菜单中选择"生成"命令，即可完成节点合并。完成节点合并后，在视图区内显示全部几何体。

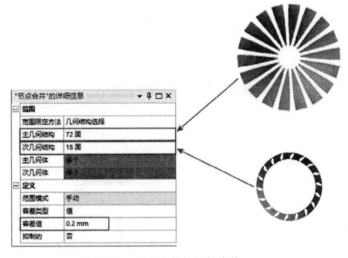

图 13-23　节点合并的属性窗格

6. 隐式加载

1）鸟体和毂对施加约束。在轮廓窗格中右击"叶片"对象，在弹出的快捷菜单中选择"隐藏几何体"命令，即可在视图区只显示鸟体和毂两个部件。

在轮廓窗格中右击"静态结构（A5）"对象，在弹出的快捷菜单中选择"插入"→"固定支撑"命令，将选择过滤器设置为"节点"，在视图区右击，在弹出的快捷菜单中选择"选择所有"命令，即选择鸟体和毂两个部件的全部节点，然后单击 ▢应用▢ 按钮，即可完成鸟体和毂两个部件边界条件的定义，如图 13-24 所示。完成施加约束后，在视图区内显示全部几何体。

2）定义叶片的初始角速度。在轮廓窗格中右击"叶片"对象，在弹出的快捷菜单中选择"隐藏所有其他几何体。"命令，即可在视图区仅显示叶片部件。

在轮廓窗格中右击"静态结构（A5）"对象，在弹出的快捷菜单中选择"插入"→"旋转速度"命令，将选择过滤器设置为"框选择""几何体"，选择叶片部件的全部几何体，然后单击 ▢应用▢ 按钮，再将"定义依据"设置为"分量"，将"Z 分量"设置为"785.4 rad/s （斜坡）"，即可完成叶片初始角速度的定义，如图 13-25 所示。完成叶片初始角速度的定义后，在视图区内显示全部几何体。

完成上述操作后，即已经完成隐式求解参数的设置。接着对显式求解参数进行设置，完成所有设置后，再启动显式求解，ANSYS Workbench2022 便会自动按照隐式-显式的顺序依次进行求解。

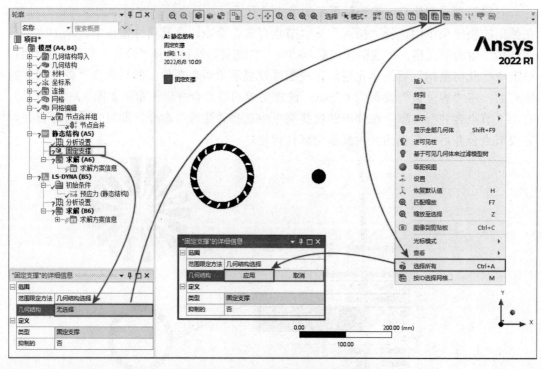

图 13-24　定义鸟体和毂的边界条件

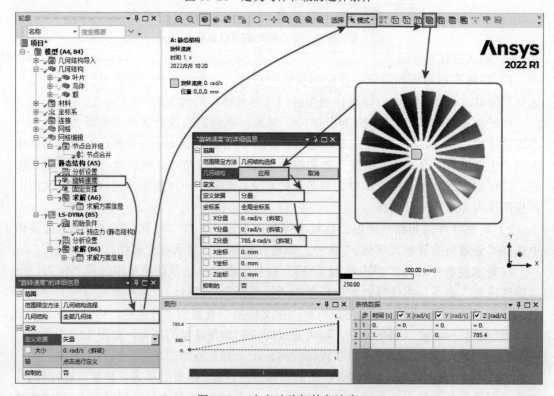

图13-25　定义叶片初始角速度

📖13.2.3　预应力模式定义

LS-DYNA 可对原来的几何构形施加隐式分析的载荷并计算变形几何构形，然后将它用作显式分析的起始点。具体操作步骤如下：在轮廓窗格中单击"LS-DYNA（B5）"→"初始条件"→"预应力（静态结构）"对象，在如图 13-26 所示的属性窗格中，将"模式"设置为"位移"，其他参数采用默认，便完成了显式分析中预应力模式的定义。

"预应力 (静态结构)"的详细信息 ▼ ⏣ ☐ ✕	
⊟ 定义	
预应力环境	静态结构
模式	位移
时间	结束时间
时步因子	100.

图13-26　预应力的属性窗格

📖13.2.4　施加显式分析所需的接触、载荷条件

在完成隐式求解之后，就可以进行显式求解了。在显式求解之前，需要对鸟撞模拟的接触和载荷进行定义。

1. 定义鸟与叶片之间的接触

右击轮廓窗格中的"连接"对象，在弹出的快捷菜单中选择"插入"→"手动接触区域"命令。在其属性窗格中单击"接触"后的单元格，再右击"鸟体"对象，在弹出的快捷菜单中选择"隐藏所有其他几何体。"命令，使得在视图区仅显示鸟体，选择鸟体的 12 个面；单击"目标"后的单元格，然后将鸟体隐藏，仅在视图区显示叶片，选择叶片前后共 36 个面；将"行为"设置为"不对称"。完成对鸟体与叶片之间接触定义后的属性窗格如图 13-27 所示。完成接触的定义后，在视图区内显示全部几何体。

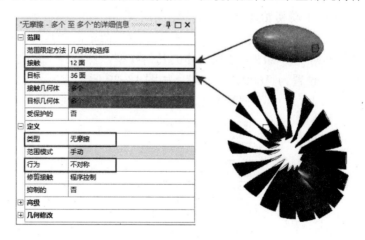

图 13-27　定义鸟体与叶片之间的接触

为了更好地控制鸟体与叶片之间的接触，还需要对接触进行进一步的设置。在轮廓窗格中右击"LS-DYNA（B5）"对象，在弹出的快捷菜单中选择"插入"→"接触特性"命令，在其属性窗格中，将"Contact"栏参数设置为"无摩擦-多个 至 多个"，将"类

型"设置为"侵蚀",将"生时间"设置为"0s",将"死亡时间"栏参数设置为"0.002s",将"从惩罚比例因子""主惩罚比例因子"栏参数均设置为 0.7,将"对称平面选项"设置为"关闭",将"侵蚀内部节点选项"设置为"内部侵蚀接触可能会发生",将"固体单元处理"设置为"如果固体单元面在边界上,则将其包含在内",如图 13-28 所示。

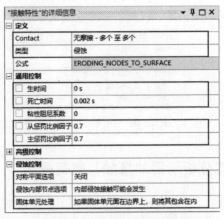

图13-28　接触特性的属性窗格

Mechanical 应用程序一般会自动检查几何体交互,为了防止和前面定义的接触发生冲突,需要将自动检查几何体交互进行抑制。操作步骤如下:在轮廓窗格中右击"连接"→"几何体交互"→"几何体交互"对象,在弹出的快捷菜单中选择"抑制"命令。

在轮廓窗格中的"连接"→"接触"下还有其他 36 个接触对象,这是 Mechanical 应用程序自动为毂和叶片两个部件建立的绑定类型接触,在接触边之间不存在切向的相对滑动或者法向的相对分离。

2. 定义鸟体的平动初始速度和叶片的初始角速度

1)定义鸟体的平动初始速度。在轮廓窗格中右击"LS-DYNA（B5）"→"初始条件"对象,在弹出的快捷菜单中选择"插入"→"速度"命令,在其属性窗格中,单击"几何机构"后的单元格,在视图区选择鸟体的几何模型,然后将"定义依据"设置为"分量",将"Z 分量"设置为"60000 mm/s",如图 13-29 所示。

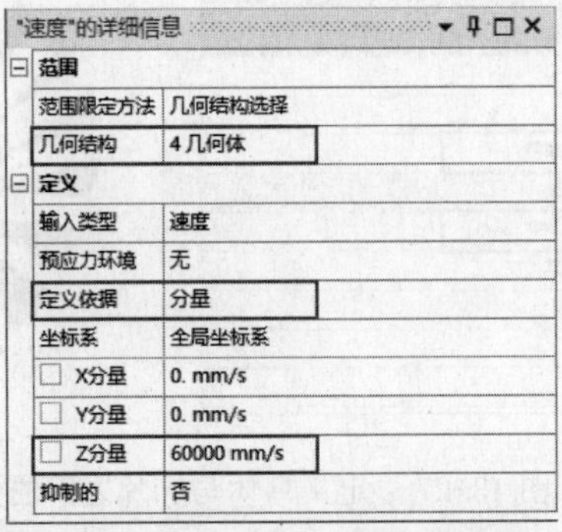

图13-29　定义鸟体的平动初始速度

2）定义叶片的初始角速度。在轮廓窗格中右击"LS-DYNA（B5）"→"初始条件"对象,在弹出的快捷菜单中选择"插入"→"角速度"命令,在其属性窗格中,单击"几何机构"后的单元格，在视图区选择叶片的几何模型，然后将"定义依据"设置为"分量"，将"Z 分量"设置为"785.4 rad/s"，如图 13-30 所示。

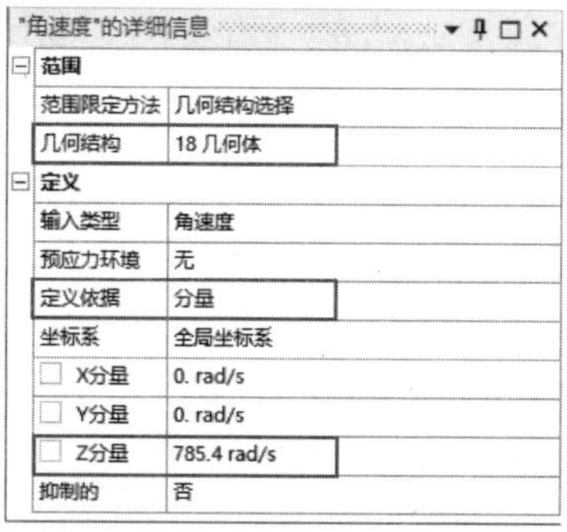

图13-30 定义叶片的初始角速度

3. 定义显式刚体

本实例中主要模拟叶片在鸟体撞击下的变形和应力，为了减少计算量，可以将部件毂定义为显式刚体。具体操作步骤如下：单击轮廓窗格中的"LS-DYNA（B5）"对象，再单击"LSDYNA Pre"选项卡中的"刚体工具"选项，在弹出的下拉菜单中选择"显式刚体"命令，在其属性窗格中单击"几何结构"后面的单元格，然后在视图区内选择组成毂的全部几何体，单击  按钮，即可将毂定义为显式刚体，设置完成后的属性窗格如图 13-31 所示。

图13-31 显式刚体的属性窗格

4. 施加载荷

在对毂施加载荷之前，首先需要对毂施加刚体约束。右击轮廓窗格中的"LS-DYNA（B5）"对象，在弹出的快捷菜单中选择"插入"→"刚体工具"→"刚体约束"命令，在其属性窗格中单击"几何结构"后面的单元格，在视图区内选择组成毂的全部几何体，然后单击 应用 按钮，再将"Z 分量""旋转 X""旋转 Y"均设置为"固定的"（即限制 Z 方向平移运动以及 X 和 Y 方向的转动），如图 13-32 所示。

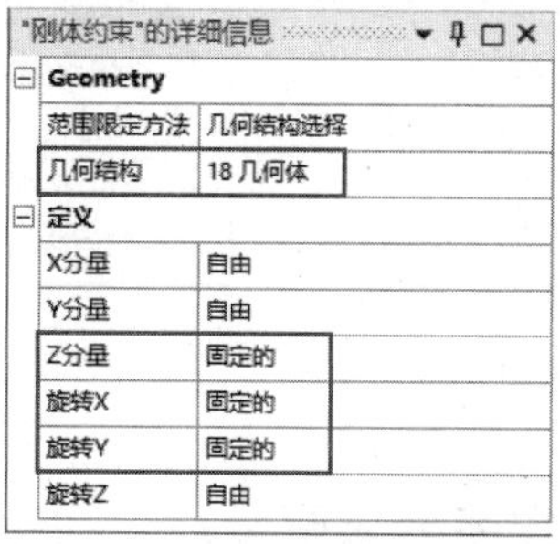

图 13-32 刚体约束的属性窗格

为了方便施加载荷，需要将角度的单位设置为弧度。单击"主页"选项卡"工具"面板中的"单位"选项，在下拉菜单中选择"弧度"命令，即可将角度单位设置为弧度。

下面对毂施加载荷。右击轮廓窗格中的"LS-DYNA（B5）"对象，在弹出的快捷菜单中选择"插入"→"刚体工具"→"刚体旋转"命令，在其属性窗格中单击"几何结构"后面的单元格，在视图区内选择组成毂的全部几何体，单击 应用 按钮，再将"组件"设置为"旋转 Z"，将"死亡时间"设置为"1 s"，在"表格数据"窗格的第 2 行中分别输入"时间[s]"为 1、"大小[rad]"为 785.4。设置完成后的施加载荷的属性窗格和"表格数据"窗格如图 13-33 所示。

图 13-33　设置施加载荷的属性窗格和"表格数据"窗格

5. 定义壳单元的积分点数

右击轮廓窗格中的"LS-DYNA（B5）"对象，在弹出的快捷菜单中选择"插入"→"截面"命令，在其属性窗格中单击"几何结构"后面的单元格，在视图区内选择组成毂部件的全部几何体，单击 应用 按钮，再将"通过厚度积分点"设置为"2 Point"，即将壳单元厚度方向的积分点数设置为 2。设置完成后的属性窗格如图 13-34 所示。

6. 定义动态松弛

一般隐式-显式序列求解需要定义动态松弛。具体的操作步骤如下：在轮廓窗格中右击"LS-DYNA（B5）"对象，在弹出的快捷菜单中选择"插入"→"动态松弛"命令，在其属性窗格中将"松弛类型"设置为"Ansys 解决方案後的顯式"（ANSYS 解决方案后的显式）选项，其他参数采用默认（见图 13-35），即可完成动态松弛的定义。

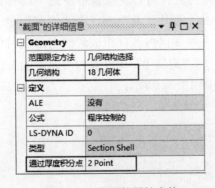

图13-34　截面的属性窗格

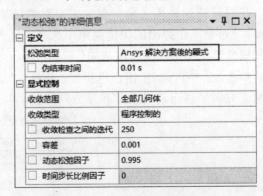

图13-35　动态松弛的属性窗格

📖13.2.5　进行隐式-显式序列求解

在指定了需要的载荷后，还需要对显式求解进行一些控制，如求解时间、应用初始速度的方式和求解文件输出频率等。右击轮廓窗格中"LS-DYNA（B5）"→"分析设置"对象，在其属性窗格中将"结束时间"设置为"0.002 s"，即求解时间为 0.002s；将"输出控制"下的"计算结果"设置为"等距点",将其下面的"---值"设置为 100;将"时间历史输出控制"下的"计算结果"设置为"等距点",将其下面的"---值"设置为 100,即设置结果文件输出步数为 100,设置完成后的属性窗格如图 13-36 所示。

在完成上述所有的操作后,右击"LS-DYNA(B5)"对象,在弹出的快捷菜单中选择"求解"命令,即可启动隐式-显式序列求解,Mechanical 应用程序会自动先启动隐式求解,在隐式求解结束后启动显式求解。

如果希望在隐式求解后查看结果,也可手动进行隐式-显式序列求解。首先右击"静态结构(A5)"对象,在弹出的快捷菜单中选择"求解"命令,进行隐式求解,然后右击"LS-DYNA(B5)"对象,在弹出的快捷菜单中选择"求解"命令,启动显式求解。

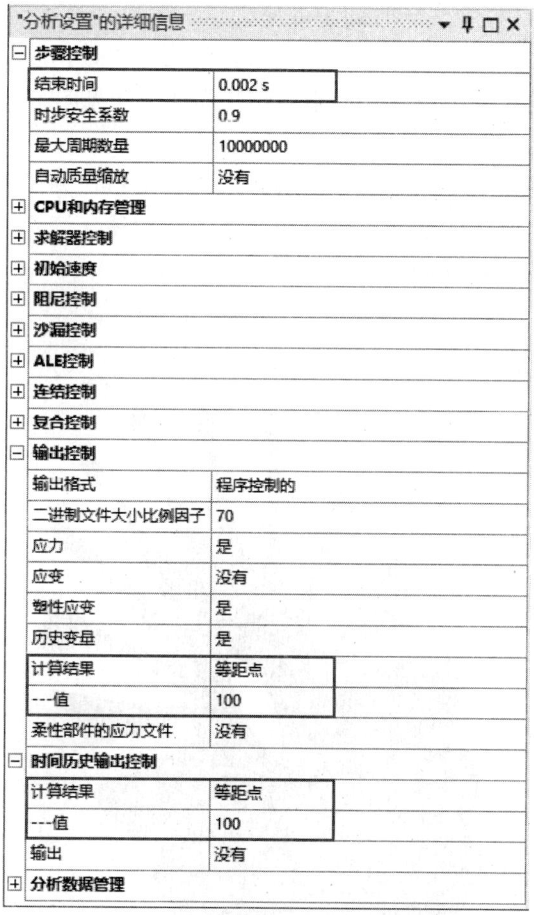

"分析设置"的详细信息	▼ 📌 □ ×
□ 步骤控制	
结束时间	0.002 s
时步安全系数	0.9
最大周期数量	10000000
自动质量缩放	没有
⊞ CPU和内存管理	
⊞ 求解器控制	
⊞ 初始速度	
⊞ 阻尼控制	
⊞ 沙漏控制	
⊞ ALE控制	
⊞ 连结控制	
⊞ 复合控制	
□ 输出控制	
输出格式	程序控制的
二进制文件大小比例因子	70
应力	是
应变	没有
塑性应变	是
历史变量	是
计算结果	等距点
---值	100
柔性部件的应力文件	没有
□ 时间历史输出控制	
计算结果	等距点
---值	100
输出	没有
⊞ 分析数据管理	

图 13-36　分析设置的属性窗格

13.2.6　后处理

在求解完成之后,就可以对求解结果进行观察分析了。

1. 添加结果对象

右击轮廓窗格中的"求解(B6)"对象,在弹出的快捷菜单中选择"插入"→"变形"→"总计"命令,创建"总变形"结果对象,然后右击轮廓窗格中的"求解(B6)"

对象，在弹出的快捷菜单中选择"插入"→"应力"→"等效（Von-Mises）"命令，即可添加"等效应力"结果对象。

2. 观察鸟体撞击叶片过程

在轮廓窗格中右击"求解（B6）"对象，然后在弹出的快捷菜单中选择"评估所有结果"命令，即可对所有结果对象进行评估。

在轮廓窗格中单击"等效应力"对象，可以用动画控制区的按钮观察鸟体撞击叶片过程中叶片的变形情况，如图 13-37 所示。

显然鸟撞叶片以后，虽然鸟体被撞碎，但仍有部分破碎鸟体通过叶片，从而对发动机的其他零件造成损伤。

3. 观察鸟体撞击过程中某一时间步的应力

在轮廓窗格中单击"等效应力"结果对象，然后在"数据表格"中右击某一时间步的数据，在弹出的快捷菜单中选择"检索此结果"命令（见图 13-38），图形显示区即可显示该时间步的应力云图。

利用此方法还可以查看变形过程中的各种应力和变形，并可以通过动画控制按钮来制作撞击过程动画等，具体的操作步骤这里不再一一叙述，读者可以结合前面章节中的后处理内容和自己的需要自行操作。

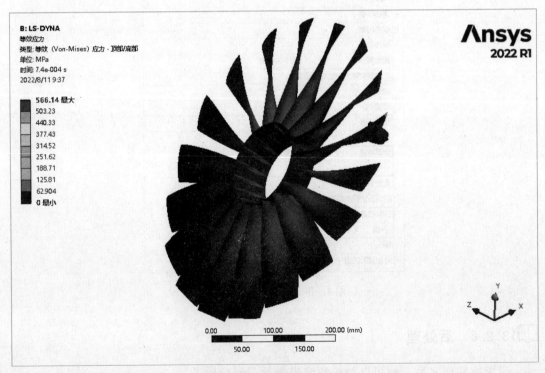

图13-37 鸟体撞叶片应力图

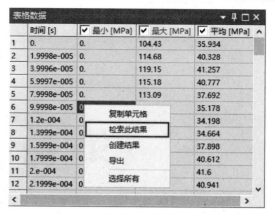

图13-38　检索求解结果

第 ⑭ 章

金属塑性成形模拟

金属塑性成形是现代加工制造业中金属加工的一种重要方法，其过程是一个复杂的非线性变形过程，影响因素非常多。

利用 LS-DYNA 强大的非线性显式分析可以很好地研究金属塑性变形的变形机理、应力应变场分布、温度场分布等。

本章首先介绍了金属塑性成形中的数值模拟，然后结合楔横轧介绍了 LS-DYNA 的塑性变形模拟功能。

学 习 要 点

◎ 金属塑性成形数值模拟

◎ 楔横轧轧制成形模拟

14.1 金属塑性成形数值模拟

14.1.1 金属塑性成形数值模拟概述

金属塑性成形过程是一个复杂的弹塑性变形过程，该过程涉及几何非线性、材料非线性、边界条件非线性等一系列难题。影响成形的因素有很多，如模具和毛坯形状、材料特性、摩擦与润滑、加工温度以及工艺参数等，因此若模具设计不合理或材料选择不当，会造成制造产品不合格，并增加模具的设计制造时间和费用。

应用塑性成形的数值模拟方法主要有上限元法（Upper Bound Method）、边界元法（Boundary Element Method）和有限元法（Finite Element Method）。上限元法常用于分析较为简单的准稳态变形问题。边界元法主要用于模具设计分析和温度计算。有限元法可由试验和理论方法给出的本构关系、边界条件、摩擦关系式，按变分原理推导出场方程，根据离散技术建立计算模型，从而实现对复杂成形的数值模拟，进行成形过程中应力应变分布及其变化规律的分析，由此提供较为可靠的主要成形工艺参数。因此，基于有限元法的塑性成形数值模拟技术是当前国际上极具发展潜力的成形技术前沿研究课题之一。

14.1.2 塑性成形有限元模拟优点

1）由于单元形状具有多样性，有限元法适用于任何材料模型、任意的边界条件、任意的结构形状，在原则上一般不会发生处理上的困难。金属材料的塑性加工过程均可以利用有限元法进行分析，而其他数值方法往往会受到一些限制。

2）能够提供金属塑性成形过程中变形力学的详细信息（应力应变场、速度场、温度场、网格畸变等），为优化成形工艺参数及模具结构设计提供详细而可靠的依据。

3）虽然有限元法的计算精度与所选择的单元种类、单元大小等有关，但随着计算机技术的发展，有限元法可提供高精度的技术结果。

4）用有限元法编制的计算机程序通用性强，可以用于求解大量复杂的问题，只需修改少量的输入数据即可。

5）由于计算过程完全计算机化，既可以减少一定的试验工作，又可直接与 CAD/CAM 实现集成，使模具设计过程自动化。

14.1.3 塑性成形中的有限元方法

就金属塑性成形领域而言，有限元法大致可分为两类：一类是固体型塑性有限元法（Solid Formulation）——弹塑性有限元法，另一类是流动型有限元法。

弹塑性有限元法同时考虑弹性变形和塑性变形，弹性区采用胡克定律，塑性区采用

Prandte-Reuss 方程和 Mises 屈服准则，对于小塑性变形所求的未知量是单元节点位移，适用于分析结构的失稳、屈服等工程问题。对于大塑性变形，则采用增量法分析。这类有限元法的特点是考虑弹性区与塑性区的相互关系，既可以分析加载过程，又可以分析卸载过程，包括计算残余应力应变、回弹以及模具和工件之间的相互作用，可以处理几何非线性和非稳态问题。其缺点是所取的步长不能太大，计算工作量繁重，对于非线性硬化材料计算复杂。弹塑性有限元法主要适用于分析板料成形和弯曲等工序。

对于大多数体积成形问题，由于弹性变形量较小，因此可以忽略，即可将材料视为刚塑性体。C. H. Lee 和 S. Kobayashi 于 1973 年首次提出了基于变分原理的流动型有限元法——刚塑性有限元法。该方法用 Lagrange 乘子技术施加体积不变条件。由于这种方法不像弹塑性有限元法那样用应力应变增量进行求解，因此计算时增量步进可取得较大一些（但对于每次增量变形来说，材料仍处于小变形状态）。由于接下来的计算是在材料以前几何形状的累加变形和硬化特性基础之上进行的，因此可以用小变形的计算方法来处理大变形问题，并且计算模型较简单。这种方法已广泛地应用于二维轴对称问题的各种塑性工步分析。1979 年，O. C. Zienkiewicz 等又研究出了采用罚函数法的体积不可压缩的刚塑性有限元法。

刚塑性有限元法通常只适用于一些金属的冷加工问题。对于热加工（再结晶温度以上），由于其应变硬化效应不显著，材料对变形速度具有较大的敏感性，因此在研究热加工问题时要采用黏塑性本构关系。为此，相应地发展出了另一种流动型有限元法——刚黏塑性有限元法。O. C. Zienkiewicz 等把热加工时金属视为非牛顿不可压缩流体，建立了相应的有限元列式，并进行了稳态流动的热力耦合计算，分析了拉拔、挤压、轧制等工艺过程。Reblo 等进行了非稳态过程的热力耦合计算分析。Mori 和 Osakada 提出了刚塑性有限元中的可压缩方法，对多种轧制和挤压工艺以及粉末成形工艺进行了模拟。Park、Oh、Rebelo、Kudo 等用刚黏塑性有限元法对速率敏感材料成形过程进行了热力耦合计算。Hartley 和 Stugess 对塑性成形摩擦进行了研究，并用此方法分析了挤压轧制等成形问题。另外，S. Kobayashi 等人还提出了刚塑性有限元反向模拟技术，并用此技术对一些简单的成形问题进行了预成形设计。目前刚（黏）塑性有限元法是国内外公认的分析金属成形问题最先进的方法之一。

14.2 楔横轧轧制成形模拟

楔横轧是一种高效、低耗、绿色的轴类零件成形新工艺、新技术，也是当今先进的制造技术。准确掌握楔横轧在轧制变形过程中的金属流动规律、应力应变场分布、温度分布是认识楔横轧时零件的成形规律、缺陷发生原因，控制轧制力大小的基础。为此，人们用密栅云纹方法、滑移线方法等来研究分析楔横轧的应力应变与金属流动等规律，其研究结果对认识并解决楔横轧中的某些理论与实际问题起到了积极的作用，但由于这些方法的一些前提假设与实际相差很大，因此许多情况下得出的结果不是很精确甚至不能得出结果。

随着数值模拟和计算机技术的飞速发展，人们开始用塑性有限元数值模拟研究、分析和解决轧制过程中的问题。本节将以二辊式楔横轧为例，介绍 LS-DYNA 在轧制中的应用。

📖14.2.1　创建LS-DYNA分析系统

启动 ANSYS Workbench 2022 程序，展开左侧"工具箱"中的"分析系统"，将"工具箱"中的"LS-DYNA"选项直接拖放到"项目原理图"窗格中，或是直接双击"LS-DYNA"选项，建立一个含有 LS-DYNA 分析的项目，如图 14-1 所示。

图14-1　新建LS-DYNA分析项目

在菜单栏中选择"文件"→"保存"命令，或单击主工具栏中的"保存项目"按钮
，弹出"另存为"对话框，在"文件名"文本框中输入"CWR"，然后单击 保存(S) 按钮，将项目进行保存。

📖14.2.2　定义工程数据

在分析之前，首先需要在 ANSYS Workbench 2022 窗口的菜单栏中选择"单位"→"度量标准（kg, mm, s, ℃, mA, N, mV）"命令，完成本实例单位系统的设置。

本例直接选用 ANSYS Workbench 中提供的工程数据源中的材料模型，轧件为弹塑性材料模型，选用 ANSYS Workbench 提供的双线性各向同性硬化模型（铜合金 NL）；上、下模具定义为刚体，选用结构钢材料模型。

在"项目原理图"窗格中双击 A2"工程数据"单元格 ，或右击该单元格，在弹出的快捷菜单中选择"编辑"命令，系统自动切换到"A2：工程数据"，进入工程数据工作区。在"轮廓 原理图 A2：工程数据"窗格中可以看到系统默认添加的

"结构钢"材料模型，还需要手动添加"铜合金 NL"材料模型。单击 工程数据源 按钮，然后在"工程数据源"窗格中单击 A8"一般非线性材料"单元格 一般非线性材料 ，在"轮廓 General Non-linear Materials"中单击 A11"铜合金 NL"单元格后面的 B11 单元格中 按钮，即可完成添加"铜合金 NL"材料模型的操作，如图 14-2 所示。然后单击"A2：工程数据"标签右侧的 按钮，关闭工程数据工作区。

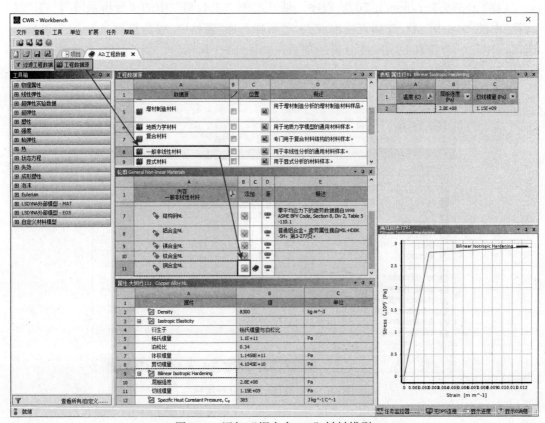

图14-2 添加"铜合金 NL"材料模型

📖14.2.3 导入并修改几何模型

几何模型比较复杂，可以用其他 CAD 软件建立。本实例中应用到的几何模型是通过 ANSYS 的 APDL 参数化语言创建的，需要对该几何模型进行适当修改。读者可以直接从电子资料包下载的文件中调入几何模型的数据文件，该模型包括轧件和下模。由于楔横轧模具具有对称性，为了缩短计算时间，因此本例中取模型的一半进行计算。

1）导入模型。右击 A3"几何结构"单元格 3 几何结构 ？ ，在弹出的快捷菜单中选择"导入几何模型"→"浏览"命令，选择数据文件"CWR.iges"，导入该模型数据。导入的几何模型需要在 DesignModeler 应用程序中进行一定的编辑后才能够使用，这里可以右击 A3"几何结构"单元格 3 几何结构 ✓ ，在弹出的快捷菜单中选择"在 DesignModeler 中编辑几何结构……"命令，启动 DesignModeler 应用程序，在"树轮廓"窗格中单击"导入 1"对象,在属性窗格中将"简化几何结构"和"简化拓扑"设置为"是",如图 14-3 所示。然后单击工具栏中的 生成 按钮,即可将下模的轧件模型导入,结果如图 14-4 所示。

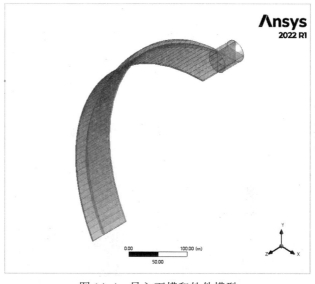

图 14-3 "导入 1"属性窗格   图 14-4 导入下模和轧件模型

2)比例缩放。选择菜单栏中的"创建"→"几何体转换"→"比例"命令,在其属性窗格中单击"几何体"后的单元格,在图形区域空白处右击,在弹出的快捷菜单中选择"选择所有"命令,或在图形区域框选所有几何模型,然后单击"几何体"中的 应用 按钮,将"FD1,全局比例因子(>0)"设置为 0.001,如图 14-5 所示。单击工具栏中的 生成 按钮,即可完成模型的比例缩放。

3)设置单位制。选择菜单栏中的"单位"→"毫米"命令,将长度单位设置为毫米。

4)布尔加操作。选择菜单栏中的"创建"→"Boolean"命令,在其属性窗格中,单击"几何体"后的单元格,按住<Ctrl>键,在"树轮廓"窗格中单击选中组成下模具的两个几何体,释放<Ctrl>键,然后单击"几何体"中的 应用 按钮,完成布尔加操作的设置,如图 14-6 所示。然后单击工具栏中的 生成 按钮,即可将组成下模具的两个几何体进行布尔加操作。

5)抑制表面几何体。在"树轮廓"窗格中右击"6 部件,6 几何体"下的"TRIMSURF"对象,在弹出的快捷菜单中选择"抑制几何体"命令,如图 14-7 所示,即可将表面几何体抑制。

6)创建部件并重命名。在工具栏中将"选择过滤器"设置为"单次选择""体",按住<Ctrl>键,在图形区域单击选择组成轧件的 4 个 1/4 圆柱体,释放<Ctrl>键,然后右击,在弹出的快捷菜单中选择"形成新部件"命令,即可在"树轮廓"窗格中的"3 部件,6 几何体"下新建一个"部件"对象,如图 14-8 所示。单击新建的部件对象,在弹出的快捷菜单中选择"重新命名"命令,输入"轧件",即可将该部件命名为"轧件"。

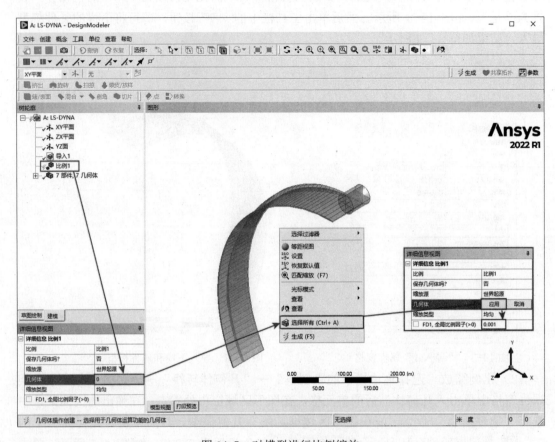

图 14-5　对模型进行比例缩放

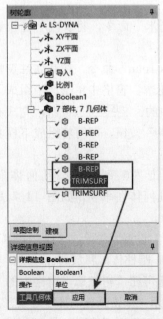

图 14-6　设置布尔加操作

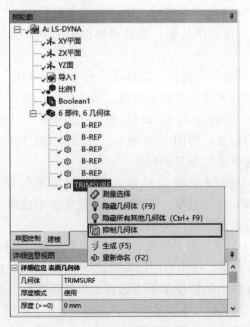

图 14-7　选择"抑制几何体"命令

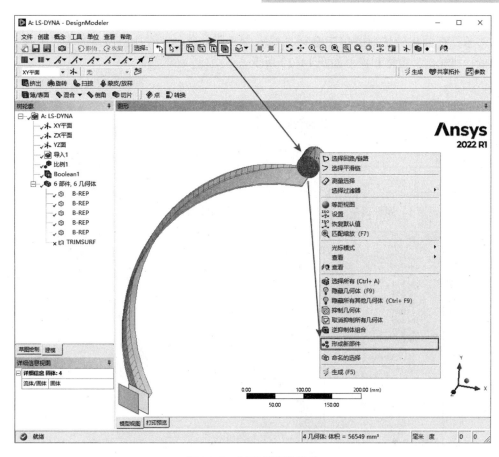

图 14-8　创建新部件操作

7）重命名几何体。右击"树轮廓"窗格中"3 部件，6 几何体"下的第一个"B-REP"对象，在弹出的快捷菜单中选择"重新命名"命令，将该几何体命名为"下模"。

8）镜像几何体。选择菜单栏中的"创建"→"几何体转换"→"镜像"命令，在其属性窗格中选择"几何体"，在图形区域选择下模几何体，再选择"镜像面"，在"树轮廓"窗格中选择"YZ 面"，定义后的属性窗格如图 14-9 所示。然后单击工具栏中的 生成按钮，即可完成第一次镜像操作。此时 DesignModeler 将以 YZ 面为镜像面，创建下模的镜像。再次选择菜单栏中的"创建"→"几何体转换"→"镜像"命令，在其属性窗格中，将"保存几何体吗？"设置为"否"，选择"镜像面"，在"树轮廓"窗格中选择"ZX面"，再选择"几何体"，在图形区域选择第一次镜像所创建的新几何体，定义后的属性窗格如图 14-10 所示。然后单击工具栏中的 生成按钮，即可完成第二次镜像操作。此时 DesignModeler 将以 ZX 面为镜像面，在创建镜像几何体的同时删除第一次镜像所创建的几何体。

9）平移下模。选择菜单栏中的"创建"→"几何体转换"→"平移"命令，在其属性窗格选择"几何体"，在图形区域选择步骤 8）镜像后所创建的新几何体，然后将"方向定义"设置为"坐标"，在"FD4，Y 偏移"文本框内输入 657，定义后的属性窗格如图14-11 所示。然后单击工具栏中的 生成按钮，完成下模的平移。

10）重命名上模。在"树轮廓"窗格中右击"4 部件，7 几何体"下最底部的"下模"对象，在弹出的快捷菜单中选择"重新命名"命令，将该几何体命名为"上模"，修改后的"树轮廓"窗格和模型如图 14-12 所示。

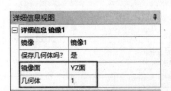

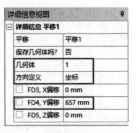

图 14-9　"镜像 1"属性窗格　图 14-10　"镜像 2"属性窗格　图 14-11　"平移 1"属性窗格

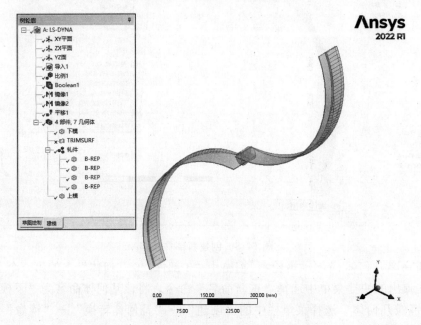

图 14-12　修改后的"树轮廓"窗格和模型

完成模型的修改后，即可退出 DesignModeler 应用程序。

📖14.2.4　分配材料

在"项目原理图"窗格中双击 A4"模型"单元格 4 🟦 模型 　🔁，或者右击该单元格，在弹出的快捷菜单中选择"编辑"命令，即可启动 Mechanical 应用程序。

在轮廓窗格中单击"几何结构"→"轧件"对象，在其属性窗格中单击"任务"后的▸按钮，在弹出的"工程数据材料"对话框中选择"铜合金NL"材料，即可完成轧件的材料模型分配。

在轮廓窗格中单击"几何结构"→"下模"对象，在其属性窗格中将"刚度行为"设置为"刚性"，即将下模设置为刚体。"任务"后的材料模型默认为"结构钢"。

依照此方法，将上模设置为刚体，材料模型采用默认。

📖14.2.5 定义对称

由于本实体模型为 1/2 实体模型，所以需要在 Mechanical 应用程序中定义对称。

在轮廓窗格中右击"模型（A4）"对象，在弹出的快捷菜单中选择"插入"→"对称"命令，创建"对称"对象。在轮廓窗格中右击新创建的"对称"对象，在弹出的快捷菜单中选择"插入"→"对称区域"命令，在其属性窗格中单击"几何结构"单元格，通过图形工具栏，将选择过滤器设置为"单次选择""面"，然后在视图区选择 6 个对称面，单击 应用 按钮，再将"对称法线"设置为"Z 轴"，如图 14-13 所示。

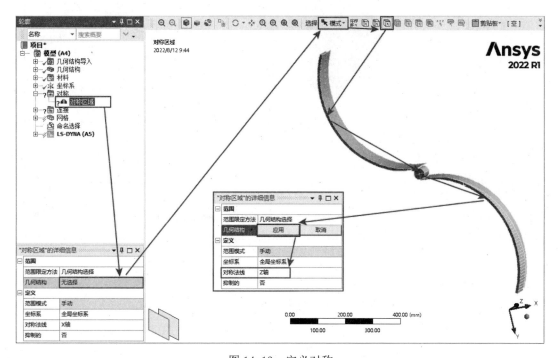

图 14-13   定义对称

📖14.2.6   网格划分

1. 轧件的网格控制

右击轮廓窗格中的"几何结构"→"轧件"对象，在弹出的快捷菜单中选择"隐藏所有其他几何体。"命令，即可在视图区仅显示轧件。通过图形工具栏，将选择过滤器设置为"单次选择""体"。

右击轮廓窗格中的"网格"对象，在弹出的快捷菜单中选择"插入"→"方法"命令，在其属性窗格中单击"几何结构"单元格，然后在视图区空白处右击，在弹出的快捷菜单中选择"选择所有"命令，单击"几何结构"中的 应用 按钮，然后将"方法"设置为"扫掠"，如图 14-14 所示。

右击轮廓窗格中的"网格"对象，在弹出的快捷菜单中选择"插入"→"尺寸调整"

命令，在其属性窗格中单击"几何结构"单元格，然后在视图区空白处右击，在弹出的快捷菜单中选择"选择所有"命令，单击"几何结构"的 应用 按钮，然后将"单元尺寸"设置为"2.0mm"。定义后的属性窗格如图 14-15 所示。

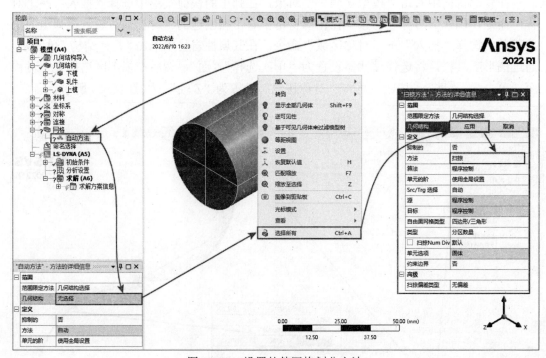

图 14-14　设置轧件网格划分方法

图 14-15　几何体尺寸调整的属性窗格

　　完成轧件的网格控制后，在视图区任一空白处右击，在弹出的快捷菜单中选择"显示全部几何体"命令，在视图区显示全部几何模型。

　　2．下模的网格控制

　　右击轮廓窗格中的"几何结构"→"下模"对象，在弹出的快捷菜单中选择"隐藏所有其他几何体。"命令，即可在视图区仅显示下模部件。通过图形工具栏，将选择过滤器设置为"单次选择""面"。

　　右击轮廓窗格中的"网格"对象，在弹出的快捷菜单中选择"插入"→"尺寸调整"命令，在其属性窗格中选择"几何结构"，在视图区中选择下模凸面，即所有与轧件发生接触的共计 101 个面，然后将"单元尺寸"设置为"8.0mm"，如图 14-16 所示。

　　完成下模的网格控制后，在视图区显示出全部几何模型。

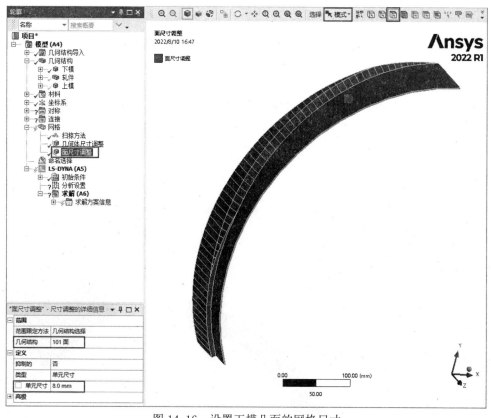

图 14-16　设置下模凸面的网格尺寸

3．上模的网格控制

按照下模的网格控制方法，将上模凸面的网格尺寸同样设置为 8.0mm。

4．整体网格控制

单击轮廓窗格中的"网格"对象，在其属性窗格中将"单元尺寸"设置为 10.0mm，其他参数采用默认，如图 14-17 所示。

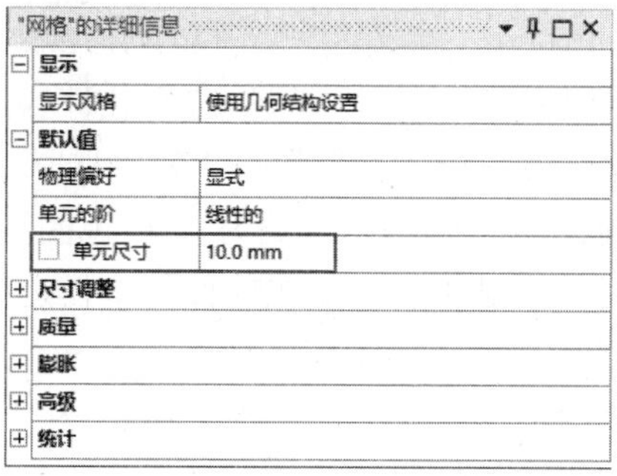

图 14-17　网格的属性窗格

5．网格划分

完成以上网格控制后，在视图区显示全部几何体，然后右击轮廓窗格中的"网格"对象，在弹出的快捷菜单中选择"生成网格"命令，即可进行网格划分。

14.2.7 定义接触

在轮廓窗格中右击"几何结构"→"上模"对象，在弹出的快捷菜单中选择"隐藏几何体"命令将上模隐藏，使得在视图区仅显示下模和轧件两个部件。

在轮廓窗格中单击"连接"→"接触"→"接触区域"对象，在其属性窗格中选择"接触"，在视图区中选择轧件的 4 个圆柱面，再选择"目标"，在视图区中选择下模的 101 个凸面，然后将"类型"设置为"摩擦的"，在"摩擦系数"文本框内输入 0.45，在"动力系数"文本框内输入 0.3，将"行为"设置为"对称"，即完成了轧件与下模之间的接触定义，如图 14-18 所示。

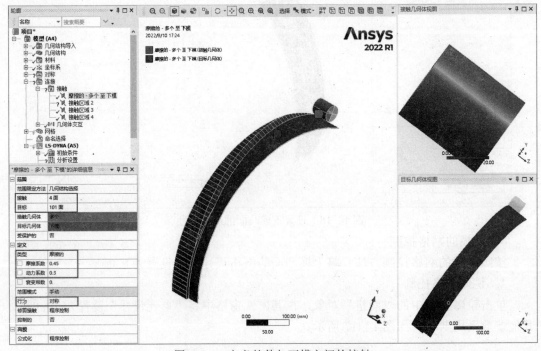

图14-18　定义轧件与下模之间的接触

在视图区仅显示上模和轧件两个部件，然后定义轧件与上模之间的接触。操作步骤如下：在轮廓窗格中单击"连接"→"接触"→"接触区域 3"对象，选择"接触"，在视图区中选择轧件的 4 个圆柱面，然后选择"目标"，在视图区中选择上模的 101 个凸面，其他参数和轧件与下模之间的接触相同，完成轧件与下模之间的接触定义。

在完成上述两个接触的定义后，需要删除"连接"→"接触"下的其他两个接触。操作步骤如下：按住<Ctrl>键，单击选中"接触区域 2"和"接触区域 4"两个对象，释放<Ctrl>键，然后右击，在弹出的快捷菜单中选择"删除"命令，在弹出的确认对话框中单击　是(Y) 按钮，即可将 Mechanical 应用程序自动创建的其他两个接触删除。

轧制过程中并没有其他接触，因此需要抑制"几何体交互"接触类型，操作步骤如下：右击轮廓窗格中的"连接"→"几何体交互"→"几何体交互"对象，在弹出的快捷菜单中选择"抑制"命令。

14.2.8　定义约束

轧件需要约束轧件回转轴，约束轧件回转轴的操作分为两个步骤：首先在 ANSYS Workbench 分析系统中为轧件的回转中心轴创建一个固定支撑，即约束该回转轴的 3 个平动自由度和 3 个转动自由度；然后通过文本编辑器对生成的 k 文件进行修改，释放该回转轴 Z 方向的平动自由度和 Z 方向的转动自由度。

创建约束轧件回转轴固定支撑的，具体步骤如下：在视图区仅显示轧件，并以线框显示模型；在轮廓窗格中右击"LS-DYNA（A5）"对象，在弹出的快捷菜单中选择"插入"→"固定支撑"命令，然后在其属性窗格中选择"几何结构"，在视图区选择轧件的回转轴。创建完成的约束轧件回转轴的固定支撑如图 14-19 所示。

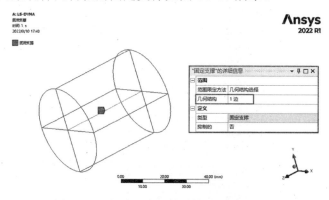

图14-19　创建约束轧件回转轴的固定支撑

14.2.9　求解控制设置

定义载荷之前，首先对求解控制参数进行设置。具体操作步骤如下：单击"LS-DYNA（A5）"→"分析设置"对象，在其属性窗格中将"结束时间"设置为"1.33 s"，即设置分析时间为 1.33s；将"自动质量缩放"设置为"是"，即打开自动质量缩放；将"应变"设置为"是"，即输出应变；将"输出控制"下的"计算结果"设置为"等距点"，在其下面的"---值"文本框内输入 100；将"时间历史输出控制"下的"计算结果"设置为"等距点"，在其下面的"---值"文本框内输入 100，即设置结果文件的输出步数为 100。定义后的属性窗格如图 14-20 所示。

14.2.10　定义载荷

该轧制过程需要定义两个载荷，一是下模的旋转载荷，二是上模的旋转载荷。

1. 定义下模的旋转载荷

在轮廓窗格中右击"LS-DYNA（A5）"对象，在弹出的快捷菜单中选择"插入"→"远程位移"命令，然后在其属性窗格中选择"几何结构"，在视图区选择下模的凹面；在"X坐标""Y坐标""Z坐标"文本框内输入 0，即设置点（0,0,0）为下模的旋转中心；在"X分量""Y分量""Z分量"文本框内输入 0，在"旋转 X""旋转 Y"文本框内输入 0，在"旋转 Z"文本框内输入"-120",即设置下模绕 Z 轴顺时针旋转 120°；将"行为"设置为"刚性"。定义下模旋转载荷的结果如图 14-21 所示。

"分析设置"的详细信息	
步骤控制	
结束时间	1.33 s
时步安全系数	0.9
最大周期数量	10000000
自动质量缩放	是
时间步长	1E-07 s
CPU和内存管理	
求解器控制	
初始速度	
阻尼控制	
沙漏控制	
ALE控制	
连结控制	
复合控制	
输出控制	
输出格式	程序控制的
二进制文件大小比例因子	70
应力	是
应变	是
塑性应变	是
历史变量	没有
计算结果	等距点
---值	100
柔性部件的应力文件	没有
时间历史输出控制	
计算结果	等距点
---值	100
输出	没有
分析数据管理	

图14-20　分析设置的属性窗格

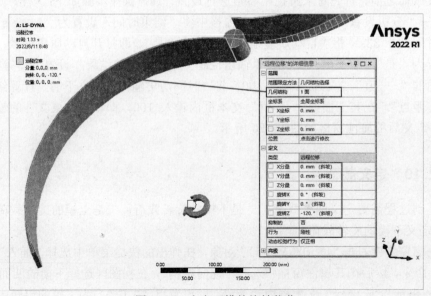

图14-21　定义下模的旋转载荷

2．定义上模的旋转载荷

用同样的方法，在属性窗格中选择"几何结构"，在视图区选择上模的凹面，在"Y坐标"内输入 657，即设置点（0，657，0）为上模的旋转中心，然后设置其他参数与下模的相同，完成上模旋转载荷的定义如图 14-22 所示。读者可以自行完成。

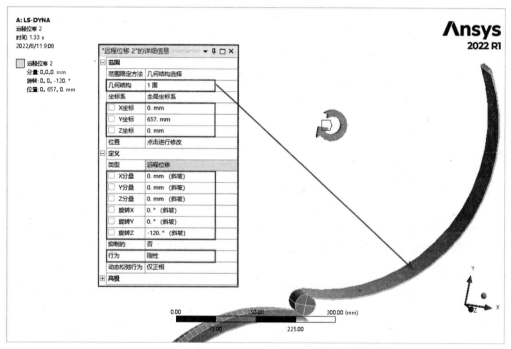

图14-22　定义上模的旋转载荷

📖14.2.11　定义模具的质量中心

要使模具能绕旋转轴运动，还必须定义上模和下模的质量中心和转动惯量。

1．定义下模质量中心和转动惯量

在轮廓窗格中右击"LS-DYNA（A5）"对象，在弹出的快捷菜单中选择"插入"→"刚体工具"→"刚体属性"命令，然后在其属性窗格中选择"几何结构"，在视图区选择下模；在"X 坐标""Y 坐标""Z 坐标"文本框内输入 0，即定义下模的质量中心点坐标为（0，0，0）；在"质量"文本框内输入 50，在"质量惯性矩 X""质量惯性矩 Y""质量惯性矩 Z"文本框内输入 100，在"质量惯性矩 XY""质量惯性矩 YZ""质量惯性矩 XZ"文本框内输入 0，即定义下模的转动惯量。定义后的属性窗格如图 14-23 所示。

2．定义上模质量中心和转动惯量

用同样的方法，完成上模质量中心和转动惯量的定义：在属性窗格中选择"几何结构"，在视图区选择上模部件；在"Y 坐标"文本框内输入 657，即设置点（0，657，0）为上模的旋转中心；设置其他参数与下模的相同。定义后的属性窗格如图 14-24 所示。读者可以自行完成。

"刚体属性"的详细信息	
Geometry	
范围限定方法	几何结构选择
几何结构	1 几何体
定义	
几何体	下模
☐ X坐标	0 mm
☐ Y坐标	0 mm
☐ Z坐标	0 mm
惯性	
☐ 质量	50 kg
☐ 质量惯性矩X	100 kg·mm²
☐ 质量惯性矩Y	100 kg·mm²
☐ 质量惯性矩Z	100 kg·mm²
☐ 质量惯性矩XY	0 kg·mm²
☐ 质量惯性矩YZ	0 kg·mm²
☐ 质量惯性矩XY	0 kg·mm²

"刚体属性 2"的详细信息	
Geometry	
范围限定方法	几何结构选择
几何结构	1 几何体
定义	
几何体	上模
☐ X坐标	0 mm
☐ Y坐标	657 mm
☐ Z坐标	0 mm
惯性	
☐ 质量	50 kg
☐ 质量惯性矩X	100 kg·mm²
☐ 质量惯性矩Y	100 kg·mm²
☐ 质量惯性矩Z	100 kg·mm²
☐ 质量惯性矩XY	0 kg·mm²
☐ 质量惯性矩YZ	0 kg·mm²
☐ 质量惯性矩XY	0 kg·mm²

图 14-23　定义下模的质量中心和转动惯量　　图 14-24　定义上模的质量中心和转动惯量

14.2.12　设置沙漏控制

右击"LS-DYNA（A5）"对象，在弹出的快捷菜单中选择"插入"→"沙漏控制"命令，在其属性窗格中选择"几何结构"，在视图区选择轧件，将"沙漏类型"设置为"Flanagan-Belytschko Stiffness Form"，在"沙漏"文本框内输入 0.145，在"二次体积"文本框内输入 1.5，在"线性体积"文本框内输入 0.06。定义后的属性窗格如图 14-25 所示。

"沙漏控制"的详细信息	
Geometry	
范围限定方法	几何结构选择
几何结构	4 几何体
定义	
沙漏类型	Flanagan-Belytschko Stiffness Form
LS-DYNA ID	4
系数	
☐ 沙漏	0.145
☐ 二次体积	1.5
☐ 线性体积	0.06

图 14-25　沙漏控制的属性窗格

14.2.13　求解及求解过程控制

完成以上的设置后，并不能通过 Mechanical 应用程序直接提交求解，还必须释放轧件回转轴的 Z 方向平动自由度和 Z 方向转动自由度。模型的对称约束都需要在 LS-DYNA 的 k 文件中进行修改后才能够正确定义。

在轮廓窗格中单击"LS-DYNA（A5）"对象，然后选择"环境"选项卡"工具"面板中的"生成 MAPDL 输入文件…"选项，如图 14-26 所示。在弹出的"另存为"对话框中将"保存类型"设定为"LS-DYNA 输入文件（*.k）"，在"文件名"文本框中输入"CWR.k"，然后单击　保存(S)　按钮，即可将 k 文件保存在指定的文件目录中，如图 14-27 所示。

图 14-26   选择"生成 MAPDL 输入文件"选项

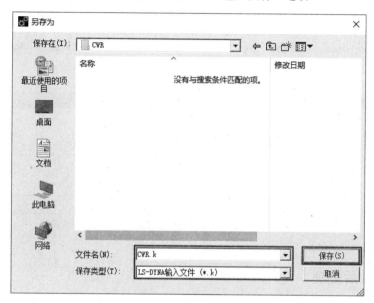

图 14-27   保存 k 文件

在指定的目录中找到生成的"CWR.k"文件，然后通过记事本或写字板程序打开进行修改后保存，释放轧件回转轴的 Z 方向平动自由度和 Z 方向转动自由度，修改后如图 14-28 所示（方框内为修改的内容）。

图 14-28 中的部分内容说明如下：$\$$ 符号后面的内容是说明部分，程序运行时自动忽略；nsid 参数表示节点集编号；cid 表示坐标系编号，0 表示默认的全局坐标系；dofx、dofy、dofz 分别表示 X、Y、Z 方向的平移自由度，dofrx、dofry、dofrz 分别表示绕 X、Y、Z 轴的旋转自由度，其下面的 1 表示约束对应的自由度，0 表示释放对应的自由度。9 号节点集对应"固定支撑"，需要释放 Z 方向平动自由度和 Z 方向转动自由度，即 dofz=dofrz=0。

*BOUNDARY_SPC_SET							
$\$$ nsid	cid	dofx	dofy	dofz	dofrx	dofry	dofrz
9	0	1	1	0	1	1	0

图 14-28   释放回转轴的两个自由度

启动 LS-Run 2022 R1 应用程序，单击"INPUT"后的"Select input file"按钮，选定修改后的"CWR.k"文件，然后单击"Add job to local queue"按钮，即可向 LS-DYNA 求解器提交求解，如图 14-29 所示。当"Status"列显示"Finished（Normal Termination）"时，表示求解正常结束。

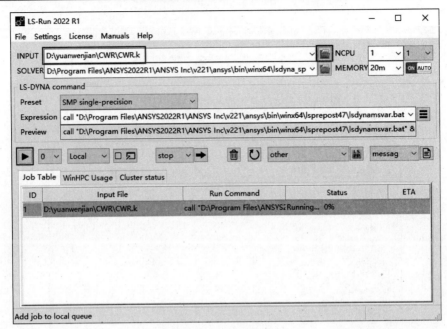

图 14-29　提交求解

📖14.2.14　后处理

本例采用 LS-DYNA 的后处理器 LS-PrePost 对结果进行处理分析。

1. 读入结果文件

选择 LS-PrePost 菜单中的"File"→"Open"→"LS-DYNA Binary Plot"命令，在弹出的对话框中选择工作目录下的二进制结果文件"d3plot"，并单击"打开"按钮确认，就可以将结果文件读入 LS-PrePost 后处理器中，如图 14-30 所示。

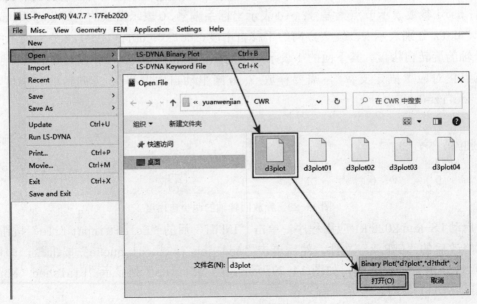

图14-30　读入结果文件

2．镜像模型

由于分析时只取了二分之一模型进行求解，这里需要通过镜像操作来显示完整的模型。单击右侧主菜单中的"Model and Part"按钮📑→"Reflect Model"按钮⚒，打开如图 14-31 所示的"Reflect Model"对话框，勾选"Reflect About XY Plane"复选框，单击 Done 按钮，关闭"Reflect Model"对话框，就完成了整个楔横轧模型的显示，如图 14-32 所示。

图14-31　"Reflect Model"对话框

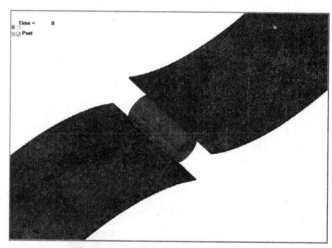

图14-32　显示整个楔横轧模型

3．动态观察轧制变形过程

通过动画控制区的按钮，可以动态显示轧件在轧制过程中的变形情况。结合主菜单中的"Model and Part"按钮📑→"Split Window"按钮⊞，可以在屏幕上多窗口同时显示不同时刻的变形情况。图 14-33 所示分别为轧制过程的初始状态和轧件在楔入段、展宽段、精整段的变形情况。

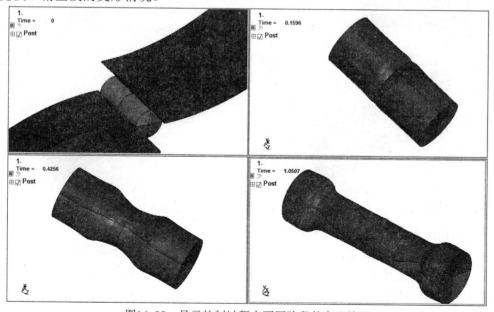

图14-33　显示轧制过程中不同阶段的变形情况

4. 动态显示轧制过程中的应力场分布

单击右侧主菜单中的"Post"按钮 🖼 →"Fringe Component"按钮 🧊，在"Fringe Component"面板中选择"Stress"和列表中的任意一种应力，如"Von Mises stress"，单击 Done 按钮，就可以观察轧件在轧制过程中某一时刻的应力场分布。还可以结合动画控制区的按钮动态显示各种应力场分布。

同样，也可以结合主菜单中的"Model and Part"按钮 🖼 →"Split Window"按钮 ⊞，对应力场进行多窗口显示，以便比较分析不同时刻的应力分布情况。图 14-34 所示分别为轧制过程的初始状态和轧件在楔入段、展宽段、精整段的应力场分布。

5. 动态显示冲击过程的塑性应变场分布

单击主菜单"Post"按钮 🖼 →"Fringe Component"按钮 🧊，在"Fringe Component"面板中选择"Stress"和"effective plastic strain"，单击 Done 按钮，就可以观察轧件在轧制过程中某一时刻的塑性应变场分布。还可以结合动画控制区的按钮动态显示各种塑性应变场分布。

同样，也可以结合主菜单中的"Model and Part"按钮 🖼 →"Split Window"按钮 ⊞，对塑性应变场进行多窗口显示，以便比较分析不同时刻的应变场分布情况。图 14-35 所示分别为轧制过程的初始状态和轧件在楔入段、展宽段、精整段的塑性应变场分布。

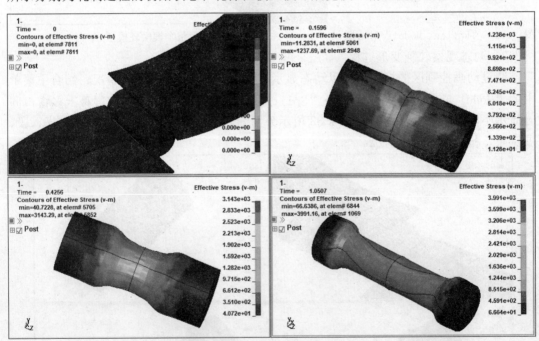

图 14-34 动态显示轧件过程中的应力场分布

6. 制作变形、应力、应变场等动画

首先在主菜单中选择要制作动画的项目，如"Von Mises stress"（对于变形则不需要选择），然后选择菜单中的"File"→"Movie..."命令，在弹出的"Moive Dialog"对话框中的"File name"中输入要制作动画文件的名称（如 Mises），将"Size"设置为"1024×768"，在"File path"中选择文件存放的路径，其他设置采用默认值，然后单击 Start 按钮，即可开始选定项目的动画制作，如图 15-36 所示。制作完毕以后，可以在存放的目录下用视频软件播放该文件。

　　还可以利用 LS-PrePost 后处理器观察轧件心部应力-应变场、端头凹心和速度场等，感兴趣的读者可以自行操作。

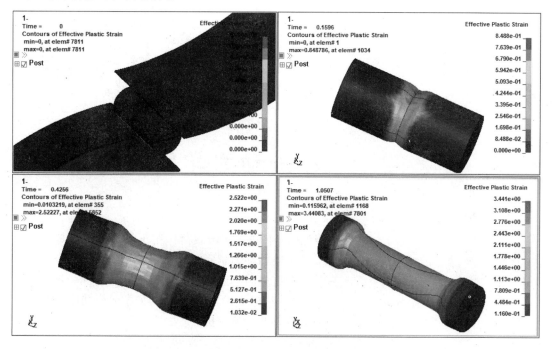

图14-35　动态显示轧制过程中的塑性应变场分布

图14-36　等效应力动画制作

第 15 章

冲击动力学问题的分析

结构或构件在冲击载荷作用下的变形问题是一项非常重要的动力学问题,利用 LS-DYNA 可以十分有效地对这类问题进行仿真。

本章利用 LS-DYNA 的冲击动力学分析功能进行了薄壁方管的屈曲分析。

冲击动力学问题往往涉及极大变形,为此本章还介绍了一种解决极大变形问题的方法——自适应网格。

学 习 要 点

- 薄壁方管屈曲分析
- 自适应网格方法概述
- 薄壁方管的自适应屈曲分析

15.1 薄壁方管屈曲分析

本节以薄壁方管在轴向冲击作用下的屈曲分析为例,介绍了在 ANSYS Workbench LS-DYNA 中进行冲击动力学分析的方法。本实例首先建立四分之一实体模型,然后在对称面上施加相应的边界条件。具体分析步骤如下。

15.1.1 创建LS-DYNA分析系统

启动 ANSYS Workbench2022 程序,展开左边"工具箱"中的"分析系统",双击"LS-DYNA"选项,或将"LS-DYNA"选项拖放到"项目原理图"窗格,即可创建 LS-DYNA 分析系统,如图 15-1 所示。在菜单栏中选择"文件"→"保存"命令,或单击主工具栏中的"保存项目"按钮🖫,弹出"另存为"对话框,在"文件名"文本框中输入"PIPE",然后单击 保存(S) 按钮,将项目进行保存。

图15-1 创建LS-DYNA分析系统

15.1.2 定义工程数据

在分析之前,首先需要在 ANSYS Workbench 2022 窗口的菜单栏中选择"单位"→"度量标准（kg, mm, s, ℃, mA, N, mV）"命令，完成单位系统的设置。

在"项目原理图"窗格中双击 A2"工程数据"单元格 2 ⬛ 工程数据 ✓ ▲ ，或右击该单元格，在弹出的快捷菜单中选择"编辑"命令，系统自动切换到"A2：工程数据"，进入工程数据工作区。单击"轮廓 原理图 A2：工程数据"窗格中 A*单元格，输入"方管"后按<Enter>键，新建一种名称为"方管"的材料。单击左侧"工具箱"中"线性弹性"前的 ➕ 符号，将其展开，然后双击"Isotropic Elasticity"（各向同性弹性）组件，将"Isotropic Elasticity"材料属性添加到"属性 大纲行 3：方管"窗格中；单击左侧"工具箱"中的"塑性"前 ➕ 符号，将其展开，然后双击"Bilinear Isotropic Hardening"（双线性各向同性硬化）组件，将"Bilinear Isotropic Hardening"属性添加到"属性 大纲行 4：方管"窗格中；在"属性 大纲行 4：方管"窗格中，依次输入方管的 Density（密度）为 7.85E-6kg/mm^3、杨氏模量为 21000MPa、泊松比为 0.3、屈服强度为 230MPa、切线模量为 1000MPa，如图 15-2 所示，即可完成方管的材料模型定义。

	A	B	C	D	E
1	属性	值	单位	⊗	⬚
2	📈 材料场变量	▦ 表格			
3	📈 Density	7.85E-06	kg mm^-3 ▾	☐	☐
4	⊟ 📈 Isotropic Elasticity				
5	衍生于	杨氏模量与泊松比 ▾			
6	杨氏模量	21000	MPa ▾		☐
7	泊松比	0.3			☐
8	体积模量	17500	MPa		☐
9	剪切模量	8076.9	MPa		☐
10	⊟ 📈 Bilinear Isotropic Hardening				
11	屈服强度	230	MPa ▾		☐
12	切线模量	1000	MPa ▾		☐

图 15-2　设置方管的材料参数

📖15.1.3　创建几何模型

在"项目原理图"窗格中右击 A3"几何结构"单元格 3 ⬛ 几何结构 ❓ ▲ ，在弹出的快捷菜单中选择"新的 DesignModeler 几何结构……"命令，进入 DesignModeler 应用程序。在创建几何模型之前，首先单击菜单栏中的"单位"→"毫米"命令，将长度单位更改为毫米。

1）创建草绘平面。首先单击选中"树轮廓"窗格中的"XY 平面"，然后单击工具栏中的"新草图"按钮 ⬚ ，创建一个草绘平面。此时"树轮廓"窗格中"XY 平面"下会多出一个名为"草图 1"的草绘平面。

2）创建草图。单击选中"树轮廓"窗格中的"草图 1"草图，然后单击"树轮廓"窗格下端"草图绘制"标签，打开"草图工具箱"窗格。在新建的"草图 1"上绘制图形。

3）切换视图。为了方便草图绘制，单击工具栏中的"查看面/平面/草图"按钮 ⬚ ，将视图切换为 XY 方向的视图。

4）绘制草图。打开的"草图工具箱"默认展开"绘制"选项，利用其中的绘制工具"直线"命令 ⬚ 线 ，绘制一条垂直和一条水平的线段。

5)绘制圆角。展开草图绘制工具箱中的"修改"选项,利用其中的"圆角"命令 □圆角,在图形区域选择刚绘制的两条线段,绘制圆角,结果如图 15-3 所示。

6)标注草图。展开草图绘制工具箱的"维度"选项。利用其中的"水平的"命令 ⊣⊢水平的、"顶点"命令 工顶点 和"半径"命令 ⌒半径 标注线段长度和圆角半径。此时草图中所有绘制的轮廓线由绿色变为蓝色,表示草图中所有元素均已完全约束。

7)修改尺寸。绘制的草图虽然已完全约束并完成了尺寸的标注,但尺寸并不精确,还需要在属性窗格中修改参数来精确定义草图。将属性窗格中 H1 的参数修改为40mm,V2的参数修改为40mm,R3的参数修改为5mm。为了便于下面的绘图和随时查看尺寸,在"维度"内单击"显示"命令 显示 名称:☑值:□,勾选后面的"值"复选框。标注完成后的图形如图 15-4 所示。

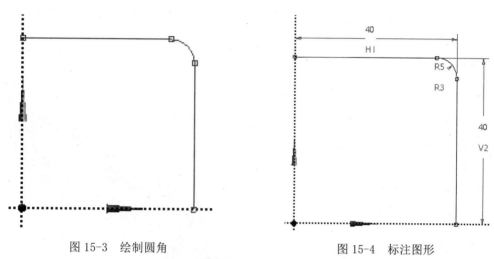

图 15-3　绘制圆角　　　　　　　　　　　图 15-4　标注图形

8)挤出模型。单击工具栏中的 挤出 按钮,此时"树轮廓"窗格自动切换到"建模"标签。在属性窗格中,单击"几何结构"后的 应用 按钮,将"FD1,深度(>0)"更改为 400mm(即拉伸深度为 400mm),将"按照薄/表面?"更改为"是",将"FD2,内部厚度(>=0)"更改为 0mm,如图 15-5 所示。单击工具栏中的 生成 按钮,生成 1/4 方管实体模型,如图 15-6 所示。

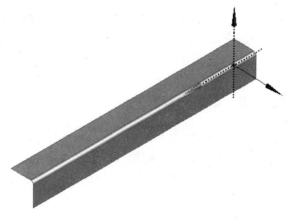

详细信息视图	⤓
⊟ 详细信息 挤出1	
挤出	挤出1
几何结构	草图1
操作	添加材料
方向矢量	无 (法向)
方向	法向
扩展类型	固定的
☐ FD1,深度(>0)	400 mm
按照薄/表面?	是
☐ FD2,内部厚度(>=0)	0 mm
☐ FD3,外部厚度(>=0)	0 mm
合并拓扑?	是
⊟ 几何结构选择:1	
草图	草图1

图 15-5　挤出的属性窗格　　　　　　　　图 15-6　生成 1/4 方管实体模型

275

9）重新命名。右击"树轮廓"窗格中的"1 部件，1 几何体"下的"表面几何体"对象，在弹出的快捷菜单中选择"重新命名"命令，输入"方管"，即将该几何体重新命名为"方管"。

本实例只需完成 1/4 方管实体模型的创建，即可退出 DesignModeler 应用程序。

📖15.1.4 定义方管厚度和材料模型

在"项目原理图"窗格中双击 A4"模型"单元格 4 🖥 模型 🔁 ↙，或者右击该单元格，在弹出的快捷菜单中选择"编辑"命令，即可启动 Mechanical 应用程序。

在轮廓窗格中单击"方管"对象，在其属性窗格中，将"厚度"设置为"2mm"，即定义方管的厚度为 2mm，然后单击"任务"后的▸按钮，在弹出的"工程数据材料"对话框中选择"方管"材料，即可完成方管厚度和材料模型的定义，如图 15-7 所示。

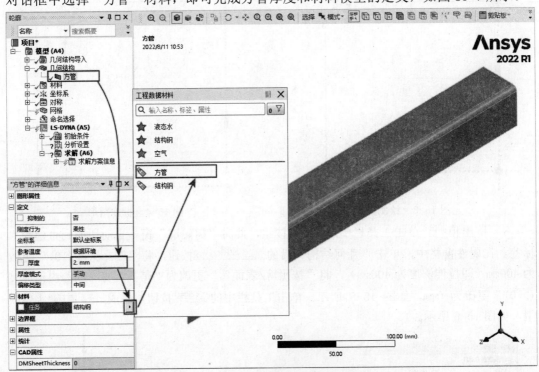

图 15-7　定义方管厚度和材料模型

📖15.1.5 定义对称

由于本实体模型为 1/4 实体模型，所以需要在 Mechanical 应用程序中定义对称。

在轮廓窗格中右击"模型（A4）"对象，在弹出的快捷菜单中选择"插入"→"对称"命令。在轮廓窗格中右击新创建的"对称"对象，在弹出的快捷菜单中选择"插入"→"对称区域"命令，在其属性窗格中单击"几何结构"，通过图形工具栏将选择过滤器设置为"单次选择""边"，然后在视图区选择图 15-8 所示的长边，单击"应用"｜ 应用 ｜按钮，再将"对称法线"设置为"X 轴"，如图 15-8 所示。

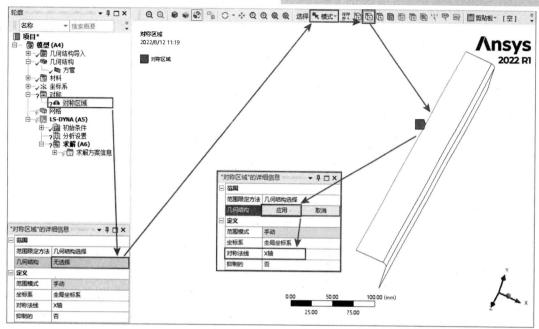

图15-8　定义对称

　　在轮廓窗格中右击新创建的"对称"对象，在弹出的快捷菜单中选择"插入"→"对称区域"命令，在其属性窗格中单击"几何结构"，然后在视图区选择另一条长边，单击 ____应用____ 按钮，再将"对称法线"设置为"Y轴"，完成对称的定义。

📖 15.1.6　定义接触

　　由于方管表面在冲击压缩过程中可能会发生表面折叠和自相接触现象，因此需要定义接触。本实例采用默认的"几何体交互"接触类型，具体操作步骤如下：右击"模型（A4）"，在弹出的快捷菜单中选择"插入"→"连接"命令，在轮廓窗格中创建"连接"对象；右击该"连接"对象，在弹出的快捷菜单中选择"插入"→"几何体交互"命令，即可在轮廓窗格中创建"几何体交互"对象；右击"连接"→"几何体交互"→"几何体交互"对象，在其属性窗格中，将"类型"设置为"摩擦的"，将"摩擦系数"栏参数设置为 0.1，将"动力系数"设置为 0.1，其他参数采用默认，如图 15-9 所示。

图15-9　几何体交互的属性窗格

15.1.7 网格划分

单击轮廓窗格中的"网格"对象，在其属性窗格中将"单元尺寸"设置为"4.0mm"，即定义整体单元尺寸为4.0mm，如图15-10所示。

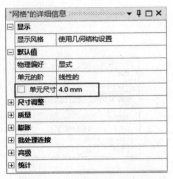

图15-10 网格的属性窗格

右击轮廓窗格中的"网格"对象，在弹出的快捷菜单中选择"插入"→"面网格剖分"命令，在其属性窗格中单击"几何结构"，随后在视图区内任意一点右击，在弹出的快捷菜单中选择"选择所有"命令，即选择所有的面，然后单击"几何结构"中的 应用 按钮，如图15-11所示。

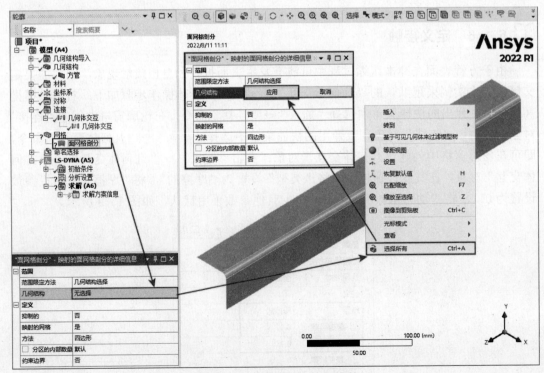

图15-11 设置面网格剖分方法

完成以上网格设置后，右击轮廓窗格中的"网格"对象，在弹出的快捷菜单中选择

"生成网格"命令,即可对模型进行网格划分。

15.1.8 定义边界条件

对下固定端施加固定支撑边界条件的具体操作步骤如下。右击"LS-DYNA(A5)"对象,在弹出的快捷菜单中选择"插入"→"固定支撑"命令,在其属性窗格中单击"几何结构",将选择过滤器设置为"单次选择""边",在视图区单击选择下固定端的任意一条边,然后单击图形工具栏中的 🐝扩展▾ 按钮,在其下拉列表中单击 🐝 限值 按钮,即可选中下固定端的 3 条边线,然后在其属性窗格中单击"几何结构"中的 应用 按钮,即可对下固定端施加固定支撑约束,即约束下端面的 6 个自由度,其操作步骤如图15-12 所示。

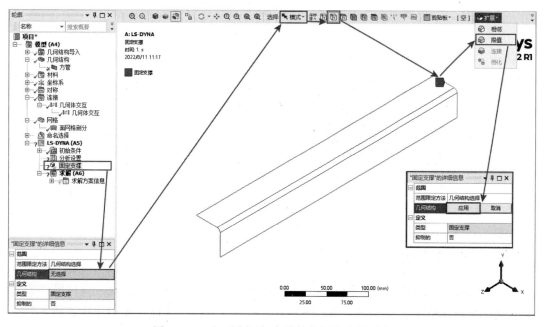

图15-12 对下固定端3条边施加固定支撑约束

15.1.9 求解控制设置

为了便于下面冲击载荷的设置,首先需要对求解控制参数进行设置。具体操作步骤如下:在轮廓窗格中单击"LS-DYNA(A5)"→"分析设置"对象,在其属性窗格中将"结束时间"设置为"2 s",即设置分析时间为2s;将"输出控制"下的"应变"设置为"是",即输出应变;将"输出控制"分支下的"计算结果"设置为"等距点",在其下面的"---值"文本框内输入 100;将"时间历史输出控制"下的"计算结果"设置为"等距点",在其下面的"---值"文本框内输入 100,即设置结果文件输出步数为 100。定义后的属性窗格如图 15-13 所示。

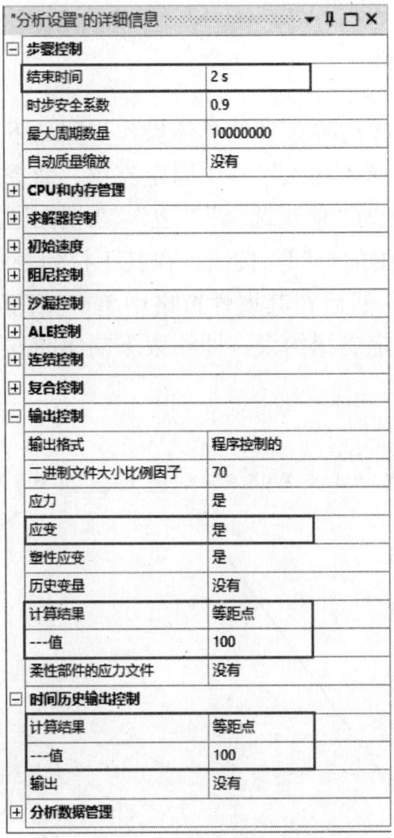

图15-13　分析设置的属性窗格

15.1.10　施加冲击载荷

冲击载荷可以通过对方管的上端 3 条边施加 Z 方向的负位移来实现，具体操作步骤如下：在轮廓窗格中右击"LS-DYNA（A5）"对象，在弹出的快捷菜单中选择"插入"→"位移"命令，在其属性窗格中单击"几何结构"，将选择过滤器设置为"单次选择""边"，在视图区单击选择上固定端的任意一条边，然后单击图形工具栏中的 ⊕扩展▼ 按钮，在其下拉列表中单击 ⊕ 限值 按钮，即可选中方管上端的 3 条边线，然后在其属性窗格中单击"几何结构"中的 应用 按钮，将"定义依据"设置为"分量"，在"X 分量"文本框内输入 0，在"Y 分量"文本框内输入 0，在"Z 分量"文本框内输入-200，即可对方管上端面施加 Z 方向线性压缩 200mm 的冲击载荷，施加载荷时间为 2s。施加冲击载荷后的属性窗格和视图区如图 15-14 所示。

在定义方管上端面 Z 方向位移的基础上，还需要限制 3 个方向的转动自由度。操作步骤如下：在轮廓窗格中右击"LS-DYNA（A5）"对象，在弹出的快捷菜单中选择"插入"→"固定主几何体"命令，在其属性窗格中通过"几何结构"选择方管上端的 3 条边线，其他参数采用默认，其约束 3 条边转动自由度后的属性窗格和视图区如图 15-15 所示。

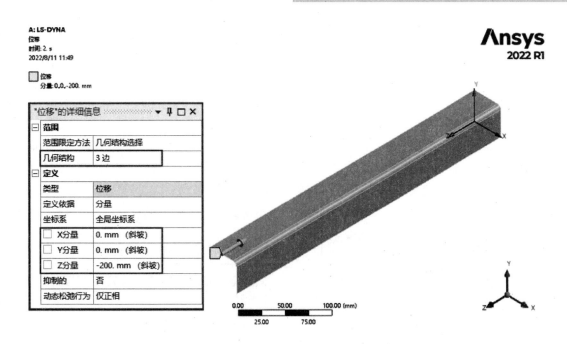

图 15-14　施加冲击载荷

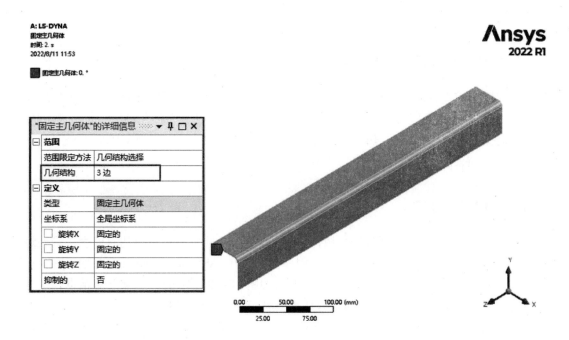

图 15-15　约束 3 条边的转动自由度

📖15.1.11　其他设置

本实例中还需要进行如下的设置。

1）设置壳单元的单元算法和厚度方向积分点输出数。操作步骤如下：在轮廓窗格中右击"LS-DYNA（A5）"对象，在弹出的快捷菜单中选择"插入"→"截面"命令，在其属性窗格中通过"几何结构"栏选择方管部件；将"公式"设置为"Belytschko-Wong-Chiang"，即定义单元算法为 Belytschko-Wong-Chiang 算法；将"通过厚度积分点"设置为"5 Point"，即厚度方向积分点输出数为 5。定义后的属性窗格如图 15-16 所示。

2）设置沙漏控制。操作步骤如下：在轮廓窗格中右击"LS-DYNA（A5）"对象，在弹出的快捷菜单中选择"插入"→"Hourglass Control"命令，在其属性窗格中通过"几何结构"选择方管部件，将"沙漏类型"设置为"Exact Volume Flanagan-Belytschko Stiffness Form"，在"沙漏"内输入 0.1，在"二次体积"内输入 1.5，在"线性体积"内输入 0.06。定义后的属性窗格如图 15-17 所示。

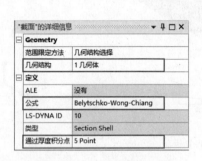

图 15-16　截面的属性窗格

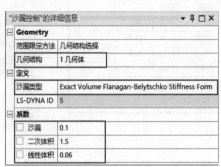

图 15-17　沙漏控制的属性窗格

15.1.12　求解及求解过程控制

完成以上的设置后，便可以直接通过 Mechanical 应用程序提交求解。右击轮廓窗格中的"LS-DYNA（A5）"对象，在弹出的快捷菜单中选择"求解"命令，就可以向 LS-DYNA 求解器提交求解了。在求解过程中，可以单击轮廓窗格中的"LS-DYNA（A5）"→"求解（A6）"→"求解方案信息"对象，查看求解方案信息。

15.1.13　后处理

在通过 Mechanical 应用程序进行后处理之前，为了显示完整的几何模型，需要进行如下设置。首先退出 Mechanical 应用程序，返回到 ANSYS Workbench 主界面，在菜单栏中选择"工具"→"选项……"命令，弹出如图 15-18 所示的"选项"对话框，选择"外观"选项，勾选"试用版选项"复选框，然后单击 OK 按钮。

在"项目原理图"窗格中双击 A4"模型"单元格，再次进入 Mechanical 应用程序，单击轮廓窗格中的"对称"对象，按图 15-19 所示设置其属性窗格。单击轮廓窗格中的"LS-DYNA（A5）"→"求解（A6）"→"求解方案信息"→"总变形"对象，即可在视图区显示完整几何模型的变形情况，如图 15-20 所示。通过 Mechanical 应用程序进行后处理的过程在这里不做详细介绍，感兴趣的读者可以参照前面章节自行操作。

本实例采用 LS-DYNA 的后处理器 LS-PrePost 对分析结果进行后处理，具体过程介绍如下。

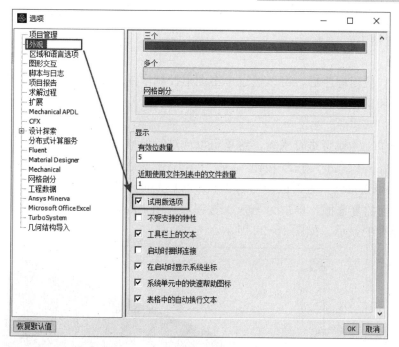

图15-18 "选项"对话框

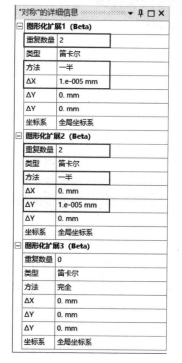

图15-19 对称的属性窗格

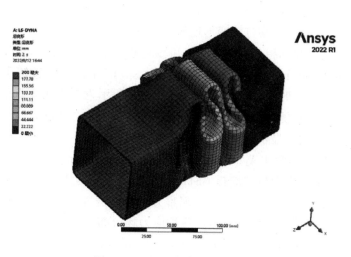

图15-20 显示完整几何模型的变形

1. 读入结果文件

执行 "File" → "Open" → "LS-DYNA Binary Plot" 命令，在弹出的对话框中选择求解器文件目录下的二进制结果文件 d3plot（可以通过分析设置属性窗格中"分析数据管理"下的"求解器文件目录"进行查看），单击"OK"按钮确认就可以将结果文件读入 LS-PrePost 后处理器中。

2. 调整视图方向

进入 LS-PrePost 应用程序后，可以通过单击图形控制区中相应的视图方向按钮，也可以通过<Ctrl>键和鼠标组合，进行视图方向的调整。

3. 镜像模型

由于分析时只取了 1/4 模型进行求解，这里可以通过镜像操作来显示完整的图形。单击右侧主菜单中"Model and Part"按钮 → "Reflect Model" 按钮，打开如图 15-21 所示的"Reflect Model"对话框，勾选"Reflect About YZ Plane"和"Reflect About XZ Plane"前面的复选框，单击 Done 按钮，关闭"Reflect Model"对话框，就完成了整个方管模型的显示，如图 15-22 所示。

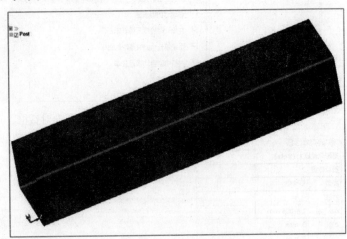

图15-21 "Reflect Model"对话框　　　　图15-22 显示整个方管模型

4. 动态观察方管变形过程

通过动画控制区的按钮，可以动态显示方管在冲击过程中的变形情况。单击右侧主菜单"Model and Part"按钮 → "Split Window"按钮，可以用多窗口在屏幕上同时显示不同时刻的变形情况。图 15-23 所示为方管在 0.3s、1.2s 和 1.8s 时刻的变形情况，其中右侧两个图是同一时刻的整体和剖分对比图。

5. 动态显示冲击过程中的应力场分布

单击右侧主菜单"Post"按钮 → "Fringe Component"按钮，在"Fringe Component"面板中选择"Stress"和列表中的任意一种应力，如"Von Mises stress"，单击 Done 按钮，就可以观察方管在冲击过程的某一时刻的应力场分布。还可以结合动画控制区的按钮动态显示各种应力场分布。

同样也可以结合右侧主菜单"Model and Part"按钮 → "Split Window"按钮，对应力场进行多窗口显示，以便比较分析不同时刻的应力分布情况。图 15-24 所示为冲击过程中不同时刻方管的应力场分布。

6. 动态显示冲击过程中的塑性应变场分布

单击主菜单"Post"按钮 → "Fringe Component"按钮，在"Fringe Component"

面板中选择"Stress"和"effective plastic strain"，单击 Done 按钮，就可以观察方管在冲击过程中某一时刻的塑性应变场分布，还可以结合动画控制区的按钮动态显示各种塑性应变场分布。

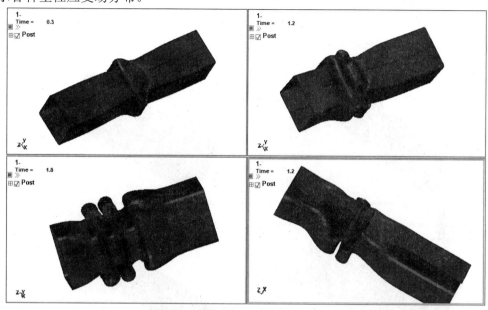

图15-23　方管在冲击过程中的变形情况

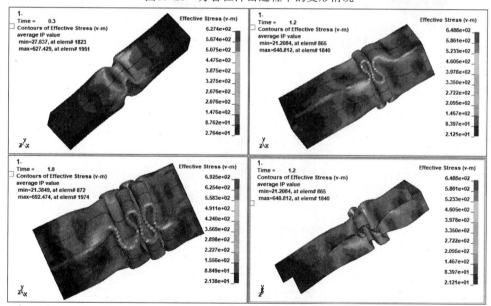

图15-24　显示冲击过程在不同时刻方管的应力场分布

同样也可以结合右侧主菜单"Model and Part"按钮 →"Split Window"按钮 ，对塑性应变场进行多窗口显示，以便比较分析不同时刻的塑性应变分布情况。图 15-25 所示为冲击过程中不同时刻方管的塑性应变场分布。

7. 制作变形、应力、应变场等动画

首先在主菜单中选择要制作动画的项目，如"Von Mises stress"（对于变形则不需要选择），然后选择菜单中"File"→"Movie..."命令，在弹出的"Movie Dialog"对话框中的"File name"中输入要制作动画文件的名称（如"Mises"），将"Size"设置为"NTSC（640×480）"，在"File Path"中选择文件存放的路径，其他设置采用默认值，单击 Start 按钮，即可开始选定项目的动画制作，如图 15-26 所示。制作完毕以后，可以在存放的目录下用视频软件播放该文件。

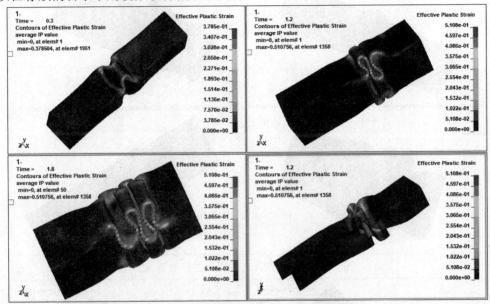

图15-25　显示冲击过程中不同时刻方管的塑性应变场分布

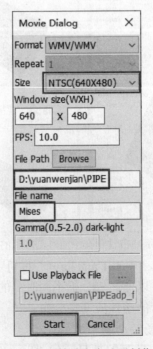

图15-26　等效应力动画制作

15.2　自适应网格方法概述

在诸如钣金成形和高速冲击分析中，物体可能要经历极大的塑性变形。欧拉方法计算网格固定于几何空间，材料可以通过单元流进流出，计算单元质量、动量和能量的变化，从而确定物体的变形，因此利用欧拉方法能够处理材料严重扭曲变形的情况。但是欧拉方法很难跟踪物质的变形，不能识别材料界面，无法精确计算材料的弹塑性效应，而这些正是拉格朗日方法的优点。拉格朗日方法把计算网格固定在材料上，可以跟踪物质的运动，能够清楚地识别材料的边界和交界面，因此可以记录和表现材料性质的时间历史，准确地反映材料的本构关系（这一点恰为研究者所关注）。同时拉格朗日方法具有较高的计算速度和精度。但是拉格朗日方法也有严重的缺点，即对于较大的网格畸变，材料破碎会使得简单连续区域变成对连接，以及网格重叠造成负体积时，将导致时间步长缩小，求解精度降低，甚至停止计算。解决这个问题的最有效的方法之一就是采用自适应网格方法。

自适应网格方法是在计算中，对在某些变化较为剧烈的区域，如大变形、激波面、接触间断面和滑移面等，可使网格在迭代过程中不断调节，将网格细化，做到网格点分布与物理解的耦合，从而提高解的精度和分辨率的一种技术。在 LS-DYNA 中，自适应网格划分方法可以分为 H-adaptive 方法和 R-adaptive 方法两种。

15.2.1　H-adaptive方法

H-adaptive 方法可在单元变形较大时，将单元分为更小的单元以改善精度。该方法目前仅适合壳单元，主要用于金属成形模拟、薄壁结构受压弯曲等问题。图 15-27 所示为薄壁方形梁屈曲的一级自适应网格计算。

LS-DYNA 采用自适应网格方法的目的在于可使用有限的资源获得最大的计算精度。用户设置好了初始网格和自适应划分级别后，程序便可根据需要将某些单元进行分割。虽然这种方法并不能完全解决求解过程中的误差，但与固定网格相比，可以使用较少的单元和计算量来获得尽可能高的计算精度。

H-adaptive 方法可根据精度需要将某些单元细分为更小的单元，这个过程称为裂变。裂变后，新的边长尺寸是原来的 1/2，通过各边中点以及单元质心，一个四边形单元可以裂变为 4 个四边形单元，如图 15-28 所示。

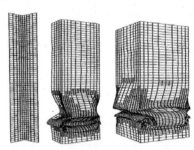
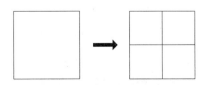

图15-27　薄壁方形梁屈曲的一级自适应网格计算　　图15-28　四边形单元的裂变

而对于一个三角形单元，通过三边的中点，一个单元也可以裂变为 4 个三角形单元，如图 15-29 所示。

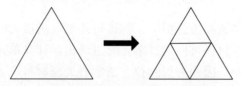

图15-29   三角形单元的裂变

自适应划分过程包括数个裂变级别。单元细分一次，成为二级重划分，并且裂变后的单元可以继续裂变，称为三级重划分。同样，三级重划分后的单元可以继续裂变，称为四级重划分。这样，一个单元进行四级重划分后，最多可以裂变为 64 个单元，如图 15-30 所示。当然四级重划分后单元还可以继续裂变。

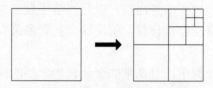

图15-30   四边形单元的四级重划分

在裂变中，用户提供的原始网格、单元、节点分别称为父网格、单元、节点。而任何由 H-adaptive 方法生成的网格、单元、节点称为子网格、单元、节点。

子节点坐标可以使用线性插补来生成。因此，一个单元裂变生成的任何子节点的坐标为

$$x_N = \frac{1}{2}(x_I + x_J) \tag{15-1}$$

式中， x_N 为生成子节点坐标；x_I 和 x_J 分别为该节点所在边上的父节点坐标。

而由四边形单元裂变生成的中节点坐标为

$$x_M = \frac{1}{4}(x_I + x_J + x_K + x_L) \tag{15-2}$$

式中，x_M 为四边形单元裂变生成的中节点坐标；x_I、x_J、x_K、x_L、分别为原四边形的节点。

同样，子节点、中节点的速度、角速度也可以用插补法得到，它们分别为

$$v_N = \frac{1}{2}(v_I + v_J) \tag{15-3}$$

$$v_M = \frac{1}{4}(v_I + v_J + v_K + v_L) \tag{15-4}$$

$$\omega_N = \frac{1}{2}(\omega_I + \omega_J) \tag{15-5}$$

$$\omega_M = \frac{1}{4}(\omega_I + \omega_J + \omega_K + \omega_L) \tag{15-6}$$

可以用细化指示器决定要进行网格细化的位置。一个基于变形的方法是检查两个相邻单元之间的角度变化，如图 15-31 所示。当 $\zeta > \zeta_{tol}$ 时（ζ_{tol} 由用户定义），细化将被执行。

在完成网格细化以后，既可以继续计算也可以退回到早先时刻用新的网格重复计算。一般情况下，为了保证精度和计算的稳定性，多采用后一种方式。但显然采用前一种方式，速度会更快。在 LS-DYNA 中，可以通过控制输入参数 ADPASS 来决定在重新划分网格后是接着计算还是重新计算。

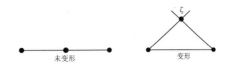

图15-31　基于角度变化的细化指示器

📖15.2.2　R-adaptive方法

R-adaptive 方法也称重分区技术或者自适应网格剖分，是指重新移动和划分单元，将网格节点重新排列，得到时步长内最优纵横比，包括 2D R-adaptive 方法和 3D R adaptive 方法。2D R adaptive 应用于平面应变单元和轴对称单元，3D R-adaptive 应用于四面体单元。

2D R-adaptive 方法最初于 1980 年加入 DYNA2D 中，后来被加入到 LS-DYNA940 以及后续版本中，其功能也得到逐步增强。在 LS-DYNA950 版本中，2D R-adaptive 方法被引入到铸造模拟中。在 LS-DYNA960 版本中，对于体积成形，类似的能力可扩展到三维 4 节点四面体单元。四面体单元中通过采用节点压力算法，可以避免体积锁定。目前，该功能仅支持显式积分。此外，LS-DYNA960 版本中对隐式热传导耦合计算也可以采用 2D R-adaptive 方法。

2D R-adaptive 方法计算过程可以分为以下 3 个步骤：

◇　生成所有需要映射变量的节点值。

◇　将材料进行重分区。

◇　对旧网格的节点值和对应新节点之间的应力、位移和速度等进行插值，将重分区区域进行初始化。

3D R-adaptive 方法自适应网格划分过程可以分为以下几步：

◇　构建实体表面网格。这些网格由简单的 3 节点三角形组成。

◇　对表面网格进行平滑。单元边长尺寸由关键字*CONTROL_REMESHING 控制。在该关键字中，单元的最大边长（RMAX）与最小边长（RMIN）应当具有相同的数量级。

◇　在表面网格内部生成新的网格，由四面体单元构成。

◇　使用新网格继续计算。LS-DYNA 使用最小二乘逼近方法完成新老网格之间的位移、速度、应力以及其他历史变量的映射。

3D R-adaptive 方法在使用时，计算模型的初始网格可以是 8 节点六面体单元，也可以是 4 节点四面体单元。如果初始网格是六面体单元，则在第一次网格重划分开始时，六面体单元将自动转换为四面体单元。值得注意的是，目前 3D R-adaptive 方法在 LS-DYNA 中仍不够完善，有时甚至不能得到满意的结果，需要小心使用。

在 ANSYS Workbench/LS-DYNA 的分析系统中，未能提供 R-adaptive 方法的选项，用户需要通过修改 k 文件才能够使用该选项。

📖15.2.3　创建自适应网格区域

在 ANSYS Workbench/LS-DYNA 分析系统中，自适应网格仅适合表面几何体，创建自适应网格区域的步骤如下：右击轮廓窗格中的"LS-DYNA（A5）"对象，在弹出的快捷菜单中选择"插入"→"自适应区域"命令，在其属性窗格中通过"几何结构"选择应用自适应网格功能的几何体，通过"自适应性类型"设置自适应网格的类型。"自适应性类型"有"H-adaptive"和"Passive H-adaptive"两个选项，只有当用户需要在其他相邻的表面几何体单元被细化超过一次以上，此表面几何体的网格才开始进行细化时，才使用"Passive H-adaptive"选项。自适应区域的属性窗格如图 15-32 所示。

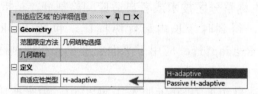

图 15-32　自适应区域的属性窗格

📖15.2.4　自适应网格控制

在创建自适应网格区域后，单击"分析设置"对象，在其属性窗格中即可对自适应网格进行控制。"自适应性控制"下的各项为自适应网格的控制参数，如图 15-33 所示。

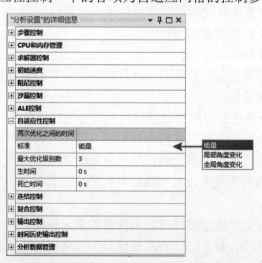

图15-33　自适应网格控制

（1）两次优化之间的时间　"两次优化之间的时间"是指自适应网格细化的时间间隔。例如，将此时间间隔设置为 0.01，则当超过指定的角度容差后，单元每隔 0.01s（假定时间单位为 s）进行自适应网格重划分。该时间间隔默认值为 0，如果在分析中要使用自适应网格功能，必须指定一个非零的值。

（2）标准　"标准"可以定义自适应网格细化的准则，有"能量""局部角度变化"

"全局角度变化"三个选项。"能量"是指基于能量容差进行自适应网格重划分,"局部角度变化""全局角度变化"是指基于自适应角度容差进行自适应网格重划分。"局部角度变化"和"全局角度变化"选项决定了自适应网格的两个不同的角度选项。如果设置为"局部角度变化",则用于和自适应角度容差比较的角度变化是基于细化后的网格进行计算的;如果设置为"全局角度变化",则用于和自适应角度容差比较的角度变化是基于原始网格进行计算的。

（3）"局部角度变化"或"全局角度变化"　在将"标准"设置为"局部角度变化"或"全局角度变化"时,将会显示"局部角度变化"或"全局角度变化"选项。用户可以通过该选项输入自适应角度容差(单位为度),它是进行自适应网格划分的一个基准值,如果单元间的相关角度变化值超过该值,网格将被自动细化。该参数默认值为 0,如果在分析中要使用自适应网格功能,需要指定一个非零的角度值。

（4）最大优化级别数　"最大优化级别数"是指网格细化的最大级别,默认值为 3。这个参数控制着在整个分析中单元可以被重新划分的次数。值 1、2、3、4 分别允许原单元被最大划分为 1、4、16、64 个。

（5）生时间　"生时间"是指自适应网格划分的开始时间,默认为 0s。

（6）死亡时间　"死亡时间"是指自适应网格划分的结束时间,默认为 0s。

对于大多数问题,并不需要创建自适应网格区域,但当计算结果显示大变形或明显不正确时,可以考虑创建自适应网格区域进行重新分析。另外在 LS-DYNA 中,当分析因为负体积终止时,也可以考虑创建自适应网格区域。当创建自适应网格区域后,模型的单元数在分析过程中会改变。在每次自适应循环中,网格都会被更新。

15.3　薄壁方管的自适应屈曲分析

在第 15.1 节中采用了一般的方法对薄壁方管的屈曲进行了分析,但这种算法在结构有大变形时计算精度不高,甚至会因为有限元网格产生严重的畸变而导致数值计算终止。本节将采用自适应网格对薄壁方管的屈曲进行分析,并对两种方法的计算结果进行简单比较。

本节中的问题描述和 15.1 节中的相同,因此前面的步骤,如创建几何模型、施加边界条件等均相同,不同的是求解之前需要对自适应网格进行一些设置。

15.3.1　将项目以新文件名存盘

为了防止将原有的项目文件覆盖,首先将原有的项目进行存盘。然后将项目以新文件名进行存盘。具体操作步骤如下:在 Mechanical 应用程序中,单击菜单栏中的"文件"→"将项目另存为"选项,弹出"另存为"对话框,在"文件名"文本框中输入"PIPEadp",然后单击 保存(S) 按钮,即可将项目以"PIPEadp.wbpj"文件名进行存盘,如图 15-34 所示。

图15-34 "另存为"对话框

15.3.2 创建自适应网格区域

右击"LS-DYNA（A5）"对象，在弹出的快捷菜单中选择"插入"→"自适应区域"命令，在其属性窗格中通过"几何结构"选择方管，"自适应性类型"采用默认"H-adaptive"，如图 15-35 所示。

15.3.3 自适应网格控制

在创建自适应网格区域后，轮廓窗格中的"LS-DYNA（A5）"→"分析设置"对象前的标识变为问号，表示需要对其进行进一步设置。单击"分析设置"对象，在其属性窗格中设置"自适应性控制"下的自适应网格控制参数，将"两次优化之间的时间"设置为"0.1 s"，将"标准"设置为"全局角度变化"，将"全局角度变化"设置为"5°"，将"最大优化级别数"设置为 2，将"死亡时间"栏参数设置为"1.3 s"，如图 15-36 所示。

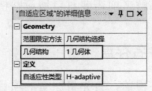

图15-35 自适应区域的属性窗格

完成以上的设置之后，可以直接通过 Mechanical 应用程序提交求解。右击轮廓窗格中的"LS-DYNA（A5）"对象，在弹出的快捷菜单中选择"求解"命令，即可向 LS-DYNA 求解器提交求解。在求解过程中，可以单击轮廓窗格中的"LS-DYNA（A5）"→"求解（A6）"→"求解方案信息"对象，查看求解方案信息。

图15-36　分析设置的属性窗格

📖 15.3.4　求解结果对比

求解完成以后，可以通过 Mechanical 应用程序或 LS-DYNA 的后处理器 LS-PrePost 对结果进行处理分析。读者可以自行操作。

下面对两种方法计算的结果进行简单的对比分析。图 15-37 所示为用自适应网格对薄壁方管进行的屈曲分析，显然在冲击过程中，随着方管的变形，网格已经细化。图 15-38 所示为在同一时刻采用两种方法求解得到的方管变形图，其中图 15-38a 所示为采用自适应网格方法进行的屈曲分析，图 15-38b 所示为采用一般方法进行的屈曲分析，显然图 15-38a 的求解结果更加精确。

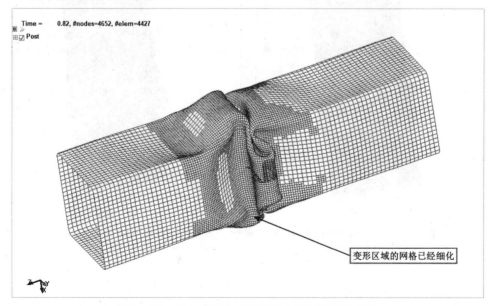

图15-37　用自适应网格对薄壁方管进行屈曲分析

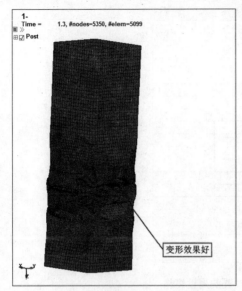

a）自适应网格方法   b）一般方法

图15-38   同一时刻采用两种方法求解得到的变形图

图 15-39 所示为在同一时刻采用两种方法求解得到的方管等效应力场分布图，其中图 15-39a 所示为采用自适应网格方法进行的屈曲分析，图 15-39b 所示为采用一般方法进行的屈曲分析，显然两图的应力场分布是不同的。

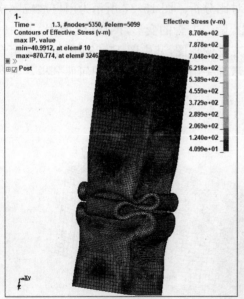
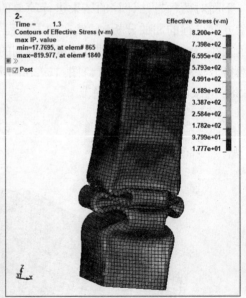

a）自适应网格方法   b）一般方法

图15-39   同一时刻采用两种方法求解得到的方管等效应力场分布图

第 **16** 章

侵彻问题的分析

弹丸对目标的侵彻一直是军工、防护等领域的重要研究课题。通常进行侵彻原型试验要耗费大量的人力、物力和财力，而利用 LS-DYNA 对弹丸侵彻目标进行数值模拟则可以快捷、可靠地完成侵彻的分析工作。

本章以弹丸侵彻靶板为例，详细地介绍了应用 LS-DYNA 进行侵彻分析的具体步骤。

◎ LS-DYNA 侵彻问题模拟概述

◎ 弹丸侵彻靶板分析

16.1 LS-DYNA 侵彻问题模拟概述

具有一定速度的弹丸、碎片、金属射流等侵彻体可以依靠本身的动能侵入或贯穿目标并对齐造成破坏。通常可按照侵彻体的速度将侵彻分为高速侵彻和低速侵彻，按照冲击时的入射角将侵彻分为正（垂直）侵彻和斜侵彻，按照目标（靶）的结构和材质特性分为对均质靶、多层靶侵彻及对土壤侵彻，按照侵彻体的结构和材质特性分为榴弹侵彻、穿甲侵彻和金属射流侵彻等。

影响侵彻作用的因素较多，主要是侵彻体的速度、侵彻体与目标的结构、材料特性，以及冲击时的入射角等。侵彻体的速度范围较宽，如常规枪炮弹丸的速度（即通常所说的枪炮速度）一般为 500~1800m/s，碎片速度为 1000~2000 m/s，爆炸成形弹丸速度一般为 2000~3000 m/s，金属射流头速度可达 8000 m/s 以上（其对目标冲击产生的压力可达 10MPa 以上）。

为了发挥侵彻的破坏作用，对于不同的目标，常选用不同的侵彻体或不同的侵彻方式。例如，对付坦克，多采用着速大、长细比与密度大的尾翼稳定杆式脱壳穿甲弹，或利用破甲弹的金属射流侵彻；而对付各种技术兵器和有生目标，则采用杀伤弹或杀伤爆破弹的破片侵彻；有的侵彻体还配有机械着发引信，使其冲击目标产生浅侵彻，跳飞一定高度后再爆炸，以增大杀伤效果；还有的侵彻体则是利用侵彻作用进入目标一定深度后再爆炸，如爆破弹穿进工事内爆炸，反跑道炸弹侵入跑道一定深度再爆炸，导弹战斗部打入导弹发射井爆炸等。通常，以侵彻深度作为衡量侵彻作用的特征量。尾翼稳定杆式脱壳穿甲弹垂直侵彻均质装甲的深度可达到 500mm 左右；破甲弹的破甲深度为主装药直径的 8~10 倍，绝对穿深可达 1000mm 以上。

📖16.1.1 侵彻问题的研究方法

弹体的侵彻属于高度冲击碰撞的动态侵入问题，侵彻过程中可能产生弹性变形、塑性变形或破坏，受理论水平、试验条件的限制，侵入深度或侵入过程中的受力情况、速度和加速度变化等问题还不能完全描述清楚。弹体侵入问题的研究目前主要有以下几种：

经验法：利用试验数据综合回归分析。

解析法：利用简单实用的力学理论模型求解，常用的有球形空腔理论和柱形空腔原理、微分面力原理等。

数值法：利用现代数值计算方法来求解，主要有有限差分法、有限元法和 SPH 法等。

📖16.1.2 侵彻问题的数值模拟

随着计算机的发展，许多大型计算程序应运而生。利用计算机，使用在有限元或有限差分基础上的数值方法对侵彻问题进行数值模拟，无论在模型的建立、基本方程的求解以及结果的精度和可靠性方面都比近似分析方法好得多且耗资少。数值模拟不仅可以弥补试验研究的不足,而且通过模拟可以真实地再现弹丸在靶板中侵彻的弹道轨迹曲线。数值方法可以将试验结果扩展,从而对侵彻过程进行更加准确的分析。目前,侵彻问题的数值模拟方法主要有有限差分法、有限元法和 SPH 法等。

1．有限差分法

拉格朗日坐标以及欧拉坐标体系中的模型均可以采用有限差分格式进行数值模拟计算,该方法同样适用于金属材料及其他介质的高速碰撞问题。有限差分法是研究和应用比较早的一种数值计算方法。

2．有限元法

有限元法是当前应用比较广泛的一种数值计算方法,国内外这方面比较成熟的软件较多。该方法具有强大的结构分析能力以及灵活多样的划分单元、处理边界功能,常被用来计算靶板侵彻以及分析弹体侵彻过程中的受力变形。但有限元网格给出的是一般情况下连续材料的情况,与岩石或混凝土贯穿实际结果有所差异。

3．SPH 法

SPH 法是于 1977 年由 Lucy、Gingold 和 Monaghan 分别提出的一种纯 Lagrange 粒子方法。该方法在计算空间导数时不需要使用任何网格,而是通过一个称为"核函数"的积分核进行"核函数估值"近似,可将流体力学基本方程转换成数值计算的 SPH 方程。采用粒子方法可以避免高维拉格朗日网格方法中的网格缠绕和扭曲等问题,因而特别适合计算有大变形存在的高速碰撞问题。

Johnson 和 Campbell 先后在侵彻贯穿方面的数值计算取得了有意义的成果。宋顺年等还应用有限元和 SPH 相结合的方法对弹丸侵彻混凝土进行了数值计算,他们将弹体作为刚体处理并划分成拉格朗日标准有限元网格,而将混凝土划分成光滑粒子并经历大应变、高应变率和高压作用,从而避免了网格重分或网格消失。

16.2 弹丸侵彻靶板分析

本节将以弹丸以一定速度侵彻钢板为例,介绍在 ANSYS Workbench LS-DYNA 中进行侵彻问题分析的方法。考虑到模型的对称性,本实例首先建立四分之一实体模型,然后在对称面上施加相应的边界条件。具体分析步骤如下。

16.2.1 创建LS-DYNA分析系统

启动 ANSYS Workbench 程序,展开左边"工具箱"中的"分析系统",双击"LS-DYNA"选项,或将"LS-DYNA"选项拖放到"项目原理图"窗格,即可创建 LS-DYNA 分析系统,如图 16-1 所示。

在菜单栏中选择"文件"→"保存"命令,或单击主工具栏中的"保存项目"按钮，弹出"另存为"对话框,在"文件名"文本框中输入"PENETRATION",然后单击 保存(S) 按钮,将项目进行保存。

图16-1　创建LS-DYNA分析系统

📖16.2.2　定义工程数据

在分析之前，首先需要在 ANSYS Workbench 2022 窗口的菜单栏中选择"单位"→"度量标准（kg, mm, s, ℃, mA, N, mV）"，完成单位系统的设置。

本例中，弹丸采用各向同性弹性材料模型，靶板采用 Johnson Cook 材料模型，因此需要定义两种材料模型。

在"项目原理图"窗格中双击 A2"工程数据"单元格 ²✔工程数据 ✔，或右击该单元格，在弹出的快捷菜单中选择"编辑"命令，系统自动切换到"A2：工程数据"，进入工程数据工作区。单击"轮廓 原理图 A2：工程数据"窗格中 A*单元格，输入"弹丸"后按<Enter>键，新建一种名称为"弹丸"的材料。单击左侧"工具箱"中"物理属性"前的➕符号，将其展开，然后双击"Density"（密度）组件，或右击该组件，在弹出的快捷菜单中选择"包括属性"命令，将"Density"材料属性添加到"属性 大纲行 4：弹丸"窗格中；单击左侧"工具箱"中"线性弹性"前的➕符号，将其展开，然后双击"Isotropic Elasticity"（各向同性弹性）组件，将"Isotropic Elasticity"材料属性添加到"属性 大纲行 4：弹丸"窗格中；在"属性 大纲行 4：弹丸"窗格中，依次输入弹丸材料的密度（Density）为 8.93E-6kg/mm³、杨氏模量为 1.17E5MPa、泊松比为 0.35，如图 16-2 所示，即可完成弹丸材料模型的定义。

属性 大纲行4：弹丸

	A	B	C	D	E
1	属性	值	单位		
2	材料场变量	表格			
3	Density	8.93E-06	kg mm^-3		
4	Isotropic Elasticity				
5	衍生于	杨氏模量与泊松比			
6	杨氏模量	1.17E+05	MPa		
7	泊松比	0.35			
8	体积模量	1.3E+05	MPa		
9	剪切模量	43333	MPa		

图 16-2 设置弹丸的材料参数

单击“轮廓 原理图 A2：工程数据”窗格中 A*单元格，输入“靶板”后按<Enter>键，新建一种名称为“靶板”的材料。单击左侧“工具箱”中“线性弹性”前的⊞符号，将其展开，然后双击“Isotropic Elasticity”（各向同性弹性）组件；单击左侧“工具箱”中的“状态方程”前的⊞符号，将其展开，然后双击“Shock EOS Linear”（冲击EOS 线性）组件；单击左侧“工具箱”中的“失效”前的⊞符号，将其展开，然后双击“Johnson Cook Failure”（Johnson Cook 失效）组件。在“属性 大纲行 3：靶板”属性窗格中按图 16-3 所示设置参数，即可完成靶板的材料模型定义。

属性 大纲行3：靶板

	A	B	C	D	E
1	属性	值	单位		
2	材料场变量	表格			
3	Density	7.83E-06	kg mm^-3		
4	Isotropic Elasticity				
5	衍生于	杨氏模量与泊松比			
6	杨氏模量	2E+05	MPa		
7	泊松比	0.32			
8	体积模量	1.8519E+05	MPa		
9	剪切模量	75758	MPa		
10	Specific Heat Constant Pressure, C_p	4.52E+05	mJ kg^-1 C^-1		
11	Johnson Cook Strength				
12	应变速率校正	一阶			
13	初始屈服应力	792	MPa		
14	硬化常数	510	MPa		
15	硬化指数	0.26			
16	应变速率常数	0.014			
17	热软化指数	1.03			
18	熔化温度	1499	C		
19	参考应变率(/sec)	1			
20	Shock EOS Linear				
21	Gruneisen系数	2.17			
22	参数C1	4.569E+06	mm s^-1		
23	参数S1	1.49			
24	含参数的二次方程式S2	0	s mm^-1		
25	Johnson Cook Failure				
26	损伤常数D1	0.8			
27	损伤常数D2	0			
28	损伤常数D3	0			
29	损伤常数D4	0			
30	损伤常数D5	0			
31	熔化温度	1400	C		
32	参考应变率(/sec)	1			

图 16-3 设置靶板的材料参数

📖16.2.3　创建几何模型

在"项目原理图"窗格中右击 A3"几何结构"单元格 ，在弹出的快捷菜单中选择"新的 DesignModeler 几何结构……"命令，进入 DesignModeler 应用程序。在创建几何模型之前，首先单击菜单栏中的"单位"→"毫米"命令，将长度单位更改为毫米。

1．创建弹丸模型

1）创建草绘平面。首先单击选中"树轮廓"窗格中的"XY 平面"，然后单击工具栏中的"新草图"按钮 ，创建一个草绘平面。此时"树轮廓"窗格中"XY 平面"下会多出一个名为"草图 1"的草绘平面。

2）创建草图。单击选中"树轮廓"窗格中的"草图 1"草图，然后单击"树轮廓"窗格下端"草图绘制"标签，打开草图工具箱窗格。在新建的"草图 1"上绘制图形。

3）切换视图。为了方便草图绘制，单击工具栏中的"查看面/平面/草图"按钮 ，将视图切换为 XY 方向的视图。

4）绘制草图。打开的草图工具箱默认展开"绘制"选项，利用其中的绘制工具"圆"命令 和"线"命令 ，绘制如图 16-4 所示的图形。

5）修改草图。展开草图工具箱中的"修改"，利用其中的 命令，删除多余的线条，修改成如图 16-5 所示的图形。

6）标注草图。展开草图绘制工具箱中的"维度"，利用"维度"内的 命令，标注线段长度和位置尺寸。此时草图中所有绘制的轮廓线由绿色变为蓝色，表示草图中所有元素均已完全约束。

7）修改尺寸。绘制的草图虽然已完全约束并完成了尺寸的标注，但尺寸并不精确，还需要在属性窗格中修改参数来精确定义草图。将属性窗格中 L2 的参数修改为 26mm，V2 的参数修改为 13mm。为了便于下面的绘图和随时查看尺寸，在"维度"内单击"显示"命令 ，勾选后面的"值"复选框。标注完成后的图形如图 16-6 所示。

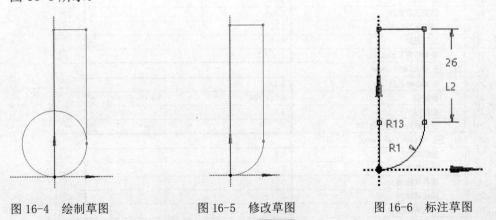

图 16-4　绘制草图　　　　　图 16-5　修改草图　　　　　图 16-6　标注草图

8）旋转生成弹丸。单击工具栏中的 按钮，此时"树轮廓"窗格自动切换到"建模"标签。在属性窗格中，将"几何机构"定义为"草图 1"，将"轴"定义为与

Y 轴重合的线段，将"FD1，角度（>0）"设置为"90°"，如图 16-7 所示。单击工具栏中的 ✦生成 按钮，完成弹丸模型的创建，如图 16-8 所示。

9）冻结模型。单击"树轮廓"窗格中的"1 部件，1 几何体"下的"固体"对象，在菜单栏中选择"工具"→"冻结"命令，然后单击工具栏中的 ✦生成 按钮，即可将弹丸几何体冻结。

10）重新命名。右击"树轮廓"窗格中的"1 部件，1 几何体"下的"固体"对象，在弹出的快捷菜单中选择"重新命名"命令，输入"弹丸"，即将该几何体重新命名为"弹丸"。

详细信息视图	
详细信息 旋转1	
旋转	旋转1
几何结构	草图1
轴	2D边
操作	添加材料
方向	法向
☐ FD1, 角度(>0)	90 °
按照薄/表面?	否
合并拓扑?	是
几何结构选择: 1	
草图	草图1

图 16-7　旋转的属性窗格

图 16-8　创建弹丸模型

2．创建靶板模型

1）创建草绘平面。首先单击选中"树轮廓"窗格中的"XY 平面"，然后单击工具栏中的"新草图"按钮 ，创建一个草绘平面。此时"树轮廓"窗格中"XY 平面"下，会多出一个名为"草图 2"的草绘平面。

2）创建草图。单击选中"树轮廓"窗格中的"草图 2"草图，然后单击"树轮廓"窗格下端"草图绘制"标签，打开草图工具箱窗格。在新建的"草图 2"上绘制图形。

3）切换视图。为了方便草图绘制，单击工具栏中的"查看面/平面/草图"按钮 ，将视图切换为 XY 方向的视图。

4）绘制草图。打开的草图工具箱默认展开"绘制"选项，利用其中的绘制工具 ▢ 矩形 命令，绘制一个矩形，如图 16-9 所示。

5）标注草图。展开草图绘制工具箱中的"维度"，利用"维度"内的 ⌇半自动 命令标注线段长度和位置尺寸。此时草图中所有绘制的轮廓线由绿色变为蓝色，表示草图中所有元素均已完全约束。

6）修改尺寸。绘制的草图虽然已完全约束并完成了尺寸的标注，但尺寸不精确，还需要在属性窗格中修改参数来精确定义草图。将属性窗格中 L3 的参数修改为 6mm，V2 的参数修改为 120mm。为了便于下面的绘图和随时查看尺寸，在"维度"内单击"显示"命令 显示 名称: ☑值: ☐，勾选后面的"值"复选框。标注完成后的矩形如图 16-10 所示。

7）挤出形成靶板。单击工具栏中的 挤出 按钮，此时"树轮廓"窗格自动切换到"建模"标签。在属性窗格中，将"几何机构"定义为"草图 2"，将"FD1，深度（>0）"更改为 120mm（即挤出深度为 120mm），其他参数采用默认，如图 16-11 所示。单击工具栏中的 ✦生成 按钮，完成靶板模型的创建。

8）冻结模型。单击"树轮廓"窗格中的"2 部件，2 几何体"下的"固体"对象，在菜单栏中选择"工具"→"冻结"命令，然后单击工具栏中的 <kbd>⚡生成</kbd> 按钮，即可将新创建的几何体冻结。创建完成的弹丸和靶板模型如图 16-12 所示。

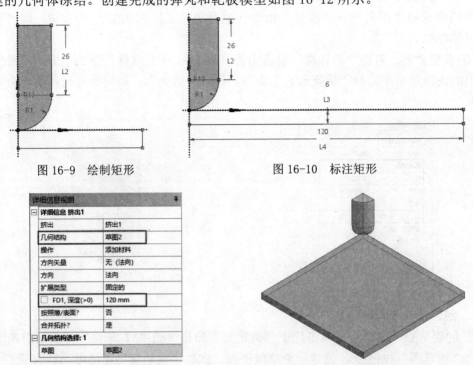

图 16-9　绘制矩形　　　　　　　　　图 16-10　标注矩形

图 16-11　挤出的属性窗格　　　　　　图 16-12　创建弹丸和靶板模型

9）重新命名。右击"树轮廓"窗格中的"2 部件，2 几何体"下的"固体"对象，在弹出的快捷菜单中选择"重新命名"命令，输入"靶板"，即将新创建的几何体重新命名为"靶板"。

3．切片处理

为了综合考虑计算精度和计算时间，需要对靶板中心处的网格进行细化，为此首先需要对靶板模型进行切片。具体操作如下：

1）创建新平面。首先单击选中"树轮廓"窗格中的"XY 平面"，然后单击工具栏中的"新平面"按钮 ⚹，创建一个面，此时"树轮廓"窗格中会多出一个名为"平面 4"的新平面。在其属性窗格中，将"转换 1（RMB）"设置为"偏移 Z"，将"FD1，值 1"设置为"30mm"，如图 16-13 所示。然后单击工具栏中的 <kbd>⚡生成</kbd> 按钮，即可创建平面 4。

依照此方法，通过 YZ 面再创建一个名为"平面 5"的新平面，在其属性窗格中，将"转换 1（RMB）"设置为"偏移 Z"，将"FD1，值 1"设置为"30mm"。

2）进行切片。单击菜单栏中的"创建"→"切片"命令，在其属性窗格的"基准平面"中选定"平面 4"，然后单击工具栏中的 <kbd>⚡生成</kbd> 按钮，即可将靶板切割成 2 个几何体。

按照此方法，再通过平面 5 创建切片，即可将靶板切割成 4 个几何体，结果如图 16-14 所示。

完成切片后，在"树轮廓"窗格中选中"5 部件，5 几何体"下的 4 个"靶板"对象后右击，在弹出的快捷菜单中选择"形成新部件"命令，即可创建一个名称为"部件"的对象。右击该对象，在弹出的快捷菜单中选择"重新命名"命令，输入"靶板"，即可创建靶板部件。

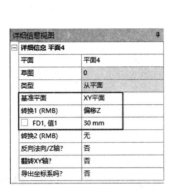

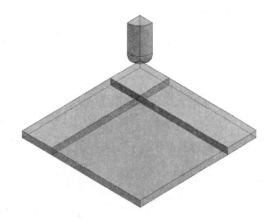

图 16-13　平面 4 的属性窗格　　　　图 16-14　切割靶板模型

完成 1/4 几何模型的创建后，即可退出 DesignModeler 应用程序。

16.2.4　分配材料

在"项目原理图"窗格中双击 A4"模型"单元格，或者右击该单元格，在弹出的快捷菜单中选择"编辑"命令，即可启动 Mechanical 应用程序。

在轮廓窗格中单击"几何结构"→"弹丸"对象，在其属性窗格中将"刚度行为"设置为"刚性"（即将弹丸设置为刚体），然后单击"任务"后的按钮，在弹出的"工程数据材料"对话框中选择"弹丸"材料，即可完成弹丸部件的材料模型分配，如图 16-15 所示。

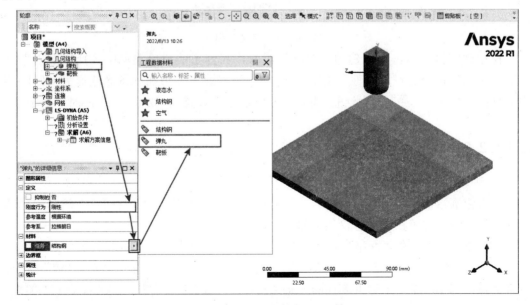

图 16-15　为弹丸部件分配材料

依照此方法，将"靶板"材料模型分配给靶板部件。

16.2.5　定义对称

由于本实体模型为 1/4 实体模型，所以需要在 Mechanical 应用程序中定义对称。

在轮廓窗格中右击"模型（A4）"对象，在弹出的快捷菜单中选择"插入"→"对称"命令。在轮廓窗格中右击新创建的"对称"对象，在弹出的快捷菜单中选择"插入"→"对称区域"命令，在其属性窗格中单击"几何结构"，通过图形工具栏将选择过滤器设置为"单次选择""面"，然后在视图区选择图 16-16 所示的 3 个对称面，单击 应用 按钮，再将"对称法线"设置为"X 轴"，如图 16-16 所示。

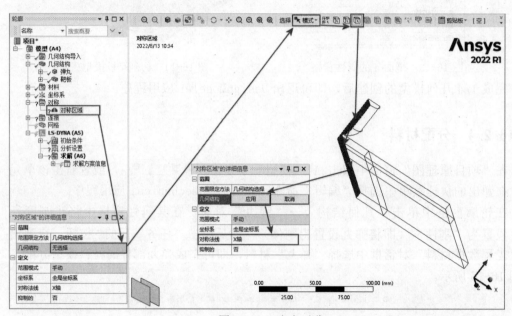

图 16-16　定义对称

在轮廓窗格中右击新创建的"对称"对象，在弹出的快捷菜单中选择"插入"→"对称区域"命令，在其属性窗格中单击"几何结构"，然后在视图区选择另一侧的 3 个对称面，单击 应用 按钮，再将"对称法线"设置为"Z 轴"，完成对称的定义。

16.2.6　网格划分

1. 弹丸部件局部网格控制

右击轮廓窗格中的"几何结构"→"靶板"对象，在弹出的快捷菜单中选择"隐藏几何体"命令，即可在视图区仅显示弹丸部件。

右击轮廓窗格中的"网格"对象，在弹出的快捷菜单中选择"插入"→"尺寸调整"命令，在其属性窗格中单击"几何结构"，将选择过滤器设置为"单次选择""边"，在视图区选择如图 16-17 所示弹丸部件的 6 条边线，然后单击 应用 按钮，再将"类型"设置为"分区数量"，将"分区数量"设置为 20，如图 16-17 所示。

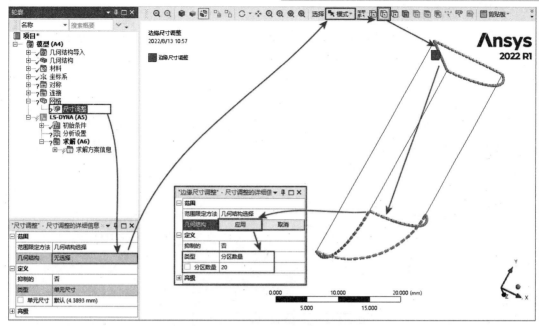

图16-17　设置弹丸部件局部网格控制（1）

右击轮廓窗格中的"网格"对象，在弹出的快捷菜单中选择"插入"→"尺寸调整"命令，在其属性窗格中单击"几何结构"，将选择过滤器设置为"单次选择""边"，在视图区选择如图 16-18 所示弹丸部件的 2 条边线，然后单击　应用　按钮，再将"类型"设置为"分区数量"，将"分区数量"设置为 20，如图 16-18 所示。

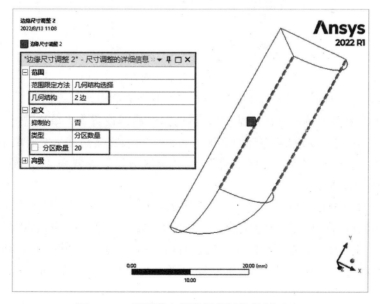

图16-18　设置弹丸部件局部网格控制（2）

右击轮廓窗格中的"网格"对象，在弹出的快捷菜单中选择"插入"→"方法"命令，在其属性窗格中通过"几何结构"在视图区选择弹丸模型，将"方法"设置为"多区域"，其他参数采用默认。

2．靶板部件局部网格控制

在视图区右击，在弹出的快捷菜单中选择"逆可见性"命令，即可在视图区显示靶板部件。

右击轮廓窗格中的"网格"对象，在弹出的快捷菜单中选择"插入"→"尺寸调整"命令，在其属性窗格中单击"几何结构"，将选择过滤器设置为"单次选择""边"，在视图区选择如图 16-19 所示靶板部件中心区域厚度方向上的 4 条边线，然后单击 应用 按钮，再将"类型"设置为"分区数量"，将"分区数量"设置为 10，将"行为"设置为"硬"，如图 16-19 所示。

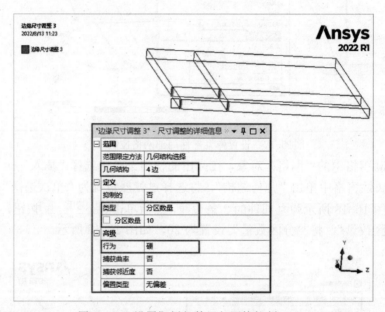

图 16-19　设置靶板部件局部网格控制（1）

右击轮廓窗格中的"网格"对象，在弹出的快捷菜单中选择"插入"→"尺寸调整"命令，在其属性窗格中单击"几何结构"，将选择过滤器设置为"单次选择""边"，在视图区选择如图 16-20 所示靶板部件中心区域长度方向的 8 条边线，然后单击 应用 按钮，再将"类型"设置为"分区数量"，将"分区数量"设置为 20，将"行为"设置为"硬"，如图 16-20 所示。

右击轮廓窗格中的"网格"对象，在弹出的快捷菜单中选择"插入"→"尺寸调整"命令，在其属性窗格中单击"几何结构"，将选择过滤器设置为"单次选择""边"，在视图区选择靶板部件远离中心区域的 12 条长边线，然后单击 应用 按钮，将"类型"设置为"分区数量"，将"分区数量"设置为 30，将"行为"设置为"硬"，如图 16-21所示。

3．生成网格

完成以上网格设置后，在视图区显示全部几何体，右击轮廓窗格中的"网格"对象，在弹出的快捷菜单中选择"生成网格"命令，即可进行网格划分，生成的弹丸和靶板模型网格如图 16-22 所示。

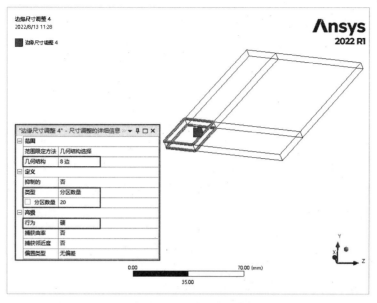

图 16-20　设置靶板部件局部网格控制（2）

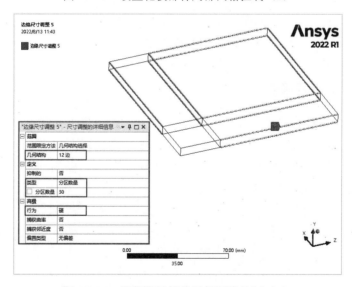

图 16-21　设置靶板部件局部网格控制（3）

图16-22　生成弹丸和靶板模型网格

📖16.2.7　定义接触

右击轮廓窗格中的"连接"→"接触"对象，在弹出的快捷菜单中选择"删除"命令，在弹出的确认对话框中单击 _____是(Y)_____ 按钮，即可将 Mechanical 应用程序自动创建的接触删除。

本实例采用默认的"几何体交互"接触类型，不需要设置接触面，具体操作步骤如下：单击轮廓窗格中的"连接"→"几何体交互"→"几何体交互"对象，在其属性窗格中，将"类型"设置为"摩擦的"，将"摩擦系数"设置为 0.15，将"动力系数"设置为 0.1，其他参数采用默认，几何体交互的属性窗格如图 16-23 所示。

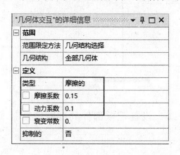

图16-23　几何体交互的属性窗格

📖16.2.8　定义边界条件

下面对靶板四周施加固定约束，具体步骤如下：右击"LS-DYNA（A5）"对象，在弹出的快捷菜单中选择"插入"→"固定支撑"命令，在其属性窗格中单击"几何结构"，将选择过滤器设置为"单次选择""面"，在视图区选择靶板的 4 个端面，然后单击 _____应用_____ 按钮，完成靶板四周固定端的边界条件定义，如图 16-24 所示。

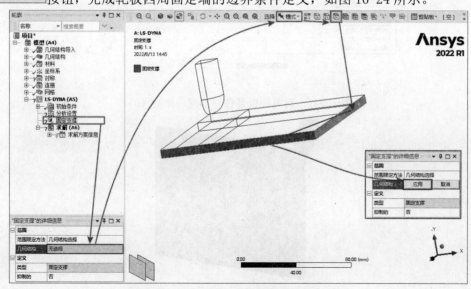

图16-24　靶板四周固定端的边界条件定义

16.2.9 定义弹丸初始速度

右击"LS-DYNA（A5）"→"初始条件"对象，在弹出的快捷菜单中选择"插入"→"速度"命令，在其属性窗格中单击"几何结构"，将选择过滤器设置为"单次选择""体"，在视图区选择弹丸部件，然后单击 应用 按钮，再将"定义依据"设置为"分量"，在"Y 分量"文本框内输入-8E5，其他参数采用默认。定义后的属性窗格如图 16-25 所示。

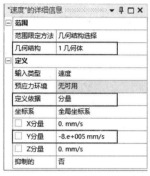

图16-25 速度的属性窗格

16.2.10 求解控制设置

单击"LS-DYNA（A5）"→"分析设置"对象，在其属性窗格中，在"结束时间"内输入"0.0002"，即设置求解时间为 0.0002s；将"输出控制"下的"应变"设置为"是"，即输出应变；将"历史变量"设置为"是"，即输出时间历程变量；将"计算结果"设置为"等距点"，在其下面的"---值"内输入 100。即设置结果文件输出步数为 100，定义后的属性窗格如图 16-26 所示。

16.2.11 求解及求解过程控制

完成以上的设置之后，由于轮廓窗格中的"对称"对象前仍显示问号，所以并不能直接通过 Mechanical 应用程序直接提交求解，需要将 k 文件导出后才能通过 LS-Run 2022 R1 应用程序提交求解。

在轮廓窗格中单击"LS-DYNA（A5）"对象，然后选择"环境"选项卡"工具"面板中的"生成MAPDL 输入文件…"选项，如图16-27所示。

图16-26 分析设置的属性窗格

在弹出的"另存为"对话框中，将"保存类型"设定为"LS-DYNA 输入文件（*.k）"，在"文件名"文本框中输入"PENETRATION.k"，然后单击 保存(S) 按钮，如图 16-28

所示，即可将 k 文件保存在指定的文件目录中。

图 16-27　生成 MAPDL 输入文件

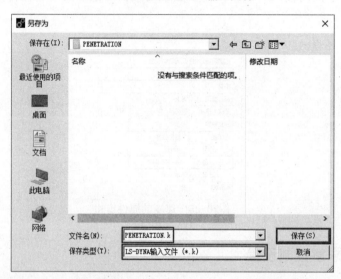

图 16-28　保存 k 文件

启动 LS-Run 2022 R1 应用程序，单击"INPUT"后的"Select input file"按钮 📁，选择导出后的"PENETRATION.k"文件，然后单击"Add job to local queue"按钮 ▶，即可向 LS-DYNA 求解器提交求解，如图 16-29 所示。当"Status"列显示"Finished（Normal Termination）"时，表示求解正常结束。

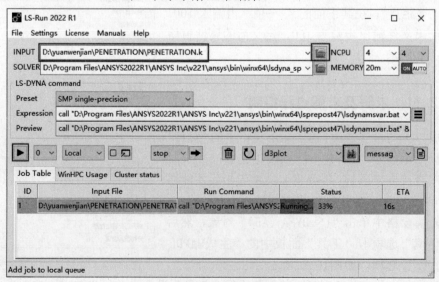

图 16-29　提交求解

16.2.12　后处理

求解结束后，在 LS-Run 2022 R1 应用程序窗口中可以通过单击"LS-PrePost"按钮，进入 LS-PrePost 应用程序，对结果进行处理分析。如果用户暂时不查看结果数据，也可以先关闭 LS-Run 2022 R1 应用程序窗口，然后启动 LS-PrePost 应用程序，再读入结果文件。

1. 镜像模型

由于分析时只取了四分之一模型进行求解，这里可以通过镜像操作来显示完整的图形。单击右侧主菜单中的"Model and Part"按钮 → "Reflect Model" 按钮，打开如图 16-30 所示的"Reflect Model"对话框，勾选"Reflect About XY Plane"和"Reflect About YZ Plane"前面的复选框，单击 Done 按钮，关闭"Reflect Model"对话框，就完成了整个模型的显示，如图 16-31 所示。

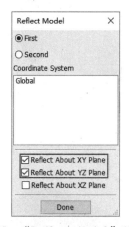

图16-30　"Reflect Model"对话框　　　　　图16-31　显示整个模型

2. 动态观察变形过程

通过动画控制区的按钮，可以动态显示冲击过程中的变形情况。此外还可以通过单击右侧主菜单"Model and Part"按钮 → "Split Window"按钮，用多窗口在屏幕上同时显示不同时刻的变形情况。为了更清楚显示变形，此处使用设定仅关于 XY 平面进行镜像，图 16-32 所示为弹丸被弹丸冲击后在 7.9642e-6、1.7989e-5、3.198e-5 和 5.1976e-5 时刻的变形情况。

3. 动态显示冲击过程的应力场分布

单击右侧主菜单中的"Post"按钮 → "Fringe Component"按钮，在"Fringe Component"面板中选择"Stress"和列表中的任意一种应力，如"Von Mises stress"，单击 Done 按钮，就可以观察靶板在被弹丸冲击过程中某一时刻的应力场分布。还可以结合动画控制区的按钮动态显示各种应力场分布。

同样也可以结合主菜单中的"Model and Part"按钮 → "Split Window"按钮，对应力场进行多窗口显示，以便比较分析不同时刻的应力分布情况。图 16-33 所示为冲击过程中不同时刻靶板的应力场分布。

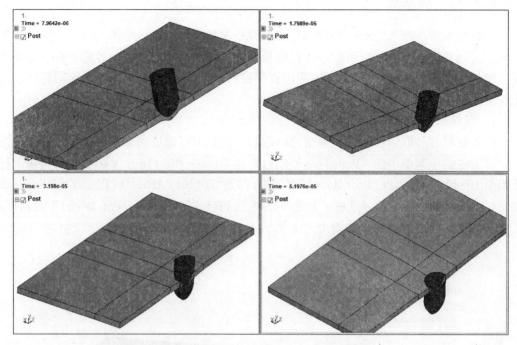

图16-32　弹丸冲击靶板过程中的变形情况

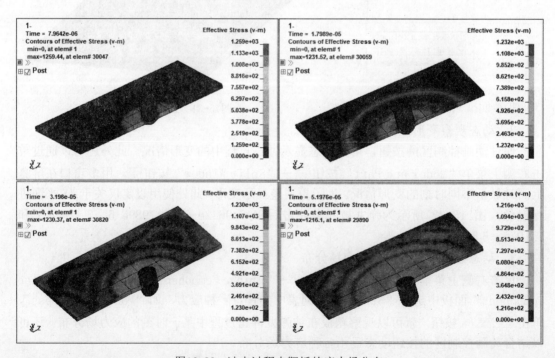

图16-33　冲击过程中靶板的应力场分布

4. 动态显示冲击过程的塑性应变场分布

单击主菜单中的"Post"按钮 ⬚ → "Fringe Component"按钮 ⬚，在"Fringe

Component"面板中选择"Stress"和"effective plastic strain",单击 Done 按钮,就可以观察在冲击过程中某一时刻靶板的塑性应变场分布。还可以结合动画控制区的按钮动态显示各种塑性应变场分布。

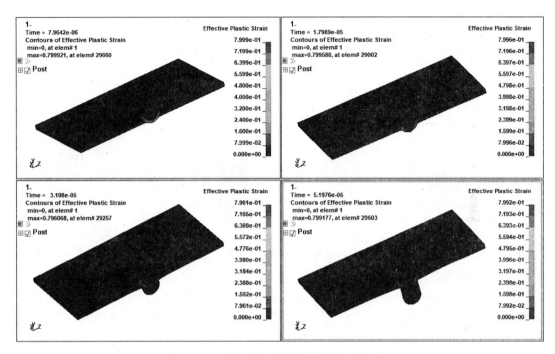

图16-34　冲击过程中靶板的塑性应变场分布

同样也可以结合主菜单中的"Model and Part"按钮 → "Split Window"按钮,对塑性应变场进行多窗口显示,以便比较分析不同时刻的塑性应变分布情况。图 16-34 为冲击过程中不同时刻靶板的塑性应变场分布。

5．制作变形、应力、应变场等动画

首先在主菜单中选择要制作动画的项目,如"Von Mises stress"(对于变形则不需要选择),然后选择菜单中的"File"→"Movie..."命令,在弹出的"Movie Dialog"对话框中的"File name"中输入要制作动画文件的名称,如"Mises"。将"Size"设置为"1024×768",在"File Path"中选择文件存放的路径,其他设置采用默认值,然后单击 Start 按钮,即可开始选定项目的动画制作,如图 16-35 所示。制作完毕以后,可以在存放的目录下用视频软件播放该文件。

6．观察弹丸在侵彻过程中的速度

可以通过观察弹丸上选定节点的速度时间历程曲线,分析侵彻过程中弹丸速度的变化情况。单击主菜单中的"Post"按钮 → "History"按钮,在"History"面板中选择"Nodal"选项,在绘图项目列表中选择"Y-velocity",在"Sel. Nodes"面板中采用默认参数,然后在图形显示区的弹丸模型上单击任选一个节点,单击"History"面板下部的 Plot 按钮,如图 16-36 所示,就可以完成该点速度的时间历程曲线绘制,如图 16-37 所示。

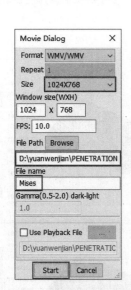

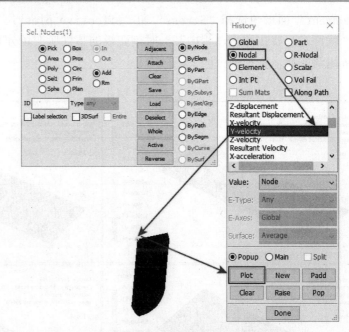

图16-35　制作等效应力动画　　　　图16-36　绘制弹丸某节点的速度时间历程曲线

7. 观察弹丸在侵彻过程中的加速度

可以通过观察弹丸上选定节点的加速度时间历程曲线，分析侵彻过程中弹丸加速度的变化情况。单击主菜单中的"Post"按钮 → "History"按钮 ，在"History"面板中选择"Nodal"选项，在绘图项目列表中选择"Y-acceleration"，在"Sel. Nodes"面板中采用默认参数，然后在图形显示区的弹丸模型上单击任选一点，最后单击"History"面板下部的 Plot 按钮，就可以完成该点加速度的时间历程曲线绘制，如图16-38所示。

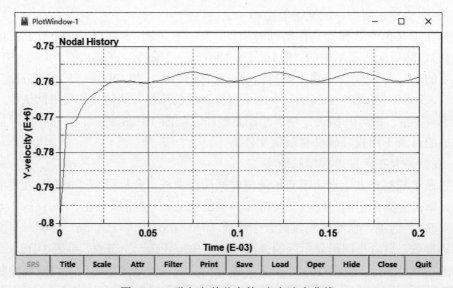

图16-37　弹丸上某节点的Y方向速度曲线

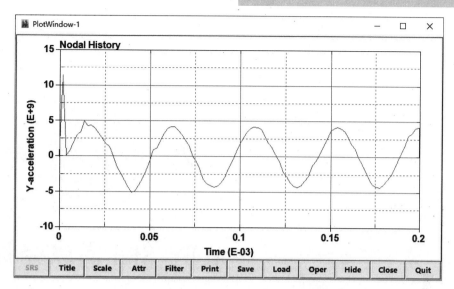

图16-38 弹丸上某节点的Y方向加速度曲线

第 **17** 章

ALE、SPH 高级分析

拉格朗日算法经过几十年的发展已经相当成熟，在许多领域都取得了很好的应用效果，但由于该算法固有的局限性，因此至今对新算法的寻求依然十分活跃。

任意拉格朗日-欧拉算法和无网格方法（尤以 SPH 为代表）是当今比较流行的新算法，它们解决了许多拉格朗日算法无法解决的问题，因而受到人们的关注。本章将着重对这两种算法进行介绍。

 学 习 要 点

- ALE 算法
- 无网格方法概述
- SPH 方法

17.1 ALE 算法

17.1.1 拉格朗日、欧拉、ALE算法

1. 拉格朗日（Lagrange）算法

拉格朗日算法多用于固体结构的应力应变分析，这种方法以物质坐标为基础，将所描述的网格单元以类似雕刻的方式划分在被分析的结构上，也就是说采用拉格朗日算法描述的网格和分析的结构是一体的，有限元节点即为物质点。

采用这种方法时，分析结构形状变化和有限单元网格的变化是完全一致的（因为有限元节点就为物质点），物质不会在单元与单元之间流动，因此非常适用于网格没有极大变形的中等大变形问题。

这种方法的主要优点是能够非常精确地描述结构边界的运动。但当处理大变形问题时，由于算法本身特点的限制，将会出现严重的网格畸变现象，因此不利于计算的进行。例如，图 17-1a 所示的刚性墙附近的金属棒在高速冲击下，冲击面变形剧烈，如图 17-1b 所示，应用纯拉格朗日法很难获得精确的求解结果。

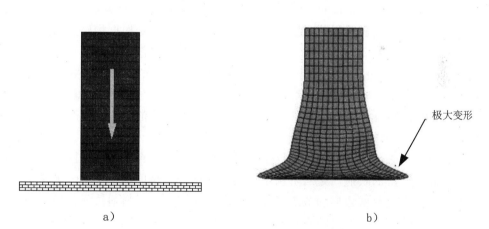

a)   b)

图17-1 金属棒在高速冲击下发生剧烈变形

2. 欧拉（Euler）算法

欧拉算法以空间坐标为基础，使用这种方法划分的网格和所分析的物质结构是相互独立的，网格在整个分析过程中始终保持最初的空间位置不变，有限元节点即为空间点，其所在空间的位置在整个分析过程中始终是不变的，而材料在网格中流动，如图 17-2 所示，因此是解决流体动力学和极大变形问题的一种非常有效的手段。

很显然由于算法自身的特点，网格的大小、形状和空间位置不变，因此在整个数值模拟过程中，各个迭代过程中计算数值的精度是不变的。这种方法最大的缺点在于很难捕捉物质边界难，因此计算量非常大，尤其是结构分析中应变相对较小的时候，这种缺点更加突出。

3．任意拉格朗日-欧拉（ALE）算法

任意拉格朗日-欧拉（Arbitrary Lagrangian-Eulerian，ALE）算法最初出现于数值模拟流体动力学问题的有限差分方法中。这种方法兼具拉格朗日算法和欧拉算法二者的特长，首先在结构边界运动的处理上它引入了拉格朗日算法的特点，因此能够有效地跟踪物质结构边界的运动；其次在内部网格的划分上它吸收了欧拉算法的长处，即使内部网格单元独立于物质实体而存在，但又不完全和欧拉网格相同，网格可以根据定义的参数在求解过程中适当调整位置，使得网格不致出现严重的畸变。这种方法在分析大变形问题时是非常有利的，如图 17-3 所示为用 ALE 算法求解的高度冲击下的金属棒问题，使用接触区的网格比纯拉格朗日算法效果显然要好。使用这种方法时网格与网格之间物质也是可以流动的。

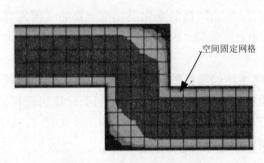

空间固定网格

光滑网格

图17-2　欧拉算法原理图　　　　　　　　　　图17-3　ALE高速冲击分析

ALE 算法的特点是它采用的网格每一步（隔若干步）都是根据物质区域的边界构造一个合适的网格，以避免在严重扭曲的网格上进行计算。通常采用手工重分区来处理扭曲的网格，ALE 算法则可以看作是进行自动重分区的一种算法。ALE 算法包含了一个拉格朗日时间步，跟着一个映射步或输运步。输运步进行增量重分区，"增量"即节点位置移动了邻近单元的特征长度的一小部分。与手工重分区不同的是，在一个 ALE 计算步中网格的拓扑是固定的，因此一个 ALE 计算步可以被理解为是一个普通的拉格朗日计算步，但为使计算进行下去而需要对网格进行修改时，程序执行一个手工重分区。由于 ALE 算法进行了扭曲网格解的映射，是二阶精度，因此它比一阶精度的手工重分区要精确。

在 ALE 算法中，材料边界的节点处理是问题的关键，如果材料边界的节点是纯拉格朗日算法的，即边界节点始终随着物质运动，则由于无法进行网格光滑而终止计算，因此用于维持光滑的边界网格的算法和内部网格的算法对一个计算功能的鲁棒性同等重要。ALE 每个单元的输运步成本要比拉格朗日步的成本大得多，大多数输运步的时间用于计算相邻单元之间的材料运输，只有一小部分时间耗在计算何处的网格应如何调整。尽管成本高，但由于可以用较粗糙的网格来获得较高的精确度，LS-DYNA 中仍采用二阶精度的单调输运算法，同时二阶精度可以避免在输运计算中产生的错误光滑掉一些解而使历程变量的峰值降低。

ALE 算法分为 3 步：

第 1 步，显示拉格朗日计算，即只考虑压力梯度分布对速度和能量改变的影响，在动量方程中压力取前一时刻的量，因此是显式格式。

第 2 步，用隐式格式解动量方程，把第 1 步求得的速度分量作为迭代求解的初始值。

第 3 步，重新划分网格和网格之间输运量的计算。

每个单元解的变量都要进行输运，变量数量取决于材料模型，对于包含状态方程的单元，只输运密度、内能和冲击波黏性。目前，LS-DYNA 中 ALE 单元算法主要有单点 ALE、单点多物质 ALE、单点单物质带空洞积分算法，输运算法主要有一阶精度的 DonorCell 算法和二阶精度的 VanLeer 算法等。

📖17.1.2 ALE算法理论基础

1. 基本控制方程

非静止的不可压缩 Navier-Stocks 流体的控制方程可以描述为

$$\frac{\partial u}{\partial t} + (ug\nabla)\, u - 2v^F \nabla \varepsilon(u) + \nabla p = b \tag{17-1}$$

$$\nabla gu = 0 \tag{17-2}$$

边界条件和初始条件分别为：

$$\sigma = -pl + 2v^F \varepsilon(u) \tag{17-3}$$

$$\varepsilon(u) = \frac{1}{2}\left(\nabla u + (\nabla u)^{\mathrm{T}}\right) \tag{17-4}$$

式中，u 为流体的速度；t 为时间；p 为单位体积流体的压力；b 为单位体积流体受的外力；l 为单位张量；σ 为流体的应力；ε 为流体的应变；v^F 为流体的运动黏度系数。

在 ALE 算法的描述中，引入拉格朗日和欧拉坐标之外的第三个任意参照坐标。与参照坐标相关的材料微商可以描述为

$$\frac{\partial f\left(X_i, t\right)}{\partial t} = \frac{\partial f\left(x_i, t\right)}{\partial t} + w_i \frac{\partial f\left(x_i, t\right)}{\partial x_i} \tag{17-5}$$

式中，X_i 为拉格朗日坐标；x_i 为欧拉坐标；w_i 为相对速度。

因此，材料时间导数和参考几何构形的时间导数两者之间的替换关系可以推导出所需的 ALE 方程。

假设 v 表示物质速度，而 u 表示网格的速度，为了简化上述方程可以引入相对速度 w，且令 $w = v - u$。所以，ALE 算法的控制方程可以由下列守恒方程给定：

✧ 质量守恒方程

$$\frac{\partial \rho}{\partial t} = -\rho \frac{\partial v_i}{\partial x_i} - w_i \frac{\partial \rho}{\partial x_i} \tag{17-6}$$

✧ 动量守恒方程。控制固定域上的牛顿流体流动问题的增强形式由控制方程和对应的初始及边界条件组成，控制流体问题的方程是 Navier-Stokes 方程的 ALE 描述，即

$$v \frac{\partial v_i}{\partial t} = \sigma_{ij,j} + \rho b_i - \rho w_i \frac{\partial v_i}{\partial x_j} \tag{17-7}$$

应力张量 σ_{ij} 可表述为

$$\sigma_{ij} = -p\delta_{ij} + \mu(v_{i,j} + v_{j,i}) \tag{17-8}$$

该方程可与下面的边界条件和初始条件联立求解：

$$v_i = U_i^0 \qquad (在 \Gamma_1 域上) \tag{17-9}$$

$$\sigma_{ij} n_j = 0 \qquad (在 \Gamma_2 域上) \tag{17-10}$$

$$\Gamma_1 \bigcup \Gamma_2 = \Gamma \qquad \Gamma_1 \bigcap \Gamma_2 = 0 \tag{17-11}$$

式中，Γ 为计算域的完整边界；Γ_1 和 Γ_2 表示 Γ 的部分边界；n_j 表示边界的外法线单位向量；δ_{ij} 为 Kronecker δ 函数。

假设整个计算域的速度场在 $t = 0$ 时刻已知，即

$$v_i(x_i, 0) = 0 \tag{17-12}$$

◇ 能量守恒方程

$$\rho \frac{\partial E}{\partial t} = \sigma_{ij} v_{i,j} + \rho b_i v_i - \rho w_j \frac{\partial E}{\partial x_j} \tag{17-13}$$

式中，ρ 为流体的密度；t 为时间；E 为流体的能量；σ 为应力；v 为物质速度；b 为单位体积流体所受的外力；w 为相对速度。

推导欧拉方程是基于这样的假设：参照构形的速度为零以及物质和参照构形两者的相对速度为物质速度。式（17-7）和式（17-9）中的相对速度项通常称为对流项，用于计算物质通过网格的输运量，正是由于方程中的附加项才导致用数值方法求解 ALE 方程要比拉格朗日方程求解困难得多，这是因为拉格朗日方法中相对速度为零。

求解 ALE 方程有两种途径，它们相当于流体力学中实现欧拉观点的两种方法：第一种方法为计算流体力学求解全耦合方程，曾被不同作者引用过的该方法只能控制单个单元中的单一物质；另一种方法在文献中称为算子分离算法，每个时间步的计算被划分为两个阶段。计算的第一阶段即执行拉格朗日过程，此时网格随物质运动。在该过程中，计算速度及由内外力引起的内能变化量的平衡方程为

$$\rho \frac{\partial v_i}{\partial t} = \sigma_{ij,j} + \rho b_i \tag{17-14}$$

$$\rho \frac{\partial E}{\partial t} = \sigma_{ij} v_{i,j} + \rho b_i v_i \tag{17-15}$$

计算的拉格朗日过程由于没有物质流经单元边界，所以质量自动保持守恒。计算的第二阶段，即求解对流项，对穿过单元边界的质量输运、内能和动量进行计算，这可以认为是将拉格朗日过程的移位网格重映射回其初始位置或任意位置。

根据 Benson 对式（17-14）和式（17-15）的离散化观点，采用单点积分就足够了，沙漏黏度用于控制网格的零能模式，带线性和二次项的冲击黏度则用于求解冲击波，在能量式（17-15）中增加了压力项。采用中心差分法按照时间递增进行求解，此中心差分法采用时间显式法，提供二阶时间精度。

对于每个节点，速度和位移分别按式（17-16）和式（17-17）进行更新，即

$$u^{n+1/2} = u^{n-1/2} + \Delta t M^{-1}\left(F_{\text{ext}}^{n} + F_{\text{int}}^{n}\right) \tag{17-16}$$

$$x^{n+1} = x^{n-1} + \Delta t u^{n+1/2} \tag{17-17}$$

式中，F_{int}^{n} 为内力矢量；F_{ext}^{n} 为外力矢量；M 为质量对角矩阵。

2. 时间积分

LS-DYNA 中的数值处理器采用中心差分法及时更新网格位置，欧拉算法要求有稳定的时间步长。时间步长 Δt 是单元特征长度 Δx、材料声速 c 和质点速度 u 的函数：

$$\Delta t < \frac{\Delta x}{c+u} \tag{17-18}$$

时间步长 Δt 应满足下述的 Courant 稳定条件（Hallquist 1998）：

$$\Delta t < \frac{\Delta x}{Q+\left(Q^2+c^2\right)^{1/2}} \tag{17-19}$$

$$Q = C_1 c + C_2 \left|\text{div}(u)\right| \quad (\,\text{div}(u) < 0\,\text{时}) \tag{17-20}$$

$$Q = 0 \quad (\,\text{div}(u) \geq 0\,\text{时})$$

式中，Δx 为单元的特征长度；Q 为冲击波粘度的导出项；C_1 和 C_2 分别为冲击波黏度的线性和二次项系数。

当材料为压缩情况时，方程中引入的 Q 取正值；当材料为拉伸情况时，Q 值取 0。

对固体物质而言，材料声速可表达为

$$c_2 = \frac{0.75G+k}{\rho_0} \tag{17-21}$$

$$k = \rho_0 \frac{\partial P}{\partial \rho} + \frac{P}{\rho}\frac{\partial P}{\partial e} \tag{17-22}$$

式中，k 为内能；ρ_0 为质量密度；ρ 为材料密度；G 为剪切模量；e 为欧拉坐标；P 为状态方程压力。

式（17-22）右边第二项用于计算材料受压缩导致内能增加而引起的硬化效应。

对于流体物质而言：

$$k = \rho_0 c^2 \tag{17-23}$$

式中，ρ_0 为质量密度；c 为声速。

流体物质在计算声速时忽略其黏度。

位移 x 和速度 u 矢量以时间步长进行更替，对第 n 次迭代步提供时间的二阶计算精度，有

$$x^{n+1} = x^n + u^{n+1/2}\Delta t^n \tag{17-24}$$

$$u^{n+1/2} = u^{n-1/2} + \frac{1}{2}a^n(\Delta t^n + \Delta t^{n+1}) \tag{17-25}$$

式中，加速度矢量 $a^n = F^n / M$，其中 F^n 和 M 分别表示节点总力矢量和对角质量矩阵，将式（17-25）中的加速度项进行替换，则有

$$u^{n+1/2} = u^{n-1/2} + \frac{F^n}{2M}(\Delta t^n + \Delta t^{n+1}) \tag{17-26}$$

而节点总力矢量包括节点内力矢量 F_{int}^n 和节点外力矢量 F_{ext}^n，即

$$F^n = F_{\text{int}}^n + F_{\text{ext}}^n \tag{17-27}$$

节点内力为应力 σ^n 的函数，该应力包括状态方程压力 $-P^n I_d$ 的偏应力项和材料强度 σ_d^n 矢量，即

$$F_{\text{int}}^n = \int_V x B^t \sigma^n \mathrm{d}V \tag{17-28}$$

$$\sigma^n = -P^n I_d + \sigma_d^n \tag{17-29}$$

式中，B^t 为应变-位移矩阵；P^n 为状态方程的压力；I_d 为应变张量的第一不变量。

节点外力矢量 F_{ext}^n 包括体力、边界力、非反射边界条件和接触力。

📖17.1.3　执行一个ALE分析

在 ANSYS Workbench/LS-DYNA 分析系统中，ALE 算法可以直接应用于几何体。在 Mechanical 应用程序中，右击轮廓窗格中的"LS-DYNA（A5）"对象，在弹出的快捷菜单中选择"插入"→"截面"命令，在其属性窗格中可以选择是否对该几何体执行 ALE 分析。截面的属性窗格如图 17-4 所示。

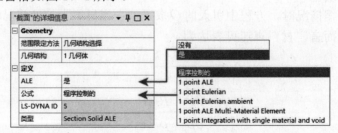

图17-4　截面的属性窗格

如前面所述，ALE 算法最大的优点就是允许光滑变形网格而不执行完全重划分。在 ANSYS Workbench/LS-DYNA 分析系统中，单击轮廓窗格中"LS-DYNA"下的"分析设置"对象，即可在其属性窗格中进行 ALE 控制设置，如图 17-5 所示。

分析设置属性窗格中的各选项说明如下：

（1）连续处理　用于设置连续处理方法。其中，"使用默认平流逻辑"表示使用默认的对流逻辑方法，"使用交替平流逻辑"表示使用替代的对流逻辑方法。

（2）平流之间的循环　用于设置对流间的循环数，默认为 0。

（3）平流方法　用于设置对流方法。其中，"Donor Cell+半指数移位"为一阶精度，"Van Leer +半指数移位"为二阶精度。

（4）简单平均加权因子　用于设置简单平均光滑加权因子，默认为-1，即默认一个节点的坐标是周围其他节点坐标的简单平均。

（5）体积加权因子　用于设置体积光滑加权因子，默认为 0，即默认使用节点周围单元的质心坐标进行体积加权平均。

（6）等参加权因子　用于设置等参数光滑加权因子，默认为 0。

图17-5　ALE控制设置

（7）等电位加权因子　用于设置等势光滑加权因子，默认为 0，等势分区是有限差分或有限元计算中将拉普拉斯（Laplace）方程的解作为网格线段构造结构单元的一种方法。

（8）平衡加权因子　用于设置平衡光滑加权因子，默认为 0（仅适应于二维壳单元），即默认虚假弹簧被系在每个 ALE 单元节点上，该弹簧可以从平衡分析调节每个节点的位置。这种方法可以用来克服其他光滑方法中的计算失稳。

（9）平流因子　用于设置对流因子，默认为 0。

（10）启动　用于设置 ALE 光滑的开始时间，默认为 0。

（11）结束　用于设置 ALE 光滑的结束时间，默认为 1E+20s。

17.2　无网格方法概述

在模拟现代工程系统中复杂的物理现象方面，有限元法已经成为工程分析和计算中不可缺少的分析和模拟工具。目前，大量的有限元商业软件包已经被成功地开发出来，并在工程分析中得到了广泛的应用。有限元法的最显著特点之一就是使用预先定义好的网格将一个无限自由度的连续体离散成有限自由度的单元集合，从而使获得一个复杂问题的近似解成为可能。然而，也正是因为事先定义了网格，使得有限元法在求解一些工程问题时变得相当困难，这些问题包括极度大变形问题、动态裂纹扩展问题、高速冲击以及几何畸变问题、材料裂变问题、金属材料成形问题、多相变问题等。

为了解决这些问题，往往需要在有限元中不断地进行有限网格重新划分（remeshing），然而这样不但大大地增加了计算时间，而且对于有些问题还是不能完全解决。为此，人们提出了从问题的源头开始解决，即彻底地避免应用固定网格，这样无网格（meshless method）的思想就被提了出来。

📖17.2.1　无网格方法基本思想

无网格方法是一种只需节点信息，而不需将节点连接成单元的数值方法。它的基本思想是在问题域内布置一系列的节点，然后采用一种与权函数（或核函数）有关的近似，使得某个域上的节点可以影响研究对象上任何一点的力学特性，进而求得问题的解。图17-6 所示为有限元方法和无网格方法的比较，其中图 17-6a 所示为有限元方法，图 17-6b 所示为无网格方法。

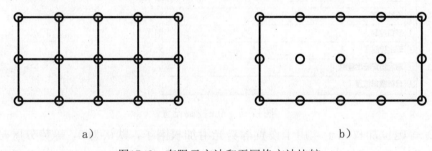

a) b)

图17-6　有限元方法和无网格方法比较

📖17.2.2　无网格方法的发展历程

最早出现的无网格方法可追溯到 1977 年 L. B. Lucy 提出的光滑粒子法(Smooth Particle Hydrodynamic method, SPH)，这种方法是一种纯拉格朗日法，无需网格。它首先被应用于解决无边界天体物理问题，并获得了成功，随后 J. J. Monaghan 对 SPH 法进行了深入的研究，并将其解释为核近似方法。近些年，Swegle 提出了 SPH 方法不稳定的原因及稳定化方案，Jonhson 和 Beisel 等提出了一些改善应变计算的方法。

另一条构造无网格方法的途径是 Lancaster 于 1981 年提出的一种近似方案——移动最小二乘法（Moving Least Square approximation, MLS），它是通过互不相关的节点上的值插值得到一个函数，该函数光滑性好且倒数连续。1992 年，Nayroles 等最早将它用于 Galerkin 方法，进而提出了扩散单元法(Diffuse Element Method, DEM)，并应用它分析了 Poisson 方程和弹性问题。这时这种方法从计算力学的角度来看，已经具有无网格的特点，但该方法并非真正的无网格方法，因为此方法省去了形函数导数表达式中的部分项。后来 Blytschko 等发展了这一方法，提出了无网格的 Galerkin 法 (Element Free Galerk in method, EFG)。虽然这类方法比 SPH 方法计算费用高，但具有较好的协调性及稳定性。近年来，Babuvka 和 Mlenk 认为 SPH 和 MLS 这两种近似方法都可以归结为单位分解法（Partition of Unity Method，PUM）的特例，并且将这类近似方法进行了扩展。

1995 年，J. T. Oden 等利用移动最小二乘法建立了单位分解函数，并由此构造出了权函数和试函数，再通过 Galerkin 法建立离散格式，提出了 Hp 云团（Clouds）。Oden 等还将有限元形函数作为单位分解函数，提出了基于云团法的新型 Hp 有限元（New Clouds-Based Hp FEM）。该方法需要借助于有限元网格，虽然破坏了"无网格"的部分特性，但能很容易进行 H、p 和 Hp 自适应分析。Liszka 等改用配点格式，避免了 Galerkin 格式中用于积分计算的背景网格，提出了 Hp 无网格云团法（Hp Meshless clouds Method）。

1995 年，美籍华人计算力学学者 Liu 等利用积分重构函数，提出了一种重构核质点法（Reproducing Kernel Particle Method，RKPM）。Liu 等还结合小波（Wavelets）的概念，构造了多尺度重构核点法（Multi scale Reproducing Kernel Particle Method，MRKPM），该方法利用小波函数的多尺度分析思想，构造了一系列可同时伸缩和平移的窗函数，以实现 RKPM 的自适应分析。

1996 年，西班牙数值分析中心的 E. Onate 等利用移动最小二乘法构造近似函数，并采用配点格式进行离散，提出了有限点法（the Finite Point Method，FPM）。该方法不需要背景网格，效率高，主要应用于流体动力学领域。

1998 年，Atluri 等提出了局部边界积分方程法（Local Boundary Integral Equation method，LBIE）和无网格局部 Petrov-Galerkin 法（Meshless Local Petrov-Galerkin method，MLPG）。这两种方法都是用移动最小二乘法建立场函数的近似，用局部 Petrov-Galerkin 法建立无网格格式，积分时不需要背景网格。LBIE 可以看成是 MLPG 的一种特殊情况，它只需对区域边界用一些点来离散，不需要对区域内部离散，但需要进行奇异积分计算。

可以看出，无网格方法已经成为目前科学和工程计算方面的研究热点之一。由于无网格方法在处理裂纹扩展和大变形等复杂问题方面具有有限元法等方法不可比拟的优点，因此有人认为无网格方法将成为继有限元法之后的新一代数值方法。

📖 17.2.3　无网格方法的优缺点

无网格方法作为有限元之后的又一工程数值分析的利器，能够解决一些传统数值方法很难解决的问题。综合起来，其优点包括以下方面：

1）不需要网格（至少函数近似不需要网格），大大减少了有限元法中的单元划分工作的负担。

2）容易构造高阶形状函数，这不但有利于提高精度，也减少了后处理的工作量。

3）能够解决一些传统数值方法很难解决的问题，如超大变形问题、裂纹扩展问题、高速冲击问题等。

4）容易进行自适应分析。

5）在诸如生命科学、纳米技术等新兴研究领域显示了其特有的优点。

然而，由于无网格方法是刚刚发展起来的数值分析方法，仍然存在着这样或那样的问题，目前无网格方法的缺点和不足概括起来主要包括以下方面：

1）缺少坚实的理论基础和严格的数学证明。有限元法之所以得到巨大的发展，是由于其有着坚实的理论基础。尽管有限元法的一些理论适用于无网格方法，但需要更多适合无网格方法的理论基础和严格的数学证明，如其收敛性、一致性和误差分析等。

2）无网格方法一般计算量大、效率低。计算量大是因为复杂的无网格插值和较大的带宽引起的。

3）无网格方法在带来不用网格的自由的同时，也引入了一些未确定的参数，如插值域的大小和背景积分域的大小等。目前为止还没有确定这些参数的理论方法，一般是通过对这些参数应用数值进行试探的方法给出一个合理的范围，而这一范围往往又和问题有关。

4）对于使用无网格法解决复杂的工程与科学问题的研究不够。

5）没有成熟的无网格方法商用软件包，因此大大限制了无网格方法的实际应用和推广。

17.2.4 部分无网格方法简介

经过 10 多年的蓬勃发展，无网格方法已经成为计算力学领域研究热点之一。表 17-1 列出了几种典型的无网格方法。由表 17-1 可见，无网格方法的区别主要来自两个方面：选用不同的形状函数构造方法和选用不同的计算模型。下面对一些典型的无网格方法进行介绍。

表17-1 几种典型的无网格方法

方法	形状函数构造法	计算模型	积分	应用领域
SPH	SPH	配点	无积分	天体物理、流体、高速冲击等
RKPM	修正 SPH	配点或弱式	无积分	固体、流体、大变形等
EFG	MLS	全域 Galerkin 弱式	全域背景积分网格	固体等
MRPIM	径向基函数为基点的点插值	全域 Galerkin 弱式	全域背景积分网格	固体等
MLPG	MLS	全域 Galerkin 弱式	局部背景积分网格	固体、流体等
BNM	MLS	边界积分方程	全域边界背景积分网格	固体等
BRPIM	径向基函数为基点的点插值	边界积分方程	全域边界背景积分网格	固体等
MWS	MLS 或 PIM	配点或弱式结合	基本无积分	固体、流体等

1. 无网格伽辽金方法（EFG）

EFG 是与有限元法相似的一种数值方法，它采用了移动最小二乘法来近似构造形函数，从能量泛函的弱变分形式中得到控制方程，并用拉氏乘子满足本征条件，从而得到偏微分方程的数值解。这种方法具有精度高、后处理方便、可消除体积闭锁现象（对不可压缩物体）、收敛快等优点。其存在的不足之处在于：计算时间长（因为每次求形函数及其导数都涉及矩阵求逆及矩阵相乘），求解方程不太方便，最大不足是权函数对求解精度有明显影响，而权函数及其参数的选择又没有具体的、量化的章法可循。此外，EFG并不是完全无网格，虽然其位移函数的构造可以脱离网格，但是其区域积分还是借助背景网格来实现的。

　　局部伽辽金无网格方法是一种真正的无需单元的、域类型的无网格方法。它基于局部弱形式和移动最小二乘近似方法，不需要任何单元或网格进行场积分和背景积分，在处理二维静态问题时得到了非常好的效果。这种方法在处理非线性问题时比通常的有限元法、边界元法、无网格伽辽金方法更灵活、方便。Atluri 等把它应用到求解调和算子的拉普拉斯方程和 Possion 方程，龙述尧把它推广应用于求解二维弹性力学的平面问题。然而在使用这种方法时还存在着不便和缺陷，主要在于：由于其形函数的构造采用移动最小二乘近似，因此很难施加本质边界条件；试函数再次采用移动最小二乘近似，使得计算成本很高。为克服上述难点，Liu 和 Gu 提出了对二维静力学问题的局部点插值方法，该法采用一些点来表示问题域。它是基于局部伽辽金无网格方法的思想，并对该方法做了改进的一种方法，采用了局部加权残值来建立的弱形式。它的优势在于：由于使用了克罗内克函数，使得易于施加边界条件；其实现过程和其他基于强形式表达的数值方法（如有限差分法）一样简单；由于刚度矩阵计算量的减少，使计算成本降低了很多。

　　2. 基于局部边界积分方程的无网格方法

　　由于移动最小二乘近似的非插值性及非多项式形函数，基于 MLS 方法的 EFG 方法是不容易直接施加基本边界条件的。而且从目前来看，有关无网格方法成功处理非线性边值问题还很少见到。但在求解非线性问题时，边界元法不可避免地要涉及非线性项的体积积分。尽管边界元法能把问题维数降低一维，或者说求解线性问题仅需要离散边界，然而基于整体边界元方程的 BEM 在处理非线性边值问题时将不得不涉及域内积分，因此不可避免地要进行域内离散，这就造成了计算的复杂性，使其降维的作用得不到展示。

　　由 Zhu、Zhang 和 Atluri 提出的基于局部边界积分方程(Local Boundary Integral Equation，LBIE)法，可用来解决线性和非线性边值问题，并且把线性微分部分由拉普拉斯类型扩展到了亥姆霍兹类型。LBIE 法也可算是一种真正的无网格方法，它不需要域单元和边界单元，在其求解表达式中仅涉及非常规则的子域及其边界上的积分。由于子域形状非常规则（通常是 n 维球形），边界也很规则，这些积分很容易直接计算出来，因此从非线性问题推导出的非线性项在域内的积分用这种方法考虑毫不困难，使得它容易推广应用到更广的范围。还有在表达式中，该方法对试函数连续性的要求放松了，在内点构造系统刚度矩阵时不需要形函数(试函数)的微分，这样就很容易施加基本的边界条件，即使使用非插值型最小二乘法时也不困难。此方法与常规边界元法的不同在于：离散方式、建立系统方程的方法、域内积分计算。

　　该方法集中了伽辽金有限元法、边界元法和无网格伽辽金方法（EFG）的优点，是一种效果比较好的无网格方法。但是，这种方法毕竟是借助了边界元理论的思想提出来的，因此它也具有局限性，只有在基本解已知的情况下才能更好地应用这种方法。

3．基于流形覆盖思想的无网格方法

1995 年，美国德克萨斯大学的著名学者 J. T. Oden 和他的学生 Duarte 提出了 Hp2Clouds 无网格数值方法。这种方法利用移动最小二乘原理建立单位分解函数，进行场量的近似表达，然后通过伽辽金变分，建立离散代数模型。伯克利大学的美籍华人学者石根华（GenHuaShi）在 20 世纪 90 年代初期从流形的概念出发提出了一种数值-流形方法（Numerical Manifold Method，NMM），应用于岩石力学领域。国内刘欣等结合 Hp2Clouds 方法和数值 2 流形方法，采用了覆盖函数的概念，结合单位分解等概念提出了一类新的无网格方法，并用这种方法分析了平面弹性问题，取得了比较好的效果。张湘伟等采用 Shepar 形函数（0 阶 MLS 形函数）对节点的覆盖位移函数进行加权求和，以此来简化整体近似位移函数的构造，避免了 EFG 中形函数矩阵的求逆及相乘计算。其算例结果表明，这种改进了的无网格方法收敛快，精度高，在计算效率上有很大的提高。

17.3　SPH 方法

📖 17.3.1　SPH 方法的本质

SPH 方法的离散化不使用单元，而是使用固定质量的可动点，即质点或节点。质量固定在质点的坐标系上，所以 SPH 方法基本上也是拉格朗日型。所需的基本方程也是守恒方程和固体材料的本构方程。标准单元和 SPH 节点的拉格朗日代码非常相似，

📖 17.3.2　SPH方法的基本理论

1．近似函数

SPH 方法用于求解一批点在任意时刻的速度和能量。这些点都具有一定的质量，称为粒子（Particle）。在某一个时间段内，要正确地表征粒子的运动，必须构造一个表征粒子运动信息的近似函数，其定义为

$$\Pi^h f(x) = \int f(y)W(x-y,h)\mathrm{d}y \tag{17-30}$$

式中，Π^h 表示对函数 $f(x)$ 求积分近似；W 为核函数（插值核），它使用辅助函数 θ 进行定义，即

$$W(x,h) = \frac{1}{h(x)^d}\theta(x) \tag{17-31}$$

式中，d 为空间维数；h 为光滑长度，光滑长度随时间和空间变化。

$W(x,h)$ 是尖峰函数（见图 17-7）。SPH 方法中最常用的光滑核是三次 B-样条，定义为

$$\theta(u) = C \times \begin{cases} 1-1.5u^2+0.75u^3 & |u| \le 1 \\ 0.25(2-u)^3 & 1 \le |u| \le 2 \\ 0 & 2 \le |u| \end{cases} \quad （17-32）$$

这里 C 为归一化常数，由空间维数确定。

2．领域搜索

在计算流程上，领域搜索是 SPH 算法的一个重要步骤。在计算过程中，必须要随时知道哪些质点间将发生相互作用，每个质点的影响范围是半径为 2^h 的球形区域，如图 17-8 所示。

领域搜索的目的在于要在每个时间步列出这个区域内的所有质点。若质点总数为 N，距离比较则需要进行 $N-1$ 次，由于每个质点均要分别进行比较，则总的比较次数将达到 $N(N-1)$ 次，在大规模计算中，这将占用绝大部分 CPU 时间。接触搜索算法中的 bucket 分类法提供了很好的解决方案，即先将整个区域分解为若干个子区域，然后对每个质点搜索主子区域及与之相邻子区域中的质点，这样，使得总的耗时大体与质点数 N 呈线性关系。

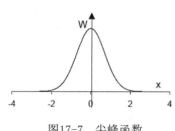

图17-7　尖峰函数

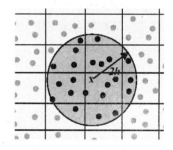

图17-8　bucket分类和领域搜索

3．光滑长度 h

为了避免材料压缩和膨胀所带来的问题，W. Benz 在 20 世纪 80 年代提出了光滑长度的思想，其目的是保持某质点领域内有足够的质点，以确保质点连续变量近似有效。光滑长度 h 可以随时间和空间变化。如果采用固定的光滑长度，材料膨胀时将会导致数值畸变，这表明在某个质点的领域内不存在其他质量。在材料压缩时，则会有大量质点位于半径为 2^h 的球形领域内，这将显著地降低计算速度。

当质点彼此分离时，光滑长度增加；当质点彼此汇聚时，光滑长度将减小。光滑长度可变使得领域内可以保持相同数量的质点。由于数值原因，光滑长度需要设置最大值和最小值，默认值分别是初始光滑长度的 2 倍和 0.2 倍。这些取值适合大多数问题，光滑长度在最大值和最小值之间变化，即

$$\mathrm{HMIN} * h_0 < h < \mathrm{HMAX} * h_0 \quad （17-33）$$

式中，h_0 为初始光滑长度。如果 HMIN、HMAX 均设置为 1，h 则为固定光滑长度，不随时间和空间而改变。

📖17.3.3 LS-DYNA中的SPH算法

SPH 算法作为 LS-DYNA 中第一种无网格（meshfree）算法，在连续体的破碎或分离分析中得到了广泛的关注和应用。在 LS-DYNA 中，SPH 方法每个计算步的执行步骤如图 17-9 所示。

1. 材料模型

目前，在 LS-DYNA 中 SPH 算法支持的材料不多，主要包括：

◇ *MAT_ELASTIC

◇ *MAT_PLASTIC_KINEMATIC

◇ *MAT_SOIL_AND_FOAM

◇ *MAT_HIGH_EXPLOSIVE_BURN

◇ *MAT_NULL

◇ *MAT_ELASTIC_PLASTIC_HYDRO

◇ *MAT_STEINBERG

◇ *MAT_JOHNSON_COOK

◇ *MAT_PSEUDO_TENSOR

◇ *MAT_PIECEWISE_LINEAR_PLASTICITY

◇ *MAT_LAW_DENSITY_FOAM

◇ *MAT_CRUSHABLE_FOAM

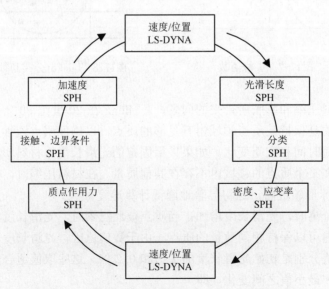

图17-9　LS-DYNA中SPH方法每个计算步的执行步骤

2. 对称平面

对于有限元模型，对称边界面可以通过边界节点的约束来定义。但在 SPH 方法中，这种方法是不合适的，原因主要包括：

◇ SPH 方法是无网格方法，质点之间彼此混合。如果某层的质点的位移被约束，那么对于邻近质点而言，没有任何因素可以阻止它们通过这些质点并穿越边界。

❖ 对于靠近边界的某个质点来说，由于相邻质点丢失，因而靠近边界处的压力将降低。

因此，对于 SPH 质点，对称面需要特殊处理。可以通过创建虚质点的方法来定义对称面，这些虚质点其实是靠近边界处 $2h$ 范围的质点的镜像，如图 17-10 所示。对靠近边界处的每个质点，通过映射自身，自动创建相应的虚质点。两者相比，虚质点具有相同的质量、压力和绝对速度。这样，虚质点就处于真质点的邻域范围内，可以对质点的近似产生作用。

3. SPH 输出

在 LS-DYNA 的输入文件中设置关键字 *DATABASE_HISTORY_SPH 和 *DATABASE_SPHOUT，可以生成一个 ASCII 格式的 SPHOUT 文件。该文件包含质点的信息，这些信息可以分为两类：

❖ 应力变量。如应力、压力和 Von Mises 应力。

❖ 应变变量。如应变率、光滑长度和密度。

SPH 粒子可以通过 LS-DYNA 后处理器 LS-PrePost 可视化。用户既可以通过 LS-PrePost 来定义质点影响范围的球形区域，也可以定义光滑长度的比例因子，且所有对实体单元可以获得的变量，如速度、塑性应变等，SPH 单元也可以通过 LS-PrePost 获得。

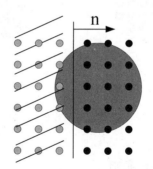

图17-10　镜像质点以创建虚质点

4. SPH 初始设置

SPH 质点有两种属性：物理属性和几何属性。物理属性是指质量、密度和本构关系，这些性质在 *ELEMENT_SPH 和 *PART 定义。几何属性是指质点的初始位置和排列方法。在进行相关定义时，必须设置两个参数：质点之间的距离 Δx_i 和 CSLH 系数。CSLH 系数在关键字 *SECTION_SPH 中定义。

建立 SPH 模型时，要求 SPH 质点的初始质量和坐标满足以下条件：

❖ SPH 质点的排列应尽可能规则和均匀。

❖ 质点的质量不能差异太大。

例如，对于圆柱形 SPH 质点的划分至少有两种方法，如图 17-11 所示。

使用第二种方法划分的 SPH 质点彼此之间的距离相差太大，而使用第一种方法划分的 SPH 质点比较规则，因此更适合用来进行分析。SPH 模型的建立可以使用 LS-DYNA 后处理器 LS-PrePost 进行，它能够对简单的几何体（如 Box、Sphere、Cylinder 以及 Sketch

等）进行划分。另外一种方法就是先建立有限元网格，使用文本编辑器编辑 k 文件，删除拉格朗日单元信息，然后添加 SPH 质点以及其相关属性设置。对于一维模型，SPH 质点应建立在 X 方向上，对于二维模型，SPH 质点应建立在 XY 平面上。

5．SPH 与有限元的耦合

当模型中定义了两种或两种以上的 SPH 材料时，相互之间不必定义接触，因为当一个材料的质点位于其他 SPH 材料质点的球形影响范围之内时，自然产生会接触。

但如果在模型中同时定义了 SPH 质点、壳单元和实体单元，那么在质点和有限元单元之间就需要定义接触了。质点可以看成节点，因此任何一种 NODES_TO_SURFACE 类型的接触都可以根据所研究问题的特点选择使用，例如：

✧ AUTOMATIC_NODES_TO_SURFACE

✧ CONSTRAINT_NODES_TO_SURFACE

✧ NODES_TO_SURFACE

✧ TIED_NODES_TO_SURFACE

 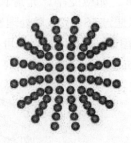

方法一　　　　　　　　　　　　　　方法二

图17-11　圆柱形SPH质点的划分

📖17.3.4　SPH主要的关键字说明

1．*BOUNDARY_SPH_SYMMETRY_PLANE

该关键字用来定义 SPH 质点的对称平面，应用于使用 SPH 单元建模的连续域。卡片格式如下：

Card 1	1	2	3	4	5	6	7	8
Variable	VTX	VTY	VYZ	VHX	VHY	VHZ		
Type	F	F	F	F	F	F		
Default	0.	0.	0.	0.	0.	0.		

其中变量说明如下：

VTX、VTY、VTZ：对称边界面的法向向量尾的 x、y、z 坐标。该向量尾起始于对称平面，向量头指向 SPH 质点内部。

VHX、VHY、VHZ：对称边界面的法向向量头的 x、y、z 坐标。该向量尾起始于对称平面，向量头指向 SPH 质点内部。

2. *CONTROL_SPH

该关键字用于设定 SPH 质点计算控制，使用三个数据卡片进行定义。其中第一个卡片格式如下：

Card 1	1	2	3	4	5	6	7	8
Variable	NCBS	BOXID	DT	IDIM	MEMORY	FORM	START	MAXV
Type	I	I	F	I	I	I	F	F
Default	1	0	1e20	none	150	0	0.0	1e15

其中变量简要说明如下：

NCBS：质点分类间搜索的循环次数。

BOXID：指定 BOX 内的 SPH 质点参与计算。当某个 SPH 质点位于 BOX 之外时，该质点失效。通过消除某些不再与结构发生作用的质点，可以节省计算时间。

DT：失效时间。

IDIM：SPH 质点空间维数。3 为 3D 问题，2 为平面问题，-2 为轴对称问题。不指定该变量时，LS-DYNA 自动判断问题的空间维数。

MEMORY：定义每个质点的初始相邻质点的数量，该变量只在初始化阶段调整内存分配。在计算中，如果某些质点需要更多的相邻质点，LS-DYNA 会自动调整该变量设置。默认值适用于大部分问题。

FORM：质点近似理论。0 为默认公式，1 为重归一化近似，2 为对称公式，3 为对称重归一化近似，4 为张量公式，5 为流体粒子近似。6 为具有重归一化的流体粒子近似，7 为总拉格朗日公式，8 为具有重归一化的总拉格朗日公式。

START：质点近似开始时间。当分析时间达到所设定的值时，质点近似开始计算。

MAXV：SPH 质点速度的最大值，如果速度超过该值，质点将失效。

其余两个卡片是可选的，本章不作介绍。

3. *SECTION_SPH

该关键字用来定义 SPH 质点属性，卡片格式如下：

Card 1	1	2	3	4	5	6	7	8
Variable	SECID	CSLH	HMIN	HMAX	SPHINI	DEATH	START	SPHKERN
Type	I/A	F	F	F	F	F	F	I
Default	none	1.2	0.2	2.0	0.0	1.e20	0.0	0

其中变量说明如下：

SECID：SECTION 的标识号，和 *PART 关联，必须唯一。

CSLH：应用于质点光滑长度的常量，取值范围为 1.05～1.3。默认为 1.2，适用于大多数问题。取值小于 1 是不允许的，取值大于 1.3 将会增加计算时间。

HMIN：最小光滑长度的比例因子。

HMAX：最大光滑长度的比例因子。

SPHINI：自定义的初始光滑长度。如果定义该变量，在初始化阶段，LS-DYNA 不会自动计算光滑长度。在这种情况下，变量 CSLH 不再起作用。

DEATH：SPH 近似的失效时间。

START：SPH 近似的开始时间。

SPHKRN：SPH 内部函数选项（光滑函数）。

4．*ELEMENT_SPH

该关键字定义 SPH 单元的质量。卡片格式如下：

Card 1	1	2	3	4	5	6	7	8
Variable	NID	PID	MASS					
Type	I	I	F					
Default	none	none	0					
Remarks			1					

其中变量说明如下：

NID：对于 SPH 质点，节点 ID 和单元 ID 一致。

PID：SPH 质点的 PART 归属。

MASS：质量。

附录　LS-DYNA 最常用的关键字

项目	数据	关键字 KEYWORD
几何网格	节点	*NODE
	单元	*ELEMENT_BEAM、*ELEMENT_SHELL、 *ELEMENT_SOLID、*ELEMENT_TSHELL
	离散单元	*ELEMENT_DISCRETE、*ELEMENT_MASS、 *ELEMENT_SEATBELT
材料	PART（将材料、截面性质、状态方程和沙漏数据集合成一个 PART）	*PART
	材料	*MODULE_LOAD、*MODULE_PATH_{OPTION}、*MODULE_USE
	截面性质	*SECTION_BEAM、*SECTION_SHELL、 *SECTION_SOLID、*SECTION_TSHELL
	离散截面性质	*SECTION_DISCRETE、*SECTION_SELTBELT
	状态方程	*EOS
	沙漏控制	*CONTROL_HOURGLASS、*HOURGLASS
接触与刚性墙	接触的省略值	*CONTROL_CONTACT
	接触的定义	*CONTACT_{OPTION}
	刚性墙的定义	*RIGIDWALL_{OPTION}
	约束	*BOUNDARY
边界条件与载荷	重力（体力）载荷	*LOAD_BODY
	节点载荷	*LOAD_NODE
	压力载荷	*LOAD_SEGMENT_{OPTION}、*LOAD_SHELL_OPTION1_{OPTION2}、
	热载荷	*LOAD_THERMAL_OPTION
	载荷曲线	*DEFINE_CURVE_{OPTION}
约束 ST) 和焊点	约束点	*CONSTRAINED_NODE_SET
	焊接	*CONSTRAINED_GENERALIZED_WELD_WELDTYPE_{OPTION} *CONSTRAINED_SPOTWELD_{OPTION}_{OPTION}
	铆接	*CONSTRAINED_RIVET_{OPTION}

	省略值	*CONTROL_OUTPUT
	格式化时间历程文件	*DATABASE_OPTION
输出控制	二进制图形文件、时间历程文件和重起动文件	*DATABASE_BINARY_OPTION1_OPTION2
	在时间历程块中的项目	*DATABASE_HISTORY_OPTION
	节点反力的输出	*DATABASE_NODAL_FORCE_GROUP
	终止时间	*CONTROL_TERMINATION
终止程序运行	CPU 终止	*CONTROL_CPU
	刚体位移	*TERMINATION_BODY
	自由度	*TERMINATION_NODE